基础飞行动力学及分岔分析方法

Elementary Flight Dynamics with an Introduction to Bifurcation and Continuation Methods

［印度］南丹·K. 辛哈（Nandan K. Sinha）
［印度］N. 阿南什克里希南（N. Ananthkrishnan） 著

何开锋 孔轶男 汪 清 程艳青 邵元培 贾 峰 译
章 胜 刘元吉 张云翔 林凤洁 曹 政 校对

国防工业出版社
·北京·

图字军-2020-029

图书在版编目（CIP）数据

基础飞行动力学及分岔分析方法 /（印）南丹·K.辛哈（Nandan K. Sinha），（印）N. 阿南什克里希南（N. Ananthkrishnan）著；何开锋等译. —北京：国防工业出版社，2022.3

书名原文：Elementary Flight Dynamics with an Introduction to Bifurcation and Continuation Methods

ISBN 978-7-118-12293-0

Ⅰ.①基… Ⅱ.①南… ②N… ③何… Ⅲ.①飞行器—飞行力学 Ⅳ.①V412.4

中国版本图书馆 CIP 数据核字（2022）第 011673 号

Elementary Flight Dynamics with an Introduction to Bifurcation and Continuation Methods 1st Edition by Nandan K. Sinha, N. Ananthkrishnan（ISBN:978-0-429-06994-9）.

Copyright © 2013 Taylor & Francis Group, LLC.

All Rights Reserved. Authorized translation from the English language edition published by CRC Press, a member of the Taylor & Francis Group, LLC.

National Defence Industry Press is authorized to publish and distribute exclusively the Chinese (Simplified Characters) language edition. This edition is authorized for sale in the People's Republic of China only (excluding Hong Kong, Macao SAR and Taiwan). No part of this publication may be reproduced or distributed in any form or by any means, or stored in a database or retrieval system, without the prior written permission of the publisher.

Copies of this book sold without a Taylor & Francis sticker on the cover are unauthorized and illegal.

本书原版由 Taylor & Francis 出版集团旗下 CRC 出版公司出版，并经授权翻译出版。版权所有，侵权必究。本书中文简体字翻译版授权由机械工业出版社独家出版并仅限在中华人民共和国境内（不包括香港、澳门特别行政区及台湾地区）销售。未经出版者书面许可，不得以任何方式复制或抄袭本书的任何内容。

本书封面贴有 Taylor & Francis 公司防伪标签，无标签者不得销售。

※

国防工业出版社 出版发行

（北京市海淀区紫竹院南路 23 号　邮政编码 100048）

国防工业出版社印刷厂印刷

新华书店经售

*

开本 710×1000　1/16　印张 17½　字数 305 千字

2022 年 3 月第 1 版第 1 次印刷　印数 1—2000 册　定价 138.00 元

（本书如有印装错误，我社负责调换）

国防书店：(010)88540777	书店传真：(010)88540776
发行业务：(010)88540717	发行传真：(010)88540762

序

飞行力学是揭示飞行物体运动规律的专门科学，是认识飞行原理、研究飞行器飞行性能、探索和创新飞行器设计思想的理论基础。飞行器的运动和动力学特性与飞行器所受的空气动力、发动机推力以及结构弹性变形、飞行控制等密切相关，直接决定了飞行器的总体特征、任务能力和使用需求，是飞行器设计的出发点和归宿点，这使得飞行力学在飞行器多学科一体化设计中起到桥梁和纽带作用。

在飞行器应用研究的百年历史中，飞行力学研究的不断进步引领了不同时期飞行器设计技术的创新发展，如随控布局设计思想、放宽静稳定性、敏捷性等设计概念都源于飞行动力学的研究成果。当前，飞行动力学研究正聚焦于大迎角过失速飞行动力学、飞机结冰飞行动力学、弹性飞行器动力学等共性基础和关键技术问题，将有力推动航空航天科学技术发展。飞行力学与其他学科的交叉融合，如无人驾驶模型飞行器飞行力学研究、飞行仿真与飞行试验研究、人工智能技术应用研究等，不断丰富飞行力学的研究内容和方法，推动新技术在飞行器研制中得到创新应用。

本书是作者多年专业教学和科研工作的经验总结，从工程应用的角度将课本知识与工程实际相结合，深入浅出，使读者能快速将书本知识付于工程理解和工程实践运用。书中引用了许多真实案例及其抽象飞行数据，有利于读者对常规飞行器参数建立量值概念。

本书着重于飞行过程中不同平衡状态的转化、保持及其特性分析，着力于突破旧的平衡，着心于建立新的平衡，以状态过渡描述和解析飞行原理。读者可在这种思想的引领下，去充实、细化思考问题，或许思路更为清晰，对概念更易接受。

本书译者都是长期在科技一线从事飞行动力学系统动态特性分析、飞行控制和系统辨识的专家和科研人员，对飞行动力学有更深刻的理解。相信本书的出版会对我国的飞行动力学教学、科研起到积极推动作用。

中国工程院院士

前　言

飞行力学处于航空科学的核心地位，是一门多学科交叉融合学科，涵盖了航空工业中多个学科，是飞行器设计的入门所在。在航空航天工程中，几乎每个专业方向都包括两门飞行力学方面的课程，一门是关于空气动力学应用和飞机性能的课程，另一门是关于飞机稳定性控制/飞行动力学的课程。作者已经教授这两门课程20多年，学生们对于作者教授的课程普遍有着满意的反馈："这是所有课程中最好的科目。听您在课堂上讲解时，所有的知识点都简单明了，但是当我们自己去阅读教科书时，又会遇到许多困扰。"我们对照教科书内容再来细细回想这句话，脑海中就会浮现出以下几个问题：

- 为什么要让学生在课程一开始就进行轴系转换、六自由度方程和小扰动方程推导？而这门课程的大部分关注重点是直线水平配平飞行，在进行讲解时并不需要先进行以上复杂的公式推导。
- 将六自由方程以类似于弹簧-质量-阻尼器系统的方式编写二阶模态的方程是否更容易让学生接受？学生们可以较为直接地获取提供系统稳定的刚度和阻尼参数。
- "静稳定性"和"动稳定性"的定义已经让很多学生开始混淆不清。对于二阶方程，正刚度与"静稳定性"所要求的条件相同，为什么不完全放弃独立的静态稳定性概念呢？
- 很多喜欢思考的学生都有疑惑："为什么$C_{m\alpha}$与短周期动力学中的俯仰刚度不同？"而答案在数学表达上都如出一辙——因为短周期飞行动力学中的刚度项还涉及一个额外的乘积，$C_{mq}C_{L\alpha}$。但是，实际上是否还有更多相关影响因素？
- 为什么我们需要先定义有量纲的导数，然后将其转换为无量纲参数？既然气动力/力矩是根据其系数定义的，而这些系数仅是无量纲值的函数，直接使用无量纲导数难道不是更合理吗？
- 为什么大多数教科书都承认对慢模态的近似性很差，却不做任何的修正？

对其中一些问题深入思考，我们有一个惊奇的发现——自飞行动力学发展以来，就没有对如C_{mq}之类的速率（动态）导数进行正确的建模。如果该值是固定的，则短周期刚度确实仅与$C_{m\alpha}$有关。

进一步研究导致慢模态近似不够精确的原因，我们会意识到，慢模态的推导中必须包含快模态的静差。通过正确地定义时间尺度，可以神奇地得出足够精确的模态近似值，此时早期推导中的误差和不足消失了。

这也提供了一个宝贵的经验，即本科教学没有必要与研究脱节。

当我们在课堂教学中融入这些发现和修正，摒弃"静态稳定性"和"有量纲导数"的概念，将六自由度方程的推导延到课程的后半部分，并用二阶方程重新计算模态近似值时，学生们的反应非常积极。对于教授和学习飞行力学的师生双方来说，障碍似乎终于被清除了。

本书按照事件逻辑发展为线索，目的在于为读者提供更简单、更清晰、更正确的学习飞机飞行动力学的途径。这是第一本提出了空气动力学模型更新版本的教科书，其修正了速率（动态）导数的定义。这也是第一次将各种动态模态的修正近似值呈现在学生面前。

第 1 章介绍了相关问题并给出了纵向平面中的运动方程。在第 2 章讨论了稳定性概念之后，第 3 章至第 5 章讨论了纵向动力学、稳定性和控制方面的内容。横航向模态及相关问题在第 6 章和第 7 章中进行了讨论。第 8 章介绍了六自由度运动方程式，并使用了当前标准的连续和分岔法对其进行了数值分析且给出了转弯、滚转和旋转的示例。讨论中采用了真实的飞机案例（你知道那架飞机是自毁的吗？）、真实的飞机数据（F-18/HARV 的升力系数显示其在 35° 迎角下会发生失速）和几个算例，让读者对数值大小有一定的认识（例如，通常飞机百分之几的升力来自尾部）。附加素材在方框中呈现，每章包含多达 10 个练习题。

这本书适合于首次进行飞行动力学或飞机稳定性和控制学习的本科生和研究生，通常，在开始使用本书之前，学生已经接触过应用空气动力学和飞机性能的课程。与此同时，基于本书对空气动力学模型和数据近似值进行了修正，该书也可为经验丰富的从业人员和工程师提供有用的参考。

当然，我们必须向老师、同事和几十名学生表示感谢，我们从他们身上学到了很多，并继续相互学习。这本书从讲稿中诞生，多年来，各种不同来源的点点滴滴不断地渗透到我们的讲稿中。我们尽力确保每一个信息来源都真实可靠，但是如果有任何疏忽，我们将非常乐意进行修改。感谢 Amit Khatri 帮助运行分岔分析代码和生成相关图形。我们非常感谢 Aditya Paranjape 对手稿的认真审查和评价。非常感谢 CRC 出版社、泰勒和弗朗西斯集团的工作人员，尤其是编辑 Gagandeep Singh 和高级项目协调员 Kari Budyk，我们共同努力解决文本、图形和方程式页面等问题。我们希望错误能尽量的少，并希望读者能告知相关错误。最后，必须说，这本书的完成离不开家人和朋友的支持、父母和老师们的祝福。

Nandan K. Sinha and N. Ananthkrishnan

目 录

第1章 引言 ... 1

1.1 研究什么、为什么研究、如何研究 ... 1
1.2 作为刚体的飞行器 ... 2
1.3 六自由度 ... 6
1.4 位置、速度和角度 ... 8
1.5 风中的飞行器运动 ... 11
1.6 纵向飞行动力学 ... 15
1.7 纵向动力学方程 ... 16
1.8 时间尺度问题 ... 18
1.9 纵向配平 ... 20
1.10 空气动力系数 C_D、C_L、C_m ... 22
    1.10.1 空气动力系数随迎角的变化 ... 23
    1.10.2 空气动力系数随马赫数的变化 ... 26
1.11 翼-身配平 ... 27
练习题 ... 32
参考文献 ... 33

第2章 稳定性概念 ... 34

2.1 一阶线性系统 ... 34
2.2 二阶线性系统 ... 36
2.3 二阶非线性系统 ... 44
2.4 水平配平飞行的俯仰动力学 ... 45
2.5 小扰动空气动力建模 ... 46
2.6 水平配平飞行的俯仰动力学（续） ... 50
2.7 短周期频率和阻尼 ... 54
2.8 强迫响应 ... 54

  2.8.1 一阶系统 ·············· 55
  2.8.2 二阶系统 ·············· 57
 2.9 俯仰控制响应 ·············· 61
  2.9.1 采用升降舵控制的水平配平飞行俯仰动力学 ·············· 62
 练习题 ·············· 63

第3章 纵向配平和稳定性 ·············· 66

 3.1 翼-身配平和稳定性 ·············· 66
 3.2 翼-身加尾翼：物理讨论 ·············· 69
 3.3 翼-身加尾翼：数学模型 ·············· 70
  3.3.1 飞机升力 ·············· 74
  3.3.2 飞机的俯仰力矩 ·············· 75
 3.4 下洗的作用 ·············· 79
 3.5 中立点 ·············· 80
  3.5.1 静稳定裕度 ·············· 82
  3.5.2 中立点作为全机的气动中心 ·············· 82
 3.6 用 V'_H 代替 V_H ·············· 84
  3.6.1 改写 NP 的表达式 ·············· 85
  3.6.2 中立点作为全机的气动中心 ·············· 86
  3.6.3 再次讨论配平和稳定 ·············· 87
 3.7 重心移动的影响 ·············· 89
 3.8 起飞时飞机装载和构型对"后重心"的限制 ·············· 91
 3.9 C_m，C_L 曲线——非线性特征 ·············· 91
 练习题 ·············· 93
 附录3.1 ·············· 96

第4章 纵向控制 ·············· 97

 4.1 全动平尾 ·············· 97
 4.2 升降舵 ·············· 98
 4.3 升降舵产生的尾翼升力 ·············· 99
 4.4 带升降舵的飞机升力系数 ·············· 102
 4.5 带升降舵的飞机俯仰力矩系数 ·············· 105
 4.6 升降舵对配平和稳定性的影响 ·············· 108

4.6.1 配平升力系数的变化 …………………………………… 108
　　4.6.2 稳定性的另一种观点 …………………………………… 110
4.7 使用升降舵进行纵向机动 ………………………………………… 111
4.8 重心前移的限制 …………………………………………………… 116
　　4.8.1 升降舵对重心移动的补偿 ……………………………… 117
　　4.8.2 典型的升降舵偏转限制 ………………………………… 117
　　4.8.3 升降舵上偏限制对重心前移的影响 …………………… 119
4.9 从飞行试验确定中立点 …………………………………………… 120
4.10 中立点随马赫数变化的影响 …………………………………… 122
练习题 …………………………………………………………………… 124
参考文献 ………………………………………………………………… 126

第5章 长周期模态（沉浮模态）动力学 ……………………………… 127

5.1 沉浮模态动力学方程 ……………………………………………… 127
5.2 能量方程 …………………………………………………………… 127
　　5.2.1 法向加速度 ……………………………………………… 129
5.3 沉浮模态的物理机理 ……………………………………………… 130
5.4 沉浮模态的小扰动方程 …………………………………………… 131
5.5 带马赫数的气动模型 ……………………………………………… 132
5.6 沉浮模态动力学 …………………………………………………… 134
5.7 沉浮模态频率和阻尼 ……………………………………………… 135
5.8 精确的短周期模态和沉浮模态 …………………………………… 137
　　5.8.1 短周期模态动力学 ……………………………………… 138
　　5.8.2 沉浮模态动力学 ………………………………………… 139
5.9 导数 C_{mMa} ………………………………………………………… 140
5.10 气动导数 C_{mq1} ………………………………………………… 140
5.11 沉浮运动中的气动导数 C_{mq1} ………………………………… 142
5.12 流动曲率效应 …………………………………………………… 143
练习题 …………………………………………………………………… 144
参考文献 ………………………………………………………………… 146

第6章 横航向运动 ……………………………………………………… 147

6.1 回顾 ………………………………………………………………… 147

- 6.2 航向有关的角度 147
- 6.3 航向与纵向飞行 149
- 6.4 横向相关的角度 150
- 6.5 航向与横向角速率 152
- 6.6 横航向小扰动方程 153
- 6.7 横航向运动的时间常数 155
- 6.8 横航向气动导数 157
- 6.9 横航向小扰动方程 158
- 6.10 横航向动力学模型 162
  - 6.10.1 滚转模态 162
  - 6.10.2 荷兰滚模态 163
  - 6.10.3 螺旋模态 166
- 练习题 167
- 参考文献 167

第7章 横航向运动模态 168

- 7.1 滚转模态 168
- 7.2 滚转阻尼导数 C_{lp2} 168
  - 7.2.1 梯形机翼 170
  - 7.2.2 垂尾影响 171
- 7.3 滚转操纵 172
- 7.4 副翼操纵导数 $C_{l\delta_a}$ 175
  - 7.4.1 其他滚转操纵装置 177
- 7.5 滚转操纵对偏航的影响 180
  - 7.5.1 副翼产生的偏航 180
  - 7.5.2 扰流板产生的偏航 181
  - 7.5.3 差动平尾产生的偏航 181
  - 7.5.4 方向舵产生的偏航 182
- 7.6 副翼偏转导致的滚转角 182
- 7.7 荷兰滚模态 183
- 7.8 航向气动导数 $C_{Y\beta}$ 和 $C_{n\beta}$ 186
  - 7.8.1 对偏航刚度有影响的其他因素 189
  - 7.8.2 垂尾效率损失 192

7.9 横向气动力导数 $C_{l\beta}$ ·················· 192
    7.9.1 机翼上反角 ·················· 193
    7.9.2 $C_{l\beta}$ 的其他来源 ·················· 195

7.10 阻尼导数 C_{nr1} 和 C_{lr1} ·················· 199
    7.10.1 机翼对 C_{nr1} 和 C_{lr1} 的贡献 ·················· 199
    7.10.2 垂尾对 C_{nr1} 和 C_{lr1} 的贡献 ·················· 200

7.11 方向舵操纵 ·················· 202
    7.11.1 侧风着陆 ·················· 204
    7.11.2 其他采用方向舵配平的例子 ·················· 205

7.12 螺旋模态 ·················· 206
    7.12.1 C_{nr2} 和 C_{lr2} 导数 ·················· 207
    7.12.2 螺旋模态稳定性 ·················· 209

7.13 真实飞机的气动导数 ·················· 209
练习题 ·················· 210
参考文献 ·················· 213

第8章 计算飞行动力学 ·················· 214

8.1 飞行器运动方程 ·················· 214
8.2 飞行器运动方程推导 ·················· 214
    8.2.1 平移运动方程 ·················· 215

8.3 3-2-1 法则 ·················· 218
    8.3.1 欧拉角及变换 ·················· 218
    8.3.2 运动方程（姿态和位置动力学） ·················· 221
    8.3.3 力方程总结 ·················· 226

8.4 飞行器运动方程的推导（续） ·················· 230
    8.4.1 旋转运动方程 ·················· 230
    8.4.2 飞行器的对称性 ·················· 232
    8.4.3 非线性源 ·················· 234

8.5 飞行器运动的数值分析 ·················· 235
    8.5.1 飞机平衡和稳定性分析概述 ·················· 236

8.6 标准分岔分析 ·················· 238
    8.6.1 SBA 在 F-18/HARV 动力学中的运用 ·················· 241

8.7 扩展分岔分析 ·················· 246

8.7.1　水平定直飞行配平 ·················· 247
　　8.7.2　协调（零侧滑）水平转弯配平 ············ 251
　　8.7.3　性能和稳定性分析 ················· 254
练习题 ····························· 260
附录 8.1　小扰动方程 ····················· 261
附录 8.2　F-18/HARV 数据 ·················· 262
附录 8.3　滚转机动中使用的方程和飞行器数据 ········· 263
参考文献 ···························· 264

第1章 引　言

1.1 研究什么、为什么研究、如何研究

"飞行器"是飞机和其他飞行器（如火箭、导弹、运载火箭和直升机）的统称，甚至可以包括气球、回飞镖、降落伞和飞艇等物体。飞行动力学是研究这些飞行器在空中运动的科学。我们可以把这些"飞行器"分为两类：一类是依靠空气动力产生升力的飞行器，另一类是依靠空气静力产生升力的飞行器。方框1.1概述了空气静升力与空气动力升力的关系。正如所见，这两类飞行器的运动有着根本的区别。在本书中，我们关注的是依靠空气动力提供升力的飞行器。

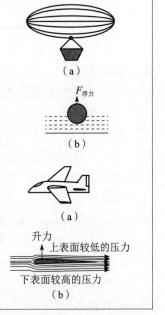

方框1.1　空气静升力与空气动力升力

轻于空气（lighter-than-air, LTA）飞行器所使用的空气静升力是基于阿基米德浮力原理的，与飞行器速度无关。空气静升力的表达式如下：

$$L_{浮力} = 排开空气的重量$$

这类飞行器统称为浮空器，不需要空气的相对运动，因此不需要用推力装置来保持悬浮状态，推力装置仅用于向前运动。

重于空气（heavier-than-air, HTA）飞行器所使用的气动升力，也称为空气动力，是基于伯努利压力变化原理的。飞行器使用适当设计的翼型构成升力面（如机翼），以在翼型的上下表面产生一定的压力差。升力面气动升力的计算公式如下：

$$L_{气动} = 升力面上下表面压差的积分$$

对于航空航天工程师来说，飞行动力学是空气动力学、结构、推进和控制等其他学科综合的中心点。飞行器设计的大多数要求都是以飞行动力学量的形

式提出的。因此，良好的飞行动力学知识对于成为一名全面的航空航天工程师是绝对必要的。气动升力产生的机理可进一步细分为固定翼（如常规飞机）和旋翼（如直升机）两种。本书仅限于气动升力类的固定翼飞行器。因此，在本书中，"飞行器"是指任意空气动力产生升力的固定翼飞行器。除常规飞机、滑翔机外，还包括几乎所有类型的火箭、导弹、运载火箭、翼伞（也称为充气降落伞），甚至回飞镖。

飞行器在飞行中如何表现，是一个非常有趣的问题，经常被许多人关注。例如，任何乘坐过商业飞机在雷雨中飞行并看到咖啡从杯子里溢出的人，都会疑惑飞机是否就是设计成这样抖动和摇摆的。或者，有人看到一条没有按计划进行的太空飞行器发射的新闻，就想知道为什么这叫做"火箭科学"。但是，对于飞行动力学家来说，当无人驾驶飞行器完全按照预期降落到目标上时，这是一件非常令人满意的事情。最重要的是，它是一门迷人的学科，是数学和物理学的奇妙结合。

在下面几节中，我们将通过几个应用和示例带你进入飞行器飞行动力学的理论和实践，向你展示飞行动力学家是如何思考和工作的。

1.2 作为刚体的飞行器

分析飞行中的飞行器最简单和最有用的方法是，假设它为刚体，但控制面可以偏转。这些控制面通常是升降舵、方向舵和副翼，但可能还有其他控制面，如襟翼、缝翼、扰流板或可折叠鳍等。图1.1显示了一架飞机的三视图，标记了气动控制面和其他气动面。

气动面由翼型组成，翼型用于浸入相对流场时产生升力，如方框1.1所述。然而，产生升力的压力分布也会导致与飞机运动相反方向的阻力。这是黏性引起的阻力（也称为表面摩擦阻力）之外的阻力。当这些升力和阻力的作用点偏离飞机重心时，它们还会引起关于重心的力矩。

在空气动力学中，飞机上的不同部件可以根据其产生的力或力矩的性质以及该力或力矩的使用目的来表征。

- 机翼——产生飞机维持空中运动所需的大部分升力。
- 前缘缝翼——在特殊情况下提高升力。
- 副翼——提供滚转控制。
- 扰流板——在着陆过程中产生阻力，也提供滚转控制。
- 翼梢小翼——降低翼尖涡产生的诱导阻力。
- 襟翼——改变机翼的升力和阻力，通常在起飞和着陆过程中使用。

- 平尾和垂尾——也称为尾翼，用于配平，并分别提供俯仰和偏航方向的稳定性。因此，它们也被称为安定面。
- 升降舵和方向舵——平尾和垂尾上的可偏转舵面，分别用于为飞机提供俯仰和偏航控制。

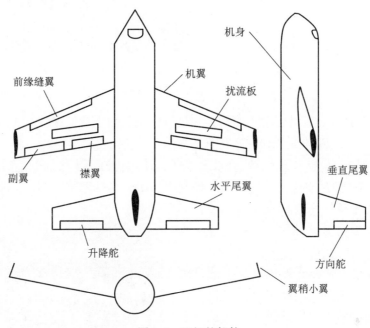

图 1.1　飞机的部件

由于缝翼、襟翼和控制面相对较小，可以忽略其对飞行器惯性矩的影响，况且这些面是相对于飞行器其余部分而运动的。

除滑翔机外，大多数飞行器都有一个产生推力来推动飞行器的发动机，而现代发动机通常有风扇或螺旋桨等旋转部件，有时需要考虑这种旋转机械的惯性效应；但是，对于初步分析，它也可以忽略不计。

飞行器质量、重心或惯性矩在飞行中发生变化有几个共同的原因，例如燃料被消耗、储存物被丢弃，甚至燃料在油箱内晃动或从一个油箱转移到另一个油箱。在某些情况下，这些变化的影响可能是重大的。但在起步阶段，我们假设飞行器是一个具有固定质量、固定重心和固定惯性矩的刚体。

◁ **例 1.1**　有些飞机有意设计为柔性的，柔性通常服务于某一特定目的。例如，"探路者"飞机（图 1.2）的机翼在飞行中，由于升力的作用，翼尖向上弯曲，需要采用柔性飞行器动力学模型，以正确地分析其飞行动力学特性。

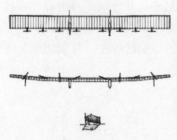 

（a）三维视图（地面无升力状态）　　（b）飞行中的弯曲机翼形状

图 1.2　"探路者"飞机

家庭作业：波音 747 的翼尖在飞行中也会向上弯曲多达 6 英尺①，但刚体动力学模型通常足以研究其飞行动力学。你能猜出原因吗？

例 1.2　想知道为什么在波音 737 上使用扰流板来增加低速时从副翼（主要的滚转控制装置）获得的滚转控制力矩吗？参见图 1.3。注意到，扰流板通过"卸载"升力提供滚转控制，通过阻力差提供偏航控制，也就是说，当一个机翼上的扰流板展开而另一个机翼上不展开时，它会导致该机翼上的升力损失和阻力增加。其结果是，飞机向该机翼方向倾斜，同样的道理，飞机也会偏航。副翼滚转力矩是动压（飞行高度下的飞机速度和密度）的函数，因此在

图 1.3　波音 737 的舷外扰流板

低速时不太有效，与此不同，扰流板滚转力矩虽然具有破坏性（损失机翼升力），但在低速时仍然有效。

例 1.3　设计用于超声速飞行的飞机（如"协和"飞机）在一个起飞-巡航-着陆程序中，必须从亚声速过渡到跨声速，再到超声速，最后回到亚声速飞行。增加速度穿越三个不同区域的结果是，气动中心 X_{AC}（飞机上的一个点，当飞机相对于气流的方向变化时，关于该点的俯仰力矩不变）向后移动，如图 1.4 所示。当飞行速度超过马赫数 1 时，由于 X_{AC} 在轴向移动，重心也需要以类似的方式移动。从图 1.4 中可以观察到 X_{AC} 的移动，重心 X_{CG} 也伴随着移动——这是通过燃油转移来实现的，即在前后油箱之间泵送燃油。

---

①　1 英尺 = 0.3048m。

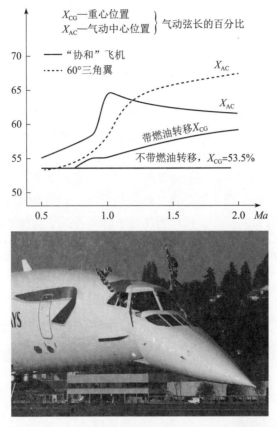

图 1.4 "协和"超声速运输机及 60°三角翼在
不同马赫数下的 X_{CG} 和 X_{AC} 变化曲线

你能猜到为什么"协和"飞机需要移动 X_{AC} 吗？正如我们稍后将看到的，差量 X_{AC}-X_{CG} 直接关系到飞机的俯仰稳定性和控制，必须保持在一定的范围内。

📖 **家庭作业**：移动 X_{CG} 的影响之一是改变惯性矩，特别是关于俯仰和偏航轴的惯性矩。在这种情况下进行"协和"飞机飞行仿真时，需要对惯性矩的变化进行建模。此外，"协和"飞机机头在着陆过程中和滑行时向下转动，如图 1.4 所示。此时转动惯量如何变化？需要建模吗？

📢 **例 1.4** 在飞行中，飞机部件的运动也会引起重心的变化以及惯性矩的变化。例如，F-111 和 MiG-23/27 等战斗机配备摆动机翼（可变后掠角），在从低亚声速过渡到高亚声速再到超声速时，向后摆动机翼（后掠）。改变机翼后掠角是抵消气动中心随马赫数移动影响的另一种方法，尽管改变机翼后掠角的主要目的是在气动上，参见图1.5。你还记得从空气动力学理论上为什么要这么做吗？此时转动惯量如何变化？需要建模吗？

1.3 六自由度

自由飞行中的刚体有六个自由度。为了描述这些自由度，让我们确定飞行器的重心，并附加一组正交轴，即机体固连轴，该轴系固连于机体并随飞行器一起运动。将它们标记为 $O^B X^B Y^B Z^B$，上标"B"表示机体固连轴。图1.6显示了该轴系在两个例子中是如何定义的：一个是近似水平飞行的飞机，一个是几乎垂直飞行的空间运载火箭。在这两种情况下，机体固连坐标系 $O^B X^B Y^B Z^B$ 的原点都位于飞行器的质心。机体固连轴系随飞行器平移和旋转。

图1.5 F-111 不同后掠角的图像
（上：超声速飞行的大后掠；
中：高亚声速飞行的中等后掠；
下：低亚声速飞行小后掠）

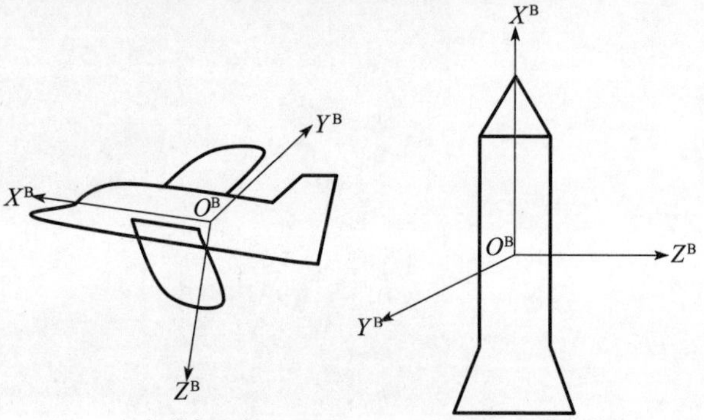

图1.6 固连于常规飞机和运载火箭重心上的机体固连轴系

（a）常规飞机　（b）运载火箭

按照飞机惯例，X^B 轴指向机头，但其位置有多种选择。例如，它可以沿着机身基准线（fuselage reference line，FRL），或对称平面 X^B-Z^B 内通过不同位置机身截面中心的直线，也可以选择 $O^B X^B Y^B Z^B$ 使其构成飞机的主轴系，即惯性积均为零。Z^B 轴与 X^B 轴正交，使得平面 X^B-Z^B 定义了飞机的对称平面。最后，Y^B 轴指向右舷，构成满足右手规则的坐标系。X^B-Z^B 平面也称为飞机的纵向平面，X^B 轴称为纵轴。图1.6中的运载火箭有两个对称平面：X^B-Z^B 和 X^B-Y^B。

🔊 **例1.5** 大多数飞机关于 X^B-Z^B 平面是对称的，斜翼飞机除外。斜翼飞机的一个例子是 NASA AD-1（图1.7），其机翼绕机身中心点转动。当右舷

（右侧）翼尖向前移动时，左舷（左侧）翼尖向后移动，使得布局关于 X^B-Z^B 平面不对称。斜翼概念是由德国的 Richard Vogt 在第二次世界大战期间提出的，主要是为了避免从亚声速到超声速飞行过渡过程中空气动力变化的不利影响。

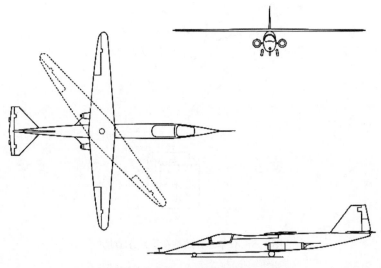

图 1.7　NASA AD-1 斜翼飞机三视图
（德莱顿飞行研究中心，1998 年 2 月）

飞行器可以沿三个轴平动，也可以绕三个轴转动。一共有六种运动。所以，自由飞行的飞行器有六个自由度。

📢 **例 1.6**　如图 1.8 所示，考虑一个吊挂有效载的翼伞。图中显示了翼伞固连体轴系 $X_p Y_p Z_p$ 和有效载荷固连体轴系 $X_b Y_b Z_b$，第三组轴系 $X_C Y_C Z_C$ 位于连接点 C 处，将两个实体连接在一起。用于连接的伞绳可以弯曲。如我们所见，翼伞-有效载荷系统的运动由翼伞和有效载荷在物理约束（伞绳）下的运动组成，这些约束迫使它们保持在一起。我们来尝试确定这个系统的自由度数量。

这个问题可以用两种方法来解决：首先，翼伞是一个刚体，有六个自由度。有效载荷同样有六个自由度。当连接在一起时，它们的平移运动不再是独立的，这引入了三个约束。因此，自由度的净数量为 6(翼伞)+6(有效载荷)-3(约束)=9。在第二种方法中，连接点 C 具有三个平移自由度，而翼伞和有效载荷各自有三个关于连接点的旋转自由度，因此，这使得 3(点 C 的平移)+3(翼伞轴的旋转)+3(有效载荷轴的旋转)=9。

📖 **家庭作业**：如果两个实体之间的连接是刚性的，情况会是怎样的？

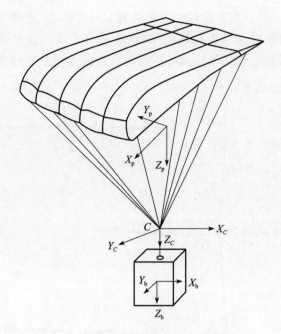

图 1.8 翼伞-有效载荷系统示意图

1.4 位置、速度和角度

当然,平移和旋转运动必须相对于惯性参考系来推导。对于飞行器飞行动力学中的大多数工作,可以将地球固连坐标系用作惯性参考系。此坐标系记为 $O^E X^E Y^E Z^E$。于是,如图 1.9 所示,飞行器在空间中的位置可以由位置矢量 R 表示,它是从地球固连坐标系 $O^E X^E Y^E Z^E$ 的原点 O^E 指向机体固连坐标系 $O^B X^B Y^B Z^B$ 的原点 O^B,O^B 位于重心处。图中,V 表示重心处的速度矢量,ω 表示关于重心的角速度矢量。

📖 **家庭作业**:众所周知,地球是旋转的,因此它实际上是非惯性参考系。在什么条件下我们可以把它当作惯性参考系?它是否与大气飞行及太空飞行、飞行速度(低速与高超声速)、飞行时间或飞行距离有关?

飞行器的惯性速度由飞行器重心相对于轴系 $O^E X^E Y^E Z^E$ 的速度矢量 V 给出。类似地,飞行器绕其重心的角速度也是相对于轴系 $O^E X^E Y^E Z^E$ 的,用 ω 表示。飞行器相对于地球固连坐标系的角位置(方向)现在有点难以描述。我们可以在以后的章节中继续讨论。

这样,飞行器的运动就可以用两个矢量来描述:V 和 ω。记住,V 是相对于地球固连惯性轴系的飞行器（重心）速度，ω 是飞行器绕重心的角速度，也是相对于地球固连惯性轴系的。V 和 ω 各有三个分量——也就是说，一共有六个变量。并且，速度/角速度积分给出飞行器相对于地球固连轴系的位置和方向，即另一组三加三个分量，也是六个变量。因此，总共需要 12 个变量来完全描述飞行器在飞行中的运动。请记住，根据牛顿定律，六自由度系统可以用六个速度/角速度变量的二阶微分方程组（六个方程）来表示，或者等价地用六个速度/角速度和六个位置/方向变量的一阶微分方程组（12 个方程）来表示。因此，这一切加起来恰到好处。

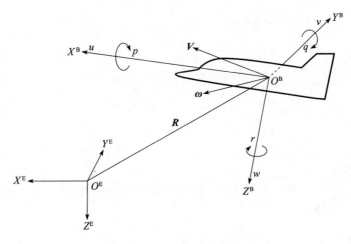

图 1.9　空间飞行器示意图

三个位移自由度由速度矢量 V 的三个分量（u 沿 X^B 轴，v 沿 Y^B 轴，w 沿 Z^B 轴）来表征。三个旋转自由度——称为滚转、俯仰和偏航——用角速度矢量 ω 的三个分量（p 关于 X^B 轴，q 关于 Y^B 轴，r 关于 Z^B 轴）来表征，如图 1.9 所示。

进行特技飞行的飞机可能会表现为同时绕三个轴中的几个轴旋转和平移的复杂运动。下面介绍一些较稳重的飞行器飞行运动。

📢 **例 1.7　水平直线飞行。**

这是一个仅为纵向飞行的例子，也就是熟知的巡航飞行状态。水平直线飞行状态的特征是飞机在对称平面 X^B-Z^B 内沿直线运动，如图 1.10(a) 所示。在这一飞行中，飞机以相同的速度（无加速度）沿着固定的方向飞行，这里选择为 X^E 方向，而沿 Y^E 轴和 Z^E 轴的速度分量为零。这意味着飞机没有侧向移动（无侧滑运动），飞机的高度是恒定的（无俯冲/爬升运动），机翼是水平的（零倾斜）。飞机在这一飞行中不作任何旋转运动，因此关于所有轴的角速率为零。

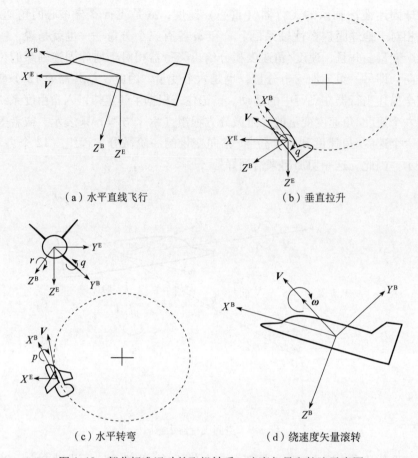

(a) 水平直线飞行　　　　　　(b) 垂直拉升

(c) 水平转弯　　　　　　(d) 绕速度矢量滚转

图 1.10　部分标准运动的飞机轴系、速度矢量和航迹示意图

这里要注意的一点是，在飞行中飞机 X^B 轴可以相对于当地地平线倾斜。

◁ 例 1.8　垂直拉升。

特技飞机的垂直拉升可以执行一个完整的垂直圆环，或者对于商业客机，可用于越过跑道的边界障碍物。这是纯纵向平面 X^B-Z^B 内飞行的另一个例子，但这是一个有加速度的飞行，飞机必须产生一个垂直于飞行航迹的力，该力指向垂直圆环的圆心，如图 1.10(b) 所示。对于完美的圆环，飞机的速度沿航迹变化，以保持圆环的半径不变。飞机在飞行中处于持续的俯仰运动状态，以使速度矢量始终与圆环相切。

◁ 例 1.9　水平转弯。

商用飞机在繁忙机场上空徘徊需要执行这一飞行机动，空战飞机和特技飞机也可能进行此机动。对于这种在恒定高度上转弯的飞行条件，飞机的航迹被限

制在 X^E-Y^E 平面（当地水平面）内。在水平转弯时，倾侧飞机以产生指向圆心的向心加速度，并要求在平行于地面的平面内沿水平圆环飞行，如图 1.10(c) 所示。飞机的速度始终与圆环相切，并且飞机在所有轴上都有非零的角速率。

从图 1.10(c) 注意到，角速度矢量 ω 是沿着当地垂直方向的，即沿地球固连系 Z^E 轴方向的。因为飞机是倾斜的，所以 ω 沿 Y^E 轴有一个显著的分量，即俯仰速率。但是，飞机的机头不会相对于当地水平面上下摆动。这个例子有助于理解俯仰速率 q 与飞机相对于当地水平面姿态角变化率 $\dot\theta$ 之间的差异（我们将在稍后介绍欧拉角 θ）。

📢 **例 1.10** 绕速度矢量滚转。

绕速度矢量滚转是一种复杂的机动，飞机的角速度矢量 ω 被约束为与位移速度矢量 V 方向一致。在这一机动中，V 和 ω 的三个分量通常都是非零的。如图 1.10(d) 所示，在前飞过程中，机头运动表现为一个顶点位于重心的圆锥体。为了获得战术优势，战斗机有时可以在大迎角下使用这种机动。

📖 **家庭作业**：考虑另外两个飞机机动，画出这些机动中的飞机航迹，并找出哪些速度和位置/方向变量为零，哪些不为零（以及它们是否恒定或如何随机动而变化）。

1.5　风中的飞行器运动

图 1.11 显示了一架以速度 V 在逆风和顺风条件下飞行的飞机，风速用 V_w 表示。V 是飞机相对于地面的速度（惯性系 $X^E Y^E Z^E$ 固连于地球），因此也称为地速或惯性速度。当没有风时，V 也是飞机相对于风的速度，换言之，飞机看到空气以速度 V_∞（等于其自身速度 V）扑面而来。在没有风的情况下，地速也是气动速度。气动速度定义为相对于风的速度，用于计算作用在飞机上的气动力和力矩。

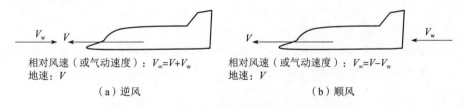

相对风速（或气动速度）：$V_\infty = V + V_w$　　　相对风速（或气动速度）：$V_\infty = V - V_w$
地速：V　　　　　　　　　　　　　　　　　地速：V
　　　（a）逆风　　　　　　　　　　　　　　　　　　（b）顺风

图 1.11　在逆风和顺风条件下飞行的飞机

现在，考虑一架以惯性速度 V 在风（相对于地球固连惯性系的速度为 V_w）中飞行的飞机。由于有风，飞机的气动速度发生了变化。气动速度 V_∞ 在逆风

条件下为 $V+V_w$，在顺风条件下为 $V-V_w$，如图 1.11 所示。当然，地速与先前一样保持为 V。

在采用牛顿定律建立飞行器运动方程时，使用的是惯性速度和惯性角速度（即相对于惯性（地球固连）轴系的速度），它们描述了飞机相对于惯性系的运动，即使在有风条件下飞行也是如此。由于飞机的气动力和力矩取决于气动速度，因此作用在飞机上的力和力矩在有风的情况下是不同的，而无论逆风、顺风还是无风，运动方程本身都是不变的。

逆风时，飞机的气动速度 V_∞ 增大为 $V+V_w$，导致气动升力和阻力增加（正比于气动速度的平方）；而在顺风条件下，气动速度减小为 $V-V_w$，导致作用在飞机上的气动升力和阻力减小。因此，风的突然引入会导致飞机加速或减速（取决于推力和新的阻力值），并在其航迹上爬升或下降（取决于重量和新的升力值）。然而，持续的顺风/逆风对商业客机飞行的影响更为重要，我们将在下面讨论。

注：在空气动力学中，马赫数定义为气动速度 V_∞ 与当地声速（在该高度上）之比，$Ma_\infty = V_\infty/a$。因此，马赫数会根据是否有顺风/逆风而变化。马赫数是一个关键的空气动力学参数（见方框 1.2）。

方框 1.2　飞行器飞行动力学感兴趣的无量纲参数

在飞机飞行动力学中经常使用一些无量纲参数。其中一些列示如下：

马赫数定义为相对于空气的速度 V_∞ 与声速 a 的比值，$Ma_\infty = V_\infty/a$。当 $Ma_\infty < 1$ 时为亚声速流动，$Ma_\infty = 1$ 时为声速流动，$Ma_\infty > 1$ 时为超声速流动。

雷诺数定义为惯性力与黏性力之比，$Re = \rho l V_\infty/\mu$，其中 ρ 为空气密度，l 为物体特征长度，μ 为黏性系数。低雷诺数是指低惯性力（较小的长度和/或速度）和/或大黏性力（水等介质）。高雷诺数是指大惯性力（较大的物体和/或速度）和/或低黏性力（空气等介质）。显然，大多数常规飞机飞行属于后一种情况，而微型飞行器可能属于低雷诺数一类。

迎角 α 定义为相对速度矢量在纵向对称面内的分量与飞机固连参考轴之间的夹角。该参考轴可以是飞机的纵轴 X^B、机身中心线或机翼前后缘连线。

◁ **例 1.11　风对商用飞机运行的影响。**

图 1.12 显示了飞机阻力系数（见方框 1.3）随自由流马赫数的典型的变化。临界马赫数 Ma_{cr} 是机翼表面（通常位于压力系数最低的点）首次出现声

速的自由流马赫数。在临界马赫数以下,飞机表面各处均为亚声速流动,阻力主要来自边界层内的黏性力。Ma_{cr} 以下的阻力系数相当恒定,如图 1.12 所示。超过临界马赫数后,机翼上表面开始形成激波,阻力迅速增加(由激波及其与边界层的相互干扰所致)。在 Ma_{DD} 处,阻力呈指数增大,在 $Ma=1$ 附近达到最大值。Ma_{DD} 接近 Ma_{cr},但总是大于 Ma_{cr}。飞机设计师经常使用的第一手估计值遵循关系式 $Ma_{DD}=Ma_{cr}+0.02$。因此,Ma_{cr} 和 Ma_{DD} 限定了高亚声速飞机巡航马赫数的上限。(远程客机的巡航马赫数通常为高亚声速,范围为 0.75~0.85。)

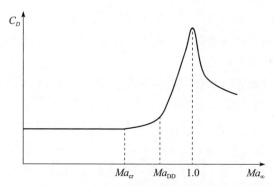

图 1.12 飞机阻力系数随马赫数的变化

方框 1.3 气动力和力矩

在相对于空气运动时,机翼上下表面的压力不平衡会产生作用在飞机上的净气动力(见方框 1.1)。升力和阻力是气动力合力在纵向平面内的分量。总的空气动力载荷作用于飞机上一个称为**压力中心**的点,该点与飞机重心偏离一定的距离,从而产生关于重心的净力矩。由气动力产生的关于重心的力矩称为气动力矩(图 1.13)。

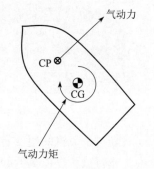

图 1.13 作用在压力中心的气动力产生的气动力矩

升力是气动力在垂直于相对速度 V_∞ 方向上的分量。升力的表达式为 $L=\bar{q}SC_L$,其中 $\bar{q}=(1/2)\rho V_\infty^2$ 称为动压,S 为参考面积,C_L 为升力体的升力系数,ρ 为空气密度。

阻力是气动力在相对速度 V_∞ 方向上的分量。阻力的表达式为 $D=\bar{q}SC_D$,其中 C_D 是升力体的阻力系数。在纵向平面

> 内关于 Y^B 轴的气动力矩（图1.13）称为俯仰气动力矩，由 $M = \bar{q}ScC_m$ 给出，其中 c 是机翼的平均气动弦，C_m 是俯仰力矩系数。平均气动弦 c 是一个特征长度，可使用关系式 $c = (1/S)\int_{-b/2}^{b/2} c^2(y)\mathrm{d}y$ 求得，其中 $c(y)$ 是展向距翼根 y 处的翼型弦长，b 是机翼展长。

在极限巡航马赫数固定不变的情况下逆风飞行，飞行员必须降低惯性速度以保持极限巡航马赫数，飞机相对于地面的飞行速度变慢，从而飞行一定的距离需要更长的时间。顺风飞行的情况正好相反，也就是说，飞行员可以增加惯性速度以保持极限巡航马赫数，飞机飞行速度更快，所需时间更短。所以，顺风对长途商业飞行是有好处的。

这一特征在规划飞行航线中是有用的（图1.14）。向西飞行的航线通常使用沿纬度的"大圆路径"，这恰好是几何上沿球面最短的航线。然而，当向东飞行时，航线可能会利用高空急流，高空急流是由西向东的持续风。尽管跟随高空急流可能会导致更长的地面路径，但由于顺风，它实际上节省了时间（也节省了燃料）。下次你在两个机场之间来回长途飞行时，请注意每次飞行的时间，可能其中一程你是一路顺风的。

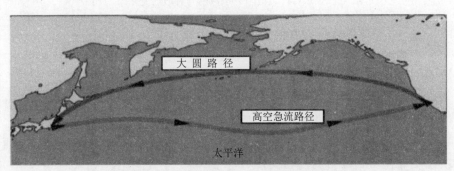

图1.14 向西和向东飞行的航线选择

着陆时，飞机的速度有一个下限，大约是失速速度的1.2~1.3倍。在逆风中，飞行员可以以更低的惯性速度飞行而仍然保持马赫数下限，这样就可以以更低的速度接地，从而使地面滑跑距离更短。对于起飞，也是如此。因此，逆风有利于着陆和起飞。相反的情况发生在顺风条件下。

📖 **家庭作业**：有时机场由于太强的顺风不得不暂停一些跑道的运行。你能猜出原因吗？

1.6 纵向飞行动力学

纵向飞行机动是指速度矢量 V（记住它位于飞机重心）位于机体固连 X^B-Z^B 平面内的所有飞行，包括水平飞行、爬升和下降飞行以及垂直圆环（拉升、俯冲乃至完整圆环）——事实上，包括所有限制在垂直平面内的运动。例如，水平转弯飞行不在其列。

为什么要先谈纵向飞行动力学呢？飞机大量时间都是在进行纵向飞行机动，因此其是首要的关注点。此外，根据我们的经验，从纵向飞行动力学入手，有助于以清晰有效的方式引入几乎所有的飞行动力学概念，同时降低复杂性。求解四个方程肯定比求解八个或九个方程更容易。

参考图 1.15 中的飞机示意图。X^B 轴和 Z^B 轴在重心处与飞机固连，Y^B 轴指向纸面内。记住，我们假设飞机为刚体，X^B-Z^B 平面为对称平面。这些假设对绝大多数现有飞机都是适当的，因此本节内容具有广泛的适用性。

图 1.15 还显示了重心处的飞机速度 V 和角速度 ω，正如我们先前所约定的，速度矢量 V 只有 X^B-Z^B 平面内的两个分量，而角速度实际上只是一个标量——关于 Y^B 轴的分量。此标量角速度称为俯仰角速率，用 q 表示。因此，纵向飞行中飞机的运动可以用 V 的两个分量和 q 来描述，共三个分量。

我们还将推导飞机相对于地面（或地球）的运动。让我们把地球固连轴 $X^E Z^E$ 从位于地球上的原点平移到飞机重心，即机体固连系的原点。这有助于我们更容易地标示出角度，并说明其含义。X^E 轴标示出当地水平线，Z^E 轴标示出当地法线。速度矢量 V 与 X^E 轴的夹角称为飞行航迹角 γ，它指示飞机相对于地面（地球）是上升还是下降。如图 1.15 所示，当飞机相对于水平线上升时，γ 为正。地轴与体轴之间的夹角，记为 θ，称为俯仰角，它表示机头相对于水平线的指向。如图 1.15 所示，机头指向水平线上方，θ 为正。图中显示了地轴和体轴、矢量 V 和 ω、角 α、γ 和 θ。

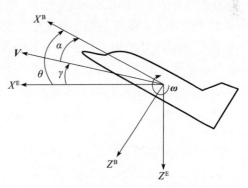

图 1.15 纵向爬升的飞机

在已知速度 V 和俯仰角速率 q 的情况下，飞机相对于地面的运动很显然由下列运动学方程给出：

$$\dot{x}_E = V\cos\gamma \qquad (1.1a)$$

$$\dot{z}_E = -V\sin\gamma \qquad (1.1b)$$

$$\dot{\theta} = q \qquad (1.1c)$$

这里，x_E 是航程，即沿着 X^E 轴飞过的距离，z_E 是沿着 Z^E 轴飞过的垂直距离。我们可以用高度 $h = -z_E$ 代替 z_E：

$$\dot{h} = V\sin\gamma \qquad (1.2)$$

θ 是机头指向，如前所述。

问题相当简单。如果我们知道每一时刻的 V、γ 和 q，就可以积分方程 (1.1)，获得飞机在任意时刻相对于地面的位置和方向。但是，要知道 V、γ 和 q，我们需要写出并求解飞机动力学方程。这是我们的下一步。

注意：确保不要将角度 θ 与 γ 混淆。θ 告诉你飞机的机头指向哪里，而 γ 告诉你飞机朝哪里飞（速度矢量的方向）。

▷ **例 1.12** 在着陆进近过程中的 γ 和 θ。

图 1.16 显示了着陆进近中的飞机。可以看到，在此进近中，机头是上仰的（θ 为正），但是速度矢量在水平线之下，因此飞行航迹角 γ 为负。

1.7 纵向动力学方程

图 1.17 显示了一架飞行中的飞机及作用在其上的所有力和力矩。发动机推力 T 与机体固连轴 X^B 形成角度 δ。请注意图 1.17 中 δ 的定义方式，推力线在 X^B 轴之下。L 和 D 分别是与速度矢量垂直和平行的气动升力和阻力。M 是关于 Y^B 轴的气动力矩。在方框 1.3 中给出了气动力和力矩的介绍。飞机重力沿当地法线（Z^E 轴）向下。作用在飞机上的力有三种不同的类型，即推力、气动力和重力。下面利用牛顿定律推导飞机纵向运动方程。我们取所有力在速

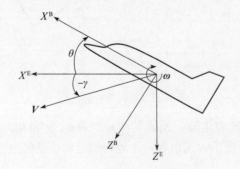

图 1.16 着陆进近中的飞机示意图　　图 1.17 自由飞行飞机及其作用力和力矩示意图

度矢量 V 及其垂直方向上的分量。沿速度矢量 V（和其反方向）的净力等于飞机质量乘以加速度 dV/dt，得出第一个方程（1.3a）。垂直于速度矢量 V 方向的净力等于飞机质量乘以向心加速度，得出第二个方程（1.3b）。关于 Y^B 轴的净力矩 M 等于俯仰角加速度乘以俯仰转动惯量，这是第三个方程（1.3c）。

$$m\frac{dV}{dt}=T\cos(\theta-\gamma-\delta)-D-W\sin\gamma \tag{1.3a}$$

$$mV\frac{d\gamma}{dt}=T\sin(\theta-\gamma-\delta)+L-W\cos\gamma \tag{1.3b}$$

$$I_{yy}\frac{dq}{dt}=M \tag{1.3c}$$

在方程（1.3）中，m 是飞行器的质量[①]，$W=mg$ 是飞行器的所受的重力，V 是速度矢量的大小，I_{yy} 是飞行器关于 Y^B 轴的惯性矩。这样，得到刚体飞机纵向飞行的运动方程是相当容易的。采用这种方法，我们可以快速地认识问题的本质，而不必费力地推导完整的六自由度运动方程（我们稍后再介绍这组方程）。

利用方框 1.3 中的气动力和力矩表达式，方程（1.3）可以改写如下：

$$m\frac{dV}{dt}=T\cos(\theta-\gamma-\delta)-\bar{q}SC_D-W\sin\gamma \tag{1.4a}$$

$$mV\frac{d\gamma}{dt}=T\sin(\theta-\gamma-\delta)+\bar{q}SC_L-W\cos\gamma \tag{1.4b}$$

$$I_{yy}\frac{dq}{dt}=\bar{q}ScC_m \tag{1.4c}$$

式中：$\bar{q}$ 为动压 $\left(=\frac{1}{2}\rho V^2\right)$；$S$ 为参考面积，通常为飞机机翼平面形状的面积；c 为平均气动弦。请务必分清俯仰角速率 q（关于 Y^B 轴的角速度）与动压 $\bar{q}$ 之间的区别。

方程（1.4a）表示飞机沿飞行航迹的加速度。方程（1.4b）表示垂直于飞行航迹的加速度，它使飞行航迹弯曲。当 $d\gamma/dt$ 为负时，飞机沿着向下弯曲的航迹飞行；当 $d\gamma/dt$ 为正时，飞机沿着向上弯曲的航迹飞行。$d\gamma/dt=0$ 对应于直线航迹。方程（1.4c）表示飞机绕其重心俯仰运动的角加速度。

方程（1.4a）、方程（1.4b）和方程（1.4c）联立起来表示飞机在垂直面内以曲线航迹飞行的一般运动以及沿飞行航迹的俯仰运动。

[①] 原文遗漏了 m，译者注。

1.8 时间尺度问题

我们将纵向飞行动力学方程分为两组：第一组是变量 x_E、z_E 和 θ 的运动学方程（1.1），第二组是变量 V、γ 和 q 的动力学方程（1.4），这六个方程有另一种分组方法，即基于每个变量变化的自然时间尺度，这对于我们的目的更有用。

首先，改写 V 和 γ 的方程如下：

$$\frac{\dot{V}}{V} = \frac{g}{V}\left[\frac{T}{W} - (\bar{q}S/W)C_D - \sin\gamma\right] \tag{1.5a}$$

$$\dot{\gamma} = \frac{g}{V}[(\bar{q}S/W)C_L - \cos\gamma] \tag{1.5b}$$

其中假设了推力是沿速度矢量 V 作用的。在此假设下，$\theta-\gamma-\delta$ 为零，这对于大多数常规机动下的飞机是合理的，但不是必需的。飞机可以带有角度 $\theta-\gamma-\delta$，而不会有太多损失。

接下来，让我们把 θ 和 q 的方程（1.1c）和方程（1.4c）合并为一个方程：

$$\ddot{\theta} = (\bar{q}Sc/I_{yy})C_m \tag{1.6}$$

最后，将方程（1.1）中的 x_E 和 z_E 方程写为

$$\frac{\dot{x}_E}{H} = \left(\frac{V}{H}\right)\cos\gamma \tag{1.7a}$$

$$\frac{\dot{z}_E}{H} = -\left(\frac{V}{H}\right)\sin\gamma \tag{1.7b}$$

其中，H 是飞机的升限（高度）。

这种安排自然引出三个不同的时间尺度。其中最快的来自方程（1.6），即

$$T_1 = \sqrt{\frac{I_{yy}}{\bar{q}Sc}} \tag{1.8}$$

称为俯仰时间尺度，对于大多数常规飞机来说为 1s 量级。这对应于俯仰运动，即机头的上下摆动，表示 θ 的变化速率。

较慢一些的时间尺度来自方程（1.5），为

$$T_2 = \frac{V}{g} \tag{1.9}$$

对于大多数飞机来说，这是 10s 量级，对应于沉浮运动，即飞机交替地获得和

损失高度（或爬升和下滑）。变量 V 和 γ 以这一速率自然变化。

注意：使用"自然"这个词，我们的意思是让飞机自由地作出反应。当飞行员强迫时，飞机会作出不同的反应，但这不是"自然的"。

最后，最慢的时间尺度来自方程（1.7）：

$$T_3 = \frac{H}{V} \tag{1.10}$$

其量级为一架典型飞机飞行一定距离或爬升一定高度所用的时间。一般来说，这大约是 100s 或几分钟。这通常不是动力学时间尺度，而更大程度上与飞机性能有关。

可见，每一个较慢时间尺度都比之前的较快时间尺度慢一个数量级（即大约 10 倍）。一个关键的物理规律是，在明显不同的时间尺度上发生的现象可以分开研究。正是这个规律允许我们研究飞机的航程和爬升性能（T_3 时间尺度），而不必考虑其动力学特性（T_1 和 T_2 时间尺度）。此外，可以独立于沉浮动力学（T_2 时间尺度）来研究俯仰动力学（T_1 时间尺度），因为它们分离得非常好。这是飞机飞行动力学中广泛应用的一个重要原理，但实际的时间尺度却很少被提及。

◁ **例 1.13** 图 1.18 显示了飞机经历沉浮运动的时间历程，其时间周期为 10s。叠加在其上的俯仰运动的时间周期为 1s。该图清楚地显示了这些运动的时间尺度的数量级差异。注意到，在俯仰动力学作用的短时间内，沉浮变量变化很小。换言之，在此短时间内，假设沉浮变量为一个恒定的平均值而单独分析俯仰动力学方程，这是安全的。同样地，在研究沉浮运动的几个周期时，俯仰动力学表现为一个短而小的波动，在较大（较慢）的时间尺度上可以忽略。

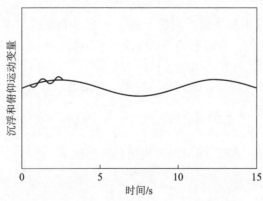

图 1.18 俯仰运动叠加沉浮运动的飞机运动时间历程示意图

1.9 纵向配平

$\dot{x}_E$ 和 $\dot{z}_E$ 的方程（1.7）是关于飞机航程和爬升性能的，它构成了有关飞机性能书籍的主题，因此这里不作讨论。我们只研究方程（1.5）和方程（1.6），它们涉及飞机的动力学特性。将它们写在一起并重新编号如下：

$$\frac{\dot{V}}{V} = \frac{g}{V}\left[\frac{T}{W} - (\bar{q}S/W)C_D - \sin\gamma\right] \tag{1.11a}$$

$$\dot{\gamma} = \frac{g}{V}\left[(\bar{q}S/W)C_L - \cos\gamma\right] \tag{1.11b}$$

$$\ddot{\theta} = (\bar{q}Sc/I_{yy})C_m \tag{1.11c}$$

第一步针对平衡或配平状态求解这些方程。所谓配平状态就是变量变化率为零的状态，这里的变量为 V、γ 和 θ。换言之，飞机飞行中

$$V = \text{const}, \quad \gamma = \text{const}, \quad \theta = \text{const}$$

这是典型的直线航迹飞行，水平飞行（$\gamma=0$），爬升（$\gamma>0$）或下滑（$\gamma<0$），机头方向相对于水平线固定不变（θ 为常数）。

怎样才能使飞机进入这样的配平状态呢？通过将方程（1.11a）~方程（1.11c）的左侧设置为零，并按如下方式求解右侧，可以很容易地得到：

$$C_D^* = \frac{W}{\bar{q}^*S}\left(\frac{T^*}{W} - \sin\gamma^*\right) \tag{1.12a}$$

$$C_L^* = \cos\gamma^* \frac{W}{\bar{q}^*S} \tag{1.12b}$$

$$C_m^* = 0 \tag{1.12c}$$

其中上标（*）表示配平值。当然，第一和第二个方程与用来研究飞机质点性能的方程是相同的。在以前的飞机性能课程中我们一定已经非常熟悉其各种形式。

例如，在水平飞行（$\gamma=0$）中，配平方程简单地变成

$$C_D^* = \frac{T^*}{\bar{q}^*S}(\text{或 } D^* = T^*), \quad C_L^* = \frac{W}{\bar{q}^*S}(\text{或 } L^* = W), \quad C_m^* = 0 \tag{1.13}$$

对于爬升飞行，方程（1.12a）给出爬升角：

$$\sin\gamma^* = \frac{T^* - D^*}{W} \tag{1.13a}$$

或爬升率

$$(V\sin\gamma)^* = \frac{(T^*-D^*)V^*}{W} \tag{1.14}$$

当然，在研究飞机的长时间飞行航迹时，人们会把动力学方程（1.3）和运动学方程（1.1）综合起来。在上升或下降航迹的情况下，积分 z_E 方程将得到每个时刻的高度。作为高度函数的大气密度会变化（见方框1.4），动压 $\bar{q}$ 也会变化。请注意，$\bar{q}$ 会影响动力学方程中的气动力和力矩，这使得运动学和动力学方程耦合在一起。然而，在分析（纵向）飞行动力学时，只要配平航迹是水平飞行或微爬升/下滑（γ 的绝对值较小），由于动态运动的时间尺度（T_1 或 T_2）小于高度显著变化的时间尺度（T_3），密度的变化通常小到足以忽略。于是我们可以独立于运动学方程来研究动力学方程。

方框1.4　标准大气

标准大气是指不同高度上空气的标准特性，即压力、密度和温度。在海平面条件下，这些特性是

压力 $p_0 = 1.01 \times 10^5 \text{N/m}^2$ 或 760mmHg，

密度 $\rho_0 = 1.225 \text{kg/m}^3$，　温度 $T_0 = 288.16\text{K}$

国际民用航空组织（International Civil Aviation Organization，ICAO）接受的标准大气（图1.19）假定温度剖面在海平面至11km高度呈线性下降，之后直至25km（同温层）保持不变（为216.650K）。大多数商用和通用航空飞机的飞行高度低于15km，这是大气飞行力学课程主要关心的高度范围。

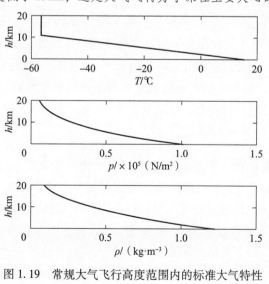

图1.19　常规大气飞行高度范围内的标准大气特性

在线性温度剖面的高度区域，密度和压力随高度的变化可以用下列公式计算

$$\frac{\rho}{\rho_1} = \left(\frac{T}{T_1}\right)^{-[1+(g_0/R\lambda)]}, \quad \frac{p}{p_1} = \left(\frac{T}{T_1}\right)^{-(g_0/R\lambda)}$$

式中：g_0 为海平面重力加速度值；$R = 287 \text{m}^2/(\text{K} \cdot \text{s}^2)$ 为气体常数；$\lambda = -0.0065 \text{K/m}$ 为温度随高度的变化率，也称为递减率。上述公式中下标为"1"的量是线性区域开始处的值。

在同温层，相应的公式为

$$\frac{p}{p_1} = e^{-g_0(h-h_1)/(RT_1)}, \quad \frac{\rho}{\rho_1} = e^{-g_0(h-h_1)/(RT_1)}$$

这里的下标"1"表示同温层开始处的值。

📖 家庭作业：考虑飞机垂直向上飞行的情况，即 $\gamma = 90°$。力平衡要求在每一时刻 $T = D + W$ 和 $L = 0$。可以在分析中不包括 z_E 方程来研究这个"配平"吗？

注：周围空气的密度是 z_E 方程积分所得高度的函数，必须考虑到这一点以满足沿航迹每一时刻的"配平"条件。

1.10 空气动力系数 C_D、C_L、C_m

在进一步研究之前，我们需要更好地了解（纵向）静态空气动力系数 C_D、C_L 和 C_m。如前所述（见方框 1.3），也如你先前从空气动力学课程所知悉的，它们是无量纲系数，即通过量纲分析将量纲分离后的空气动力阻力、升力和俯仰力矩（见方框 1.5）。每个无量纲系数只是其他无量纲量的函数。其中，对我们来说最重要的是迎角 α 和马赫数（见方框 1.2），我们将在下面讨论这个问题。

方框 1.5　量纲分析

气动力和力矩通常取决于与飞机几何形状和流场有关的六个参数。这些参数是空气密度 ρ、空气黏性 μ、空气声速 a、飞机相对于风的方向 α、飞机参考面积 S 和相对空速 V_∞。通常将这六个有量纲参数缩减为无量纲相似参数，即自由流马赫数 Ma、雷诺数 Re 以及方框 1.2 中定义的迎角 α。这有助于以空气动力系数的形式将风洞缩比模型上的力和力矩测量结果传递给全尺寸飞机。在物理上，这是通过在风洞中创建一个**动力学相似**的缩

比模型绕流来实现的，该流动代表了飞机在实际飞行中的绕流。无量纲气动系数由下列关系式从风洞测量的力和力矩求得

$$C_L = \frac{L}{qS}, \quad C_D = \frac{D}{qS}, \quad C_m = \frac{Ma}{qSc}$$

它们与实际飞机的气动系数是相同的，是相似参数 Ma、Re 和 α 的函数。这意味着，如果 Ma 和 Re 相同，在给定迎角下，飞行飞机的气动系数值与风洞缩比模型在相同迎角下的测量结果相同，也就是说，无须考虑上述六个有量纲参数的值。以这种方式确定的气动系数是基于某个参考面积 S（例如机翼平面形状面积或机身横截面积）的，在仿真中使用这些系数之前，需要知道这些面积。

另一个感兴趣的无量纲量是雷诺数 Re。通用航空飞机的典型飞行雷诺数从 10^6（轻型飞机）到 10^9（商用喷气式飞机）不等。大型商用运输机（如波音747）的飞行雷诺数约为 $2×10^9$。对于这些雷诺数下的大气飞行，空气动力系数 C_L 和 C_m 与 Re 的关系不大。正如下面的注释所解释的，在此条件下，C_D 随 Re 的变化也不大。因此，通常不需要将空气动力系数视为 Re 的函数。但是，对于低速飞行的小型飞机来说，雷诺数可能在 10^4 量级或更低，这可能是不正确的。

注：如你所知，在机翼等升力体上产生的升力主要来源于其上下表面之间的压差，因此可以假定升力系数 C_L 在很大程度上与雷诺数 Re 表示的黏性效应无关。阻力系数 C_D 由两部分组成，一部分来源于前后压差（例如在物体上某一点发生流动分离时压差升高），另一部分来源于表面摩擦（或黏性）。阻力系数 C_D 的"压力"部分可以认为在很大程度上与 Re 无关。然而，阻力系数的表面摩擦部分 C_f 在很大程度上取决于 Re。平板 C_f 随雷诺数的典型变化如图 1.20 所示。飞机流动从层流到湍流的过渡通常发生在 $Re \approx 10^6$，这意味着大多数飞机在预计为湍流的雷诺数下飞行。由图 1.20 可见，在雷诺数的湍流区，C_f 较低，且随 Re 相当恒定。

📖**家庭作业**：在失速附近，雷诺数对飞机气动系数有一定的影响。请查阅任何一本关于空气动力学的书籍来获得有关这方面的信息。

1.10.1 空气动力系数随迎角的变化

再次参考图 1.15 中纵向飞行的飞机，迎角用符号 α 表示。迎角是速度矢量 V（也称为相对风速，在有风的情况下用符号 V_∞ 表示）与飞机上的参考线之间的夹角，这里选择为机体轴 X^B。

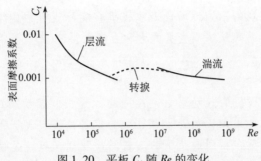

图 1.20 平板 C_f 随 Re 的变化

（源自 *Fundamentals of Aerodynamics*，John D. Anderson, Jr.，第四版，McGraw Hill 出版社，2007年，pp.77）

区分 α、γ 和 θ 这三个角度是很重要的。

- γ 是速度矢量 V 与水平线的夹角——它告诉你飞机是水平飞行、爬升还是下降。因此，这是一个导航角。
- θ 是机体轴 X^B 与惯性轴 X^E（通常与水平面平行）的角度——它告诉你机头相对于水平线的指向。因此，这是一个方向角。请记住，正如我们在着陆进近图 1.16 中看到的，飞机可能在下降（$\gamma<0$），而机头指向水平线上方（$\theta>0$）。
- 不同于 θ 和 γ，α 与导航或飞机相对于地面的方向无关。α 给出了飞机相对于相对风的方向，因此具有极大的空气动力学意义。在纵向飞行的简单情况下，如图 1.15 所示，$\alpha=\theta-\gamma$。

根据空气动力学理论，纵向飞行中的（静态）空气动力和力矩系数取决于迎角 α。图 1.21 显示了一架战斗飞机 C_D、C_L 和 C_m 随 α 的典型变化——这些是 F/A-18 研究型模型的数据，即人们熟知的大迎角研究机（high-angle-of-attack research vehicle，HARV）。这些数据主要来自风洞试验（参见方框 1.6）。

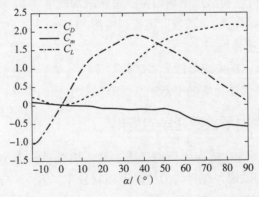

图 1.21 F-18/HARV 飞机阻力、升力和俯仰力矩系数随迎角变化的曲线

> **方框 1.6　风洞试验获得的空气动力系数**
>
> 在风洞中测量空气动力系数是通过测量飞机固连 X 轴和 Z 轴方向上的力（F_x 和 F_z）来实现的。根据这些力，可以使用以下关系式得到力系数：$C_x = F_x/(1/2)\rho V^2 S$ 和 $C_z = F_z/(1/2)\rho V^2 S$。当飞机机头迎面朝向来流时，即飞机 X 轴（机体固连）与风洞 X 轴（惯性）重合，在 $\alpha = 0°$ 下这些力与阻力 D 和升力 L 相同。改变飞机 X 轴相对于流动方向或风洞轴线的方位（俯仰角）时，飞机的迎角随之变化。因此，在风洞中测得的力系数 C_x 和 C_z 是迎角的函数。
>
> 利用这些系数，升力系数 C_L 和阻力系数 C_D 可通过以下关系式分别得到：$C_L = C_x \sin\alpha - C_z \cos\alpha$ 和 $C_D = -C_x \cos\alpha - C_z \sin\alpha$。由此可见，在使用这些数据进行稳定性分析和仿真工作之前，需要正确地提取 C_x 和 C_z 的分量来得到 C_D 和 C_L。此外，可以测量这些力引起的关于重心的俯仰力矩 M，通过以下关系式确定俯仰力矩系数 C_m：$C_m = M/(1/2)\rho V^2 Sc$，它也是迎角的函数。

根据图 1.21，有必要指出一些有趣的事实：

- C_L 在 $\alpha = (-10°, +10°)$ 范围内线性度很好，其斜率为正，这是线性空气动力学理论的典型区域。然后，其斜率减小，但 C_L 继续增大，直至在 $\alpha = 35°$ 附近达到峰值。此峰值点称为"失速"。翼型和大展弦比机翼通常在低得多的迎角（约 15°~18°）就失速了。但是，重要的是你要知道这不是一个绝对的事实，正如这个例子所显示的。另外，在 $\alpha = 0°$ 下，$C_L \approx -0.036$。

  家庭作业：你能猜出为什么 C_L 的截距为小的负值吗?

- C_D 曲线在 $(-5°, +25°)$ 之间近似为二次曲线，正如"线性"空气动力学理论推荐的"阻力极曲线"模型：$C_D = C_{D0} + KC_L^2$，其中 K 取值为 $(1/\pi ARe)$。但是，在实践中，C_D 曲线的一个好的拟合形式是：$C_D = C_{D0} + k_1\alpha + k_2\alpha^2$。最好认识到线性项"$+k_1\alpha$"会经常出现。$C_D$ 随 α 几乎一直在增加。

- C_m 在大部分范围内都是近似线性的，其斜率为负，我们将会在后面的章节中看到它的意义。

例 1.14　许多商用和通用运输机在所谓的"线性状态"下飞行，其中 C_L 和 C_m 近似为 α 的线性函数。由于诱导阻力对 α 的依赖性，C_D 当然是二次函数。例如，考虑未知飞机（我们称为飞机 X）的 C_L 和 C_m 随 α 的变化，如图 1.22 所示。它们遵循线性关系（α 的单位为度）：
$$C_L = -0.027 + 0.0865\alpha$$
$$C_m = 0.06 - 0.0133\alpha \tag{1.15}$$

再次注意，在 α=0 下的 C_L 为负。

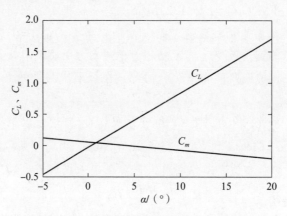

图 1.22　飞机 X 的 C_L 和 C_m 随迎角 α 的变化曲线

家庭作业：从图 1.22 中可以推断在迎角 α=4.5° 下 C_m 为零。在此 α 下，$C_L \approx 0.36$。这个 α 的意义是什么？

1.10.2　空气动力系数随马赫数的变化

在亚声速流动中，压力系数随马赫数的变化由空气动力学理论中的 Prandtl-Glauert 定律给出：

$$C_p = \frac{C_{p\,\text{incomp}}}{\sqrt{1 - Ma^2}} \tag{1.16}$$

其中 $C_{p\,\text{incomp}}$ 是不可压流动的压力系数。压力主导的系数，如 C_L 和 C_m，确实随着马赫数的变化而变化，其变化方式与 Prandtl-Glauert 关系式预测的相似，而表面摩擦主导的系数 C_D 则不完全如此。在超声速流动中，C_L、C_m 和 C_D（由波阻产生）随马赫数的变化遵循 $1/\sqrt{Ma^2 - 1}$ 的比例关系，有时也被称为超声速 Prandtl-Glauert 定律。

图 1.23 所示为飞机 C_L 随马赫数的典型变化。C_L 曲线形状在亚声速和超声速下均遵循 Prandtl-Glauert 定律，但 Prandtl-Glauert 定律不适用于跨声速马赫数。由于对 C_m 的主要贡献来自于 C_L，C_m 随马赫数的变化与 C_L 非常相似。阻力系数 C_D（图 1.12）在超声速马赫数下遵循 Prandtl-Glauert 定律，其中波阻成分占主导地位。

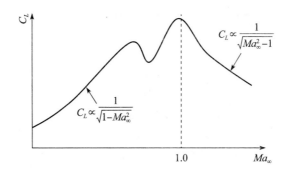

图 1.23 飞机 C_L 随马赫数的典型变化

注：有时你可以看到以下列方式书写的升力、阻力或俯仰力矩表达式：

$$L = \frac{1}{2}\gamma p Ma^2 S C_L \tag{1.17}$$

这是通过使用声速关系式

$$a^2 = \frac{\gamma p}{\rho} \tag{1.18}$$

以及 $Ma=V/a$ 得到的。

📖 **家庭作业**：对于亚声速和超声速流动，确定升力 L、阻力 D 和俯仰力矩 M（而不是系数）随马赫数的典型变化。

1.11 翼-身配平

如方程（1.12）所示，要使飞机进入平衡或配平状态，仅仅平衡力是不够的，还需要平衡关于重心（centre of gravity, CG）的俯仰力矩。让我们看看对于只有机翼和机身而没有水平尾翼的飞机来说，这是如何实现的。

图 1.24 显示了水平飞行 $\gamma=0$ 中，在迎角 α 下作用在翼-身组合体上的各种力和力矩。机翼升力 L^{wb} 和阻力 D^{wb} 置于翼-身气动中心处，它们产生俯仰力矩 M_{AC}^{wb}。如前所述，气动中心是翼-身俯仰力矩 M_{AC}^{wb} 不随迎角变化的点，是便于分析的一个点。因为 M_{AC}^{wb} 不是迎角的函数，所以它在 $\alpha=0°$ 的值与所有其他 α 下的值相同，包括升力 L^{wb} 为零的 α 值。对于横截面由正弯度翼型构成的机翼，关于气动中心的力矩 M_{AC}^{wb} 通常为负，其含义如图 1.25 所示。机身不提供显著的升力，但会贡献阻力和俯仰力矩，这通常是不利的。与其将它们置于翼-身上别的点，不如置于在翼-身气动中心 AC^{wb} 处，产生翼-身的总量（L^{wb}、D^{wb} 和 M_{AC}^{wb}），这样更容易一些。这就是图 1.25 中的显示方式。事实上，

翼-身气动中心与单独机翼气动中心通常没有太大差别。

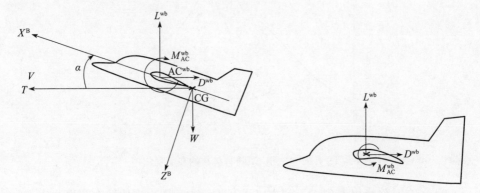

图 1.24 水平飞行中作用在翼-身组合体上的力和力矩

图 1.25 正弯度机翼飞机在零升力下 M_{AC}^{wb} 的含义

回到图 1.24，重力沿 Z^E 轴作用在 CG 处。为简单起见，我们假设推力也作用在 CG 处，并且沿着速度矢量。如果推力线在垂直方向偏离 CG，也会产生力矩。此外，为简单起见，可以假设 CG 和 AC^{wb} 都位于 X^B 轴上。也就是说，它们之间沿 Z^B 没有分离。沿飞机长度方向的距离 X 可以从飞机机头尖点或机翼前缘或任何其他点开始测量，这不是一个重要问题；重要的是点与飞机 CG 之间的距离。总结关于 CG 的力矩（图 1.24），我们得到

$$M_{CG} = M_{AC}^{wb} + L^{wb}(X_{CG} - X_{AC}^{wb})\cos\alpha + D^{wb}(X_{CG} - X_{AC}^{wb})\sin\alpha \quad (1.19)$$

我们把每一项除以 $\bar{q}Sc$，使方程（1.19）无量纲化：

$$\frac{M_{CG}}{\bar{q}Sc} = \frac{M_{AC}^{wb}}{\bar{q}Sc} + \frac{L^{wb}}{\bar{q}S}\left(\frac{X_{CG}}{c} - \frac{X_{AC}^{wb}}{c}\right)\cos\alpha + \frac{D^{wb}}{\bar{q}S}\left(\frac{X_{CG}}{c} - \frac{X_{AC}^{wb}}{c}\right)\sin\alpha \quad (1.20)$$

然后，将方程（1.20）写成无量纲系数的形式

$$C_{m,CG} = C_{m,AC}^{wb} + C_L^{wb}(h_{CG} - h_{AC}^{wb})\cos\alpha + C_D^{wb}(h_{CG} - h_{AC}^{wb})\sin\alpha \quad (1.21)$$

式中：h 表示用平均气动弦 c 无量纲化的距离 X。

为了在俯仰方向配平飞机（这里是翼-身），必须调节方程（1.21）中的项，使其和为零。也就是说，配平状态下

$$C_{m,CG} = 0$$

对于小 α，项 $C_D^{wb}(h_{CG} - h_{AC}^{wb})\sin\alpha$ 通常比前一项小得多，因此可以忽略，且 $\cos\alpha \approx 1$。于是，我们需要检查

$$C_{m,AC}^{wb} + C_L^{wb}(h_{CG} - h_{AC}^{wb}) = 0 \quad (1.22)$$
$$(-)\quad(+)\quad(?)$$

来确定如何对翼-身进行配平。对于常规飞机，方程（1.22）中各项的符号阐

述如下。显然，为了配平，要求

$$h_{CG} - h_{AC}^{wb} > 0 \tag{1.23}$$

换言之，重心必须位于翼-身气动中心之后。图 1.26 从物理角度给出了相同的结论。在 AC^{wb} 处显示的 M_{AC}^{wb} 通常为负。作用于 AC^{wb} 处的 L^{wb} 为正。只有 AC^{wb} 位于 CG 之前，由 L^{wb} 产生的关于 CG 的力矩才能是正的，才有可能抵消负的 M_{AC}^{wb} 力矩。务必确信，如果 AC^{wb} 位于 CG 之后，配平是不可能的。

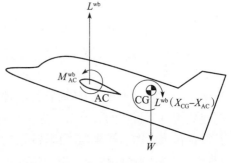

图 1.26 力矩配平条件

事实上，为了配平，AC^{wb} 应该正好是 CG 之前的一段距离

$$h_{CG} - h_{AC}^{wb} = -\frac{C_{m,AC}^{wb}}{C_L^{wb}} \tag{1.24}$$

在这种情况下，飞机（翼-身）将配平在与 C_L^{wb} 相对应的迎角和速度下。

📢 **例 1.15** 飞机（翼-身）在大气密度 $\rho = 1.226 \text{kg/m}^3$ 的高度上水平配平飞行。飞机其他数据如下：

重力 $W = 2.27 \times 10^4 \text{N}$；参考（机翼平面形状）面积 $S = 19 \text{m}^2$

$$C_{m,AC}^{wb} = -0.016, \quad h_{CG} - h_{AC}^{wb} = 0.11$$

你能求出它的飞行速度吗？

从下式求配平 C_L^{wb}

$$C_L^{wb} = -\frac{C_{m,AC}^{wb}}{h_{CG} - h_{AC}^{wb}} = \frac{0.016}{0.11} = 0.145$$

然后，求配平速度

$$V^* = \sqrt{\frac{2}{\rho} \frac{W}{S} \frac{1}{C_L^{wb}}} = \sqrt{\frac{2 \times 2.27 \times 10^4}{1.226 \times 19 \times 0.145}} = 115.9 \text{m/s}$$

（注：这些数值问题不是为了测试你的数学技能，而是为了让你对每个量的数值有一个直观的认识。作为一名工程师，人们应该对每个量在通常情况下的取值有一个直觉，从而在各种情况下作出合理的初步判断。）

如果我们想让飞机（翼-身）飞得更快或更慢，也就是说，配平在不同的速度（和迎角）下，会怎么样？这需要一个不同的配平 C_L^{wb}，如果我们能够改变 $C_{m,AC}^{wb}$ 或 $(h_{CG} - h_{AC}^{wb})$，是有可能实现的。人们可以通过改变机翼的有效弧度

来改变 $C_{m,AC}^{wb}$，或者通过移动 CG 相对于固定的 AC^{wb} 位置来改变 $h_{CG} - h_{AC}^{wb}$。第二种方案常用于悬挂式滑翔机。

📖 **家庭作业**：请了解如何通过移动飞行员的体重，从而改变 h_{CG} 来配平悬挂式滑翔机。

实现第一种方案（即改变 $C_{m,AC}^{wb}$）的一种方法是，将襟翼附在机翼的前缘和/或后缘，襟翼可以偏转。这些襟翼的示意图见图 1.27。后缘襟翼被称为升降副翼，在"协和"飞机等许多无尾飞机上非常流行（如图 1.28 所示，图中显示了一组内、中和外升降副翼）。理解它们的作用的一种方法是，将升降副翼想象为机翼整体的一部分，它们的偏转改变了机翼的有效弯度。图 1.29 为其可视化示意图。襟翼向下偏转增加了有效弯度，这使得 $C_{m,AC}^{wb}$ 负值更大，也增加了 C_L^{wb}。在 CG 位置不变的情况，这意味着配平在更高的 C_L^{wb} 值，也就意味着迎角更大，速度更低。

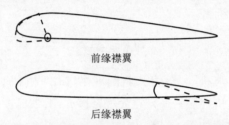

图 1.27 机翼上的前缘襟翼和后缘襟翼

图 1.28 "协和"飞机上的升降副翼

图 1.29 通过偏转后缘襟翼增加机翼弧度示意图

◇ **例 1.16** 对于例 1.15 中的飞机，我们假设升降副翼下偏使 $C_{m,AC}^{wb}$ 变化 -0.001。这样，新的 $C_{m,AC}^{wb} = -0.016 + (-0.001) = -0.017$，新的 $C_L^{wb} = -(-0.017/0.11) = 0.154$，新的配平速度 $V^* = \sqrt{2(W/s)(1/\rho C_L^{wb})} = 112.5\text{m/s}$，低于先前的 115.9m/s。

在飞行中 CG 随燃料消耗而移动，这并不少见。在轻型飞机上，甚至乘客和座位的重新分配也会改变 CG 的位置。对于翼-身系统，改变重心位置意味着改变配平 C_L^{wb}，如下所示：

$$C_L^{wb} = -\frac{C_{m,AC}^{wb}}{h_{CG} - h_{AC}^{wb}}$$

因此，由于重心的移动，飞行速度和配平迎角可能会变化，这是非常麻烦的，甚至可能是危险的。

◇ **例 1.17** 假设速度的下限为 $1.2V_{\text{stall}}$，其中 V_{stall} 是与失速 $C_L(C_{L\max})$ 相对应的水平飞行速度。我们现在可以按照如下方法确定翼-身配平对 CG 位置的相应限制：

根据配平速度关系式 $V^* = \sqrt{2(W/s)(1/\rho C_L^{wb})}$，失速下的配平速度表达式为 $V_{\text{stall}}^* = \sqrt{2(W/s)(1/\rho C_{L\max}^{wb})}$。

我们可以使用上面的表达式来确定 $1.2V_{\text{stall}}$ 对应的配平 C_L^{wb}，为 $C_L^{wb} = (C_{L\max}/1.44)$。与此 C_L^{wb} 相对应，可使用 $C_L^{wb} = -(C_{m,AC}^{wb}/h_{CG} - h_{AC}^{wb})$ 求得极限重心位置，为 $h_{CG\max} = h_{AC}^{wb} - (1.44 C_{m,AC}^{wb}/C_{L\max})$。这定义了前重心位置的极限点，要求重心始终保持在该点之后。例如，将笨重的发动机置于飞机后部，有助于满足这一要求。

◇ **例 1.18** 图 1.30 显示了一架垂尾上装有后置发动机的飞机。推力线位于重心上方高度 h 处，这会引起绕重心的低头力矩，由表达式 $M_{CG} = -T \times h$ 给出。负号遵循低头力矩为负的符号惯例。水上飞机（图 1.31）通常将发动机安装在 CG 线上方，以防止发动机与水接触。在这些情况下，推力对俯仰力矩的贡献可能相当大。

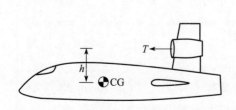

图 1.30 发动机安装在垂尾上的飞机

图 1.31 发动机安装在 CG 线上方的水上飞机

> 练习题

1.1　一个刚性飞艇为椭圆旋成的椭球体，体积 $V=1.84\times10^5 m^3$。飞艇充满氦气。确定飞艇在离地 1.5km 高度上的浮力。给定数据：高度 1.5km 的空气密度 $\rho_{air}=1.0581 kg/m^3$，氦气密度 $\rho_{helium}=0.18 kg/m^3$。

1.2　一架重 $8.89\times10^5 N$ 的超声速运输机，以自由流马赫数 $Ma_\infty=2.0$ 在海拔 11km 的高空飞行。计算在此条件下保持巡航所需的升力系数 C_L。给定数据：高度 11km 上的大气压 $p=2.27\times10^4 N/m^2$，飞机机翼平面面积 $S=363 m^2$。

1.3　推导方框 1.4 中的密度和压力随高度变化关系式。确定距离地面 12km 高度（几何高度）上的压力、温度和密度，给定 $g_0=9.8 m/s^2$。

1.4　一架飞机在 11km 高度上飞行。在此高度上，安装在飞机上的皮托管测量的冲击压力为 $7296 N/m^2$。确定 V_{CAS}、V_{EAS} 和 V_{TAS}（见方框 1.7）。此高度上的静压和温度为 $p=2.25\times10^4 N/m^2$，$T=216.78 K$。

1.5　给定一架飞机的 $C_L=-0.027+0.0865\alpha$，$C_m=0.06-0.0133\alpha$，其中 α 的单位为度（°），确定配平 C_L。

1.6　对于例 1.15 中的飞机，如果在风速为 20m/s 的逆风情况下以相同速度飞行，确定配平 C_L 的变化量。应如何移动重心才能在新的 C_L 值下配平？

1.7　图 1.4 显示了"协和"飞机 CG 和 AC 位置随自由流马赫数的变化曲线。仔细研究该曲线图，我们可以把曲线延长到马赫数 0.5 以下，你能推断出（根据图中的信息）为什么在着陆时飞机的迎角很大吗？这就是"协和"飞机在着陆时需要向下偏转机头的原因吗？

1.8　下列时间尺度在飞行器飞行动力学中的物理意义是什么：①V/g 和 ②$c/2V$？

1.9　使用水平飞行配平条件和上一个问题中的两个时间尺度来推导新的无量纲参数 $\mu=4m/(\rho Sc)$。从物理上如何理解这个参数？

方框 1.7　飞行中的速度测量

在飞机上，通常采用皮特管测量飞行中的速度。安装在飞机上的该仪器读取的是所谓"仪表"或"指示"空速（instrument or indicated airspeed，IAS 或 V_{IAS}）。这个速度并不是飞机速度的真实度量。空速指示器是在国际标准大气（International Standard Atmospheric，ISA）条件下校准的。因此，需要进行大气参数校正，以将指示空速转换为真空速（true airspeed，TAS 或 V_{TAS}）。其他空速的定义和换算成真空速的重要关系如下：

$$\text{TAS}: V_{\text{TAS}} = \sqrt{\frac{2\gamma RT}{\gamma-1}\left[\left(\frac{p_0-p}{p}+1\right)^{\gamma-1/\gamma}-1\right]}$$

(p_0-p)是由皮托管测量的驻点压力与静压之差,也称为冲击压力。γ 是比热比,对于空气,$\gamma=1.4$。R 是气体常数,T 是静温。在上式中,p 和 T 分别是真实静压和静温。

$$\text{等效空速(equivalent airspeed, EAS)}: V_{\text{EAS}} = \sqrt{\frac{2\gamma RT_{\text{SL}}}{\gamma-1}\left[\left(\frac{p_0-p}{p}+1\right)^{\gamma-1/\gamma}-1\right]}$$

$$\text{校准空速(calibrated airspeed, CAS)}: V_{\text{CAS}} = \sqrt{\frac{2\gamma RT_{\text{SL}}}{\gamma-1}\left[\left(\frac{p_0-p}{p_{\text{SL}}}+1\right)^{\gamma-1/\gamma}-1\right]}$$

下标"SL"表示海平面条件。

V_{IAS} 是作了仪器位置和安装误差修正后的 V_{CAS},针对特定飞机,通常有一个图表来说明它们之间的关系。飞机"地速"是通过适当调整真空速 V_{TAS} 以计入风速而最终得到的。

参考文献

1. John D. Anderson, Jr., *Fundamentals of Aerodynamics*, Fourth Edition, McGraw Hill Publication, 2007, pp. 77. [①]
2. Jean Rech and Clive S. Leyman. *A Case Study by Aerospatiale and British Aerospace on the Concorde*, AIAA Professional Study Series, 2012. [②]

---

① 书名由译者补充。
② 年份由译者补充。

第 2 章　稳定性概念

与平衡（或配平）状态相关的是其稳定性的概念。当然，在平衡状态下，所有的力和力矩相互平衡。因此，原则上，一个处于平衡状态的物体可以永远保持平衡状态。然而，在实践中，所有自然界的系统都存在干扰。例如，对于飞行中的飞机，干扰可能来自风或飞行员操纵。干扰使系统偏离平衡状态，于是问题就出现了：系统受到干扰后会发生什么？它是否会恢复到平衡状态？这就引出了稳定性的概念。

与其给出平衡状态稳定性的抽象数学定义，然后试图将其简化为可应用于实际系统（如飞行中的飞机）的有用形式，不如让我们从简单系统开始，逐步发展实用的稳定性定义。顺便指出，我们将得到的稳定性定义与工程分析中广泛使用的定义是一致的。

2.1　一阶线性系统

一阶线性动力学可以表示为

$$\dot{x} + ax = 0, \quad (a \neq 0) \tag{2.1}$$

其中 x 是感兴趣的变量，a 是系统参数。方程（2.1）中系统的平衡状态为 $x=0$。请记住，平衡状态是变量（此处为 x）永远保持不变的状态。也就是说，在平衡状态下 $\dot{x}=0$。于是，只要 $a \neq 0$，解 $ax=0$，得到平衡状态为 $x=0$。

设初始时刻 $t=0$ 存在扰动，使变量 x 偏离平衡点（即非零值）。变量 x 的初始扰动值记为 $x(t=0)$，或简记为 $x(0)$。现在，这个 $x(0)$ 不是一个平衡状态，所以系统不会保持在此处。相反，它应该随着时间而开始变化（演化）。对于这个简单的系统，很容易看出，x 受扰状态随时间的演化由下式给出

$$x(t) = x(0) e^{-at} \tag{2.2}$$

因此，如果 $a>0$，那么无论初始扰动 $x(0)$ 有多小或多大，演化 $x(t)$ "最终"都会使系统回到平衡状态 $x=0$。类似地，如果 $a<0$，那么演化 $x(t)$ 会发散到"无穷大"。当然，现实生活中的物理系统很难"走向无穷大"。但是，就我们的目的而言，重要的是对于 $a<0$，系统不会恢复其平衡状态。图 2.1 所示为相同初始扰动 $x(0)$ 下，$a>0$ 和 $a<0$ 两种情况的时间演化简图。

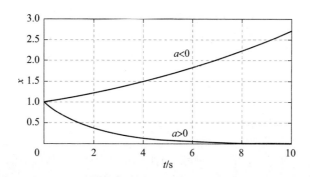

图 2.1 相同初始条件下 $a>0$ 和 $a<0$ 的一阶系统响应

关于上面使用的"最终"一词：人们可能想知道当 $a>0$ 时，受扰系统需要多长时间才能恢复平衡。理论上，无论扰动有多小，扰动状态 $x(0)$ 与平衡状态 $x=0$ 有多接近，都需要无限长的时间。但是，在实践中，只要它"充分接近"平衡状态，就足够了。多么"接近"算是"充分接近"？对于这个问题，没有一个适用于所有系统的明确答案。而且，这并不总是很重要，因为下一个扰动通常会在前一个扰动的影响完全消失之前出现，并使系统发生偏离。在任何情况下，在工程系统中，动力学和测量（它告诉你 x 是否恢复到平衡值）都是有噪声的，因此很难精确地获得系统的状态和平衡。

只要 $a>0$，我们就知道系统会朝正确的方向前进，也就是说，向平衡状态返回，并最终到达平衡状态。通常，这就足够了。相反，当 $a<0$ 时，我们可以确定它的方向是错误的。总之，我们可以得出如下结论：

对于由数学模型 $\dot{x}+ax=0$ 定义的动力系统，$x=0$ 给出的平衡状态

- 稳定，当 $a>0$ 时。
- 不稳定，当 $a<0$ 时。

我们研究图 2.1 会发现，当演化的初始趋势是朝着平衡状态的方向移动时，它最终会恢复到平衡状态。当初始趋势是远离平衡态时，演化就会向远离平衡态的方向发散。尽管这种相关性看起来很吸引人，并且对一阶系统是正确的，但我们很快就会发现，类似的推论对于二阶（和更高阶）系统是不成立的。不幸的是，基于"受扰系统的初始演化趋势"的稳定性概念在飞行动力学中已经流行了多年，我们认为这是一些混乱产生的根源。这被称为"静态稳定性"，以区别于更一般的稳定性概念，后者因此被称为"动态稳定性"。我们认为，"静态稳定性"概念用处不大，不值得它通常所受到的关注，我们应该有意识地避免使用它。

通常，一阶时间响应采用振幅的半衰时间 $t_{1/2}$（对于 $a>0$ 的稳定响应）或

倍幅时间 t_2（对于 $a<0$ 的不稳定响应）来表征。另一个感兴趣的参数是时间常数 τ。振幅半衰（或倍幅）时间的表达式为

$$t_{1/2} \text{ 或 } t_2 = \frac{0.693}{|a|}$$

时间常数定义为

$$\tau = \frac{1}{a}$$

对于一阶系统，$t_{1/2}$ 和 t_2 可分别用作稳定性和不稳定性的度量。

📢 **例 2.1** 在图 2.2 中，针对一阶系统方程（2.1），从同一初始条件 $x(0)=1$ 开始绘制三条时间响应曲线。对应于 $a=0.05$、0.1 和 0.5 的三条曲线显示出稳定的行为（收敛到平衡状态 $a=0$ 的响应），但过渡过程衰减的速率不同。时间常数 τ 决定响应的初始速度，此时间常数越小，系统响应越快。表 2.1 总结了图 2.2 中一阶系统响应的结果。

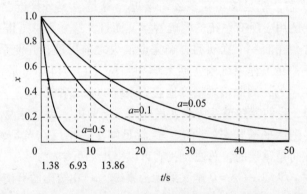

图 2.2　从同一初始条件开始的不同正值"a"的一阶系统响应

表 2.1　一阶系统响应

a	τ/s	$t_{1/2}$/s
0.05	20	13.86
0.1	10	6.93
0.5	2	1.38

2.2　二阶线性系统

二阶线性系统的标准表达式为

$$\ddot{x} + d\dot{x} + kx = 0, \quad k \neq 0 \tag{2.3}$$

式中：d 为阻尼系数；k 为刚度系数。

通常，将二阶系统写成下列等价表达式更为有用，它隐含假定了刚度系数 k 为正值①：

$$\ddot{x} + 2\zeta\omega_n \dot{x} + \omega_n^2 x = 0, \quad \omega_n \neq 0 \tag{2.4}$$

在这一表达方式中，ζ 称为阻尼比，ω_n 为自然频率。

该系统的平衡（或配平）状态再次由 $x=0$ 给出（因为平衡时要求 $\dot{x}$ 和 $\ddot{x}$ 为零）。和以前一样，此平衡状态的稳定性问题与系统从受扰状态 $x(t=0)$ 或 $x(0)$ 的演化有关，其速度为 $\dot{x}(0)$。幸运的是，在这种情况下，还可以显式地求解时间演化，如下所示：

$$x(t) = x(0)\left(\mathrm{e}^{-\zeta\omega_n t}\right)\left(\mathrm{e}^{\pm i\omega_n\sqrt{1-\zeta^2}\,t}\right) \tag{2.5}$$
$$[\text{T1}] \quad [\text{T2}]$$

我们将式（2.5）括号中的两个项称为"T1"和"T2"，考虑各种不同的情况。

情况 1：当 $\zeta^2 < 1$（即当 $-1 < \zeta < 1$）时，项"T2"是振荡的。记

$$\omega_n\sqrt{1-\zeta^2} = \omega$$

于是

$$x(t) = \left[x(0)\mathrm{e}^{-\zeta\omega_n t}\right]\left(\mathrm{e}^{\pm i\omega t}\right) \tag{2.6}$$

ω 为有阻尼自然频率。因此，为了判断平衡状态 $x=0$ 的稳定性，我们需要研究项"T1"。它在形式上与一阶系统方程（2.2）的右侧完全相同，这里用 $\zeta\omega_n$ 代替"a"，于是得出相同的结论：

- 稳定，当 $\zeta\omega_n > 0$ 时。
- 不稳定，当 $\zeta\omega_n < 0$ 时。

当然，由于 ω_n 总是正的，我们得到下列关于 ζ 的稳定性条件：

对于由数学模型 $\ddot{x} + 2\zeta\omega_n \dot{x} + \omega_n^2 x = 0(\omega_n \neq 0)$ 定义的动力学系统，当 $\zeta^2 < 1$（即当 $-1 < \zeta < 1$）时，平衡状态 $x=0$ 为

- 稳定，当 $\zeta > 0$ 时。
- 不稳定，当 $\zeta < 0$ 时。

我们另外再考虑 $\zeta = 1$ 的情况。

▷ **例 2.2** 图 2.3 显示了方程（2.4）所示二阶系统的时间响应曲线。正

---

① 在许多飞行动力学文献中，刚度系数为正的系统也被称为"静态稳定的"。如前所述，我们不喜欢使用"静态稳定性"的概念。作为替代，必要时，只说系统具有正刚度系数更合适，也更不容易混淆。

阻尼比（$\zeta>0$）产生稳定响应，如图 2.3(a) 所示，即响应从偏离平衡状态的初始条件 $[x(0), \dot{x}(0)]=[1, 0.1]$ 开始收敛到平衡状态 $x=0$。从相同的初始条件 $[x(0), \dot{x}(0)]=[1, 0.1]$ 出发，负阻尼比 $\zeta<0$ 导致不稳定（发散）响应，如图 2.3(b) 所示，即响应从平衡状态 $x=0$ 发散。

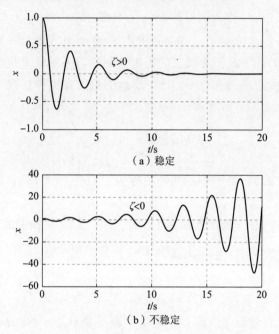

图 2.3　二阶系统响应（$-1<\zeta<1$）

仔细观察响应曲线，可以发现图 2.3 中峰值或谷值的轨迹遵循一阶系统响应，与上述分析所得出的结论一致。一阶响应（图 2.1）和二阶响应（图 2.3）之间的差异是因为二阶系统的解（式（2.5））中出现了振荡项 "T2"，这在时间响应中也可以观察到。

这是系统为"欠阻尼"即 $-1<\zeta<1$ 时的情况。请注意，在图 2.3 中的每一种情况下，扰动后系统响应的初始趋势都是向平衡点返回的。然而，只有当 $\zeta>0$ 时，振荡最终消失，系统返回平衡点。当 $\zeta<0$ 时，振荡围绕平衡点增大，振幅随时间而发散。因此，"系统响应的初始趋势"（也称为静态稳定性）概念在这里毫无用处。

我们再来看，当 $\zeta^2>1$ 时会发生什么。

情况2：当 $\zeta^2>1$ 时，我们可以将演化重写为

$$x(t)=[x(0)\mathrm{e}^{-\zeta\omega_n t}](\mathrm{e}^{\pm\omega_n t\sqrt{\zeta^2-1}}) \tag{2.7}$$

两个 exp 项的自变量都是实数，而不是虚数。所以，合并这两个 exp 项，得到

$$x(t) = x(0) e^{(-\zeta \pm \sqrt{\zeta^2 - 1})\omega_n t} \tag{2.8}$$

或者写成与方程（2.2）相同的形式

$$x(t) = x(0) e^{-(\zeta \mp \sqrt{\zeta^2 - 1})\omega_n t} \tag{2.9}$$

因此，正如方程（2.1）中的一阶系统或方程（2.4）中的二阶系统，稳定性取决于系数 $(\zeta \mp \sqrt{\zeta^2 - 1}) \omega_n$。由于 ω_n 为正，系数 $(\zeta \mp \sqrt{\zeta^2 - 1})$ 的符号起决定作用。

- 对于 $\zeta > 1$，两个系数都为正，因此平衡点是稳定的。
- 对于 $\zeta < -1$，两个系数都为负，因此平衡点是不稳定的。

▷ **例 2.3** 图 2.4 显示了在 $\zeta > 1$ 和 $\zeta < -1$ 两种情况下，受到干扰后二阶动力学系统从平衡点 $x = 0$ 的典型时间响应。由于式（2.8）或式（2.9）中的两个指数都是实数，我们发现响应中的振荡分量消失了。响应现在根据阻尼比 ζ 的符号呈指数衰减或增长（类似于一阶系统响应）。实际上，系统就像两个一阶系统合并在一起。

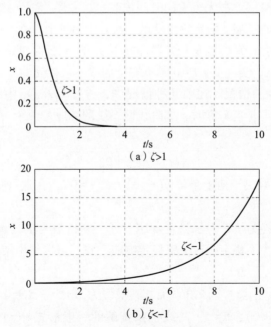

图 2.4 二阶系统响应（$\zeta^2 > 1$）

家庭作业：你能计算出当 $|\zeta|=1$ 时会发生什么吗？

综合情况 1 和情况 2（以及家庭作业），可以得到以下结论。

结论 2.1：对于数学模型 $\ddot{x}+2\zeta\omega_n\dot{x}+\omega_n^2 x=0\,(\omega_n\neq 0)$ 定义的动力学系统，平衡状态 $x=0$ 为

- 稳定，当 $\zeta>0$ 时。
- 不稳定，当 $\zeta<0$ 时。

情况 3：$\zeta=0$ 的情况。在这种情况下，方程（2.4）所给二阶动力学系统的解很简单，为

$$x(t)=x(0)\mathrm{e}^{\pm i\omega_n t} \tag{2.10}$$

这是一个纯振荡响应，其振幅固定为 $x(0)$。这种响应是稳定的还是不稳定的呢？由于初始扰动 $x(0)$ 不会消失，系统也不会回到平衡状态 $x=0$，所以它在我们所习惯的意义上是不稳定的。同时，初始扰动既不增长，系统也不"趋向无穷大"。所以，在前述的意义上，它也不是不稳定的。或许可称为中立稳定，这个术语有时被使用。

从数学上讲，根据 Lyapunov 稳定性定义，这种情况可称为稳定的，但不是渐近稳定的，这是另一种提法，即它不偏离（到无穷大或其他地方），但也不返回平衡点（最终，在无穷大的时间内）。实际上，对于工程系统，必须考虑参数不确定性的影响。假定等于 0 的 ζ 实际上可能有一个小的负值或小的正值，因此，实际上，它可能是稳定的或不稳定的（不管初始扰动的衰减或增长有多慢）。所以，实际上，$\zeta=0$ 是不安全的或不可接受的。

情况 4：$k<0$ 的情况。在前几种情况中，方程（2.3）中的刚度系数 k 均假定为非零且为正。当 $k<0$ 时，二阶线性系统的响应是两个一阶响应之和，如下所示：

$$x(t)=A\mathrm{e}^{\lambda_1 t}+B\mathrm{e}^{\lambda_2 t} \tag{2.11}$$

系数 A 和 B 取决于初始条件 $x(t=0)$，$\dot{x}(t=0)$。在这种情况下，指数 λ_1 和 λ_2 都是实数。

一个指数始终为负，表示稳定响应，另一个指数为正，表示不稳定响应。随着时间的推移，不稳定响应主宰稳定响应，我们可以得出结论，系统是不稳定的。

例 2.4 考虑一个二阶系统，其模型为 $\ddot{x}+5\dot{x}-6x=0$。与方程（2.3）相比较，$k=-6(<0)$，$d=5$。将线性系统解的一般形式 $x(t)=C\mathrm{e}^{\lambda t}$ 代入方程中，得

$$C\mathrm{e}^{\lambda t}(\lambda^2+5\lambda-6)=0$$

或
$$x(t)(\lambda^2+5\lambda-6)=0 \qquad (2.12)$$

由于 $x(t)=0$（平衡态）是上述微分方程的平凡解,对于任何非平凡解 $x(t)\neq0$,我们需要求解

$$\lambda^2+5\lambda-6=0 \qquad (2.13)$$

方程 (2.13) 的解为 $\lambda_1=-6$ 和 $\lambda_2=1$。这样, 就得到方程 (2.11) 所示的二阶系统或二阶响应的齐次解。

最后, 根据初始条件, 系统的精确解可以写成

$$x(t)=\frac{x(0)-\dot{x}(0)}{7}e^{-6t}+\frac{6x(0)+\dot{x}(0)}{7}e^{t} \qquad (2.14)$$

从这个解中我们可以注意到, 当初始条件是平衡状态 $x(0)=0$,$\dot{x}(0)=0$ 本身时, 响应当然会在所有 $t>0$ 时表现为 $x(t)=0$。对于其他初始条件, 响应如图 2.5 所示。图 2.5(a) 显示 $x(t)$ 和 $\dot{x}(t)$（图中 y 轴）随时间的演化, 也称为相图, 其中箭头表示时间增加方向; 图 2.5(b) 显示一个特定的响应 $x(t)$, 它是时间的函数（注:pplane7.m 是一个可共享的 MATLAB 程序, 对于二阶系统的轨迹生成非常有用）。

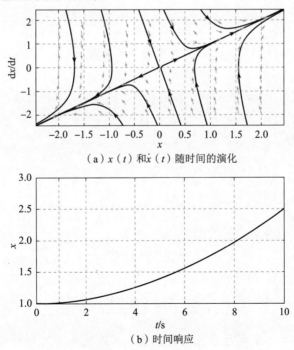

(a) $x(t)$ 和 $\dot{x}(t)$ 随时间的演化

(b) 时间响应

图 2.5　$k<0$ 的二阶系统相图和时间响应

我们现在不担心像 $\lambda_1 = \lambda_2$ 这样的特殊情况。

📖 **家庭作业**：你发现刚度系数 k 的符号与系统稳定性之间有什么联系吗？

上述讨论可以用方框 2.1 中总结的略为数学化的方式来表述。

三阶和更高阶系统会怎样呢？一般情况下，它们都可以简化为一阶和二阶系统的组合。因此，不需要对三阶和高阶系统进行特殊的分析。

方框 2.1　一阶和二阶系统动力学和稳定性总结

一旦我们接受所有线性系统总是以如下方式响应

$$x(t) = x(0) e^{\lambda t}$$

剩下的问题就很简单了。一阶导数（速度）为

$$\dot{x}(t) = x(0) \lambda e^{\lambda t} = \lambda x(t)$$

二阶导数（加速度）为

$$\ddot{x}(t) = x(0) \lambda^2 e^{\lambda t} = \lambda^2 x(t)$$

一阶系统：一阶系统

$$\dot{x} + ax = 0$$

的解必须满足

$$(\lambda + a) x(t) = 0$$

除平衡解 $x(t) = 0$ 外，任何其他解都必须满足

$$\lambda + a = 0 \quad \text{或} \quad \lambda = -a$$

在这种情况下，λ 是实数，称为系统的特征值，稳定性要求 λ 为负——非零初始状态 $x(0)$ 随时间按指数律 $x(0) e^{\lambda t}$ 衰减。

二阶系统：二阶系统

$$\ddot{x} + d\dot{x} + kx = 0$$

的解必须满足

$$(\lambda^2 + d\lambda + k) x(t) = 0$$

如前所述，忽略平衡解 $x(t) = 0$，得到

$$\lambda^2 + d\lambda + k = 0$$

其解为

$$\lambda = \frac{-d \pm \sqrt{d^2 - 4k}}{2}$$

与前面一样，λ 称为系统的特征值，只是现在 λ 可以是复数。稳定性要求 λ 的实部为负。即

Re$\{\lambda\}$<0

描述一阶和二阶系统各种稳定性情况的一种简洁方法是，在 Re$\{\lambda\}$ - Im$\{\lambda\}$ 图上绘制可能的特征值组合，如图 2.6 所示。

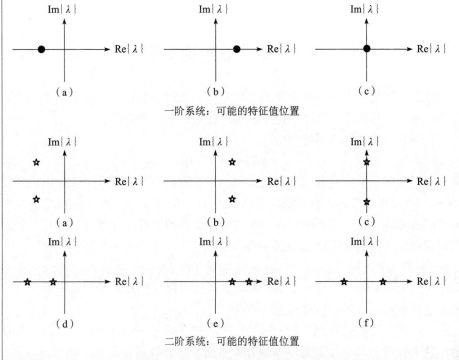

图 2.6 一阶和二阶系统特征值的位置

(1) 在一阶系统的情况下，λ 必定是实数，特征值必定位于 Re$\{\lambda\}$ 轴上。所以只有三种不同的选择（用圆圈标记）：

① λ 位于负实轴上——系统稳定。

② λ 位于正实轴上——系统不稳定。

③ λ 位于原点——我们称这种情况为中立稳定。

(2) 对于二阶系统，我们在图 2.6 中显示了六种不同的情况（用星号标记）：

① 左半复平面上的一对共轭复特征值——稳定。

② 右半复平面上的一对共轭复特征值——不稳定。

③ 虚轴上的一对共轭复特征值——中立稳定。

④ 负实轴上的两个实特征值——稳定。

⑤ 正实轴上的两个实特征值——不稳定。

⑥ 两个实特征值，正负实轴上各一个——不稳定。

可能还有其他情况，如至少有一个特征值位于原点——这些留作家庭作业。

2.3 二阶非线性系统

现在让我们考虑一个非线性的二阶系统。与线性系统不同的是，非线性系统可能有多个平衡点，每个平衡点的稳定性必须分别确定。

以下列二阶非线性系统为例

$$\ddot{x} + 2\dot{x} - x + x^3 = 0 \qquad (2.15)$$

这个系统的平衡点是通过设置 $\ddot{x} = \dot{x} = 0$ 来获得的，这相当于求解代数方程 $-x + x^3 = 0$ 的根。求解得到系统的平衡点为 $x^* = 0, -1, 1$。现在要判断每个平衡点的稳定性，我们需要研究在平衡点处系统受到干扰时的行为。为此，我们可以对每个平衡点 x^* 将变量 x 重新定义为

$$x = x^* + y$$

其中 y 是关于平衡点的扰动变量。例如，当对方程（2.15）所示系统的任意平衡点这样做时，方程可以重写为

$$(\ddot{x}^* + \ddot{y}) + 2(\dot{x}^* + \dot{y}) - (x^* + y) + (x^* + y)^3 = 0 \qquad (2.16)$$

将方程（2.16）中的每一项展开并重新排列，得到

$$\ddot{x}^* + \ddot{y} + 2\dot{x}^* + 2\dot{y} - x^* - y + x^{*3} + y^3 + 3x^{*2}y + 3x^*y^2 = 0$$

改写为

$$(\ddot{x}^* + 2\dot{x}^* - x^* + x^{*3}) + (2\dot{y} - y + 3x^{*2}y + \ddot{y}) + (3x^*y^2 + y^3) = 0 \qquad (2.17)$$
$$\text{"I"} \qquad\qquad \text{"L"} \qquad\qquad \text{"NL"}$$

在方程（2.17）的三个项中，标记为"I"的第一项仅由变量的平衡值 x^* 组成，可视为完全满足方程（2.15）。因此，这个项总是等于零。第二项"L"关于 y 及其导数是线性的，而第三项"NL"是非线性的，因为它包含 y 和 $\dot{y}$ 的更高幂。另外，我们会注意到"L"和"NL"都依赖于 x^*，因此需要针对每个平衡点分别进行评估。

为了进一步分析，我们需要假设扰动 y 是"小的"，y 及其导数的高次幂与 y 及其导数的线性项相比可以忽略不计。这在稳定性理论中被正式地称为小扰动方法。本质上，为了建立平衡点的稳定性，检查系统对平衡点小扰动（干扰）的响应就足够了。

在这种情况下,我们可以忽略方程(2.17)中的"NL"项,将其写成

$$\ddot{y} + 2\dot{y} - y + 3x^{*2}y = 0 \tag{2.18}$$

其中 x^* 为固定值,对应于一个平衡点。由于方程(2.18)表现为一个线性系统(当然是二阶的),可以利用我们在第 2.1 节和第 2.2 节中的经验来确定平衡点的稳定性。

对应于三个平衡点 $x^* = 0, -1, 1$,感兴趣的线性系统为

$$\ddot{y} + 2\dot{y} - y = 0 \quad 当 x^* = 0 时$$

$$\ddot{y} + 2\dot{y} + 2y = 0 \quad 当 x^* = -1, 1 时$$

对于 $x^* = -1$ 和 $x^* = 1$ 处的平衡点,线性系统是相同的,且 $\zeta(=1/\sqrt{2})>0$ 和 $\omega_n(=\sqrt{2})>0$;因此,根据我们在 2.2 节情况 1 中的结论,这些平衡点是稳定的。对于 $x^* = 0$,系数 $k = -1 < 0$,因此根据 2.2 节情况 4,我们发现 $\lambda_1 = -2.4142 < 0$ 和 $\lambda_2 = 2.4142 > 0$,我们可以得出结论:这个平衡点是不稳定的。

按照这种方式,人们可以分析任何系统的平衡(或配平)状态,确定其稳定性。务必牢记,稳定性是平衡状态的性质,而不是动力学系统本身的性质。如上例所示,一个动力学系统可能有多个平衡状态,有些稳定,有些不稳定。

接下来,我们将了解如何将稳定性的概念应用于飞机的平衡(配平)状态。飞机的飞行动力学方程通常构成一个非线性系统,因此必须按本节所述进行分析。

2.4 水平配平飞行的俯仰动力学

考虑水平直线飞行($\gamma^* = 0$)且速度恒定($V^* =$ 常数)的飞机。如 1.9 节所述,这是一个配平状态,推力 T^* 和升力系数 C_L^* 由式(1.3)给出,对应的迎角为 α^*。已知 α^* 和 γ^*,就可以推导出稳定水平飞行中的 θ 为 $\theta^* = \alpha^* + \gamma^* = \alpha^* + 0 = \alpha^*$。

我们可以通过速度上的微小扰动,即通过减慢或加快速度,来干扰飞机的平衡(配平)状态。我们也可以通过在飞机的飞行航迹上加一个微小的扰动,即稍微改变 γ,来干扰飞机的平衡状态,使其进入一个非常浅的爬升飞行或下滑飞行。在这两种情况下,我们都看到飞机以 10s 量级的特征时间尺度 T_2 作出响应。换句话说,对于 V 和 γ 的扰动,需要几十秒才能完成一个振荡周期或使初始扰动幅度加倍/减半。

相反,机头姿态 θ 上的小扰动以 1s 量级的时间尺度 T_1 作出显著响应。也就是说,θ 的动力学比 V 和 γ 快得多,因此我们可以有效地假设 V 和 γ 固定于

其配平值 (V^*, γ^*)，而单独检查 θ 的小扰动引起的变化情况。

由于 V 和 γ 固定于其配平值 (V^*, γ^*)，我们只需要考虑方程 (1.11c) 所描述的俯仰动力学，再现如下：

$$\ddot{\theta} = \frac{\bar{q}^* Sc}{I_{yy}} C_m \tag{2.19}$$

当然，在平衡（配平）点，θ^* 为常数，所以 $C_m^* = 0$，如方程（1.12）所示。设 $\Delta\theta$ 为 θ 上的小扰动，C_m 的相应变化记为 ΔC_m。所以，采用这些扰动量

$$\ddot{\theta}^* + \Delta\ddot{\theta} = \frac{\bar{q}^* Sc}{I_{yy}} (C_m^* + \Delta C_m) \tag{2.20}$$

由于在配平状态 $\ddot{\theta}^* = 0$ 和 $C_m^* = 0$，我们只剩下

$$\Delta\ddot{\theta} = \frac{\bar{q}^* Sc}{I_{yy}} \Delta C_m \tag{2.21}$$

因为在纵向飞行中 $\theta = \gamma + \alpha$ （图 1.15），我们可以写出

$$\theta^* + \Delta\theta = \alpha^* + \Delta\alpha + \gamma^* + \Delta\gamma$$

又因为在本例中 $\gamma^* = 0$，$\theta^* = \alpha^*$，$\Delta\gamma = 0$，我们得到 $\Delta\theta = \Delta\alpha$。

所以，我们可以把方程 (2.21) 写成

$$\Delta\ddot{\alpha} = \frac{\bar{q}^* Sc}{I_{yy}} \Delta C_m \tag{2.22}$$

其中 $\bar{q}^* = \frac{1}{2}\rho V^{*2}$。

这几乎是关于变量 α 的二阶系统的形式；但是，在继续讨论之前，我们需要用空气动力学变量来表示 ΔC_m。事实上，这是飞行动力学的一个重要方面，我们需要稍作讨论，然后再回到水平配平飞行的俯仰动力学分析。

2.5 小扰动空气动力建模

在本节中，我们将仅限于在飞机水平直线配平飞行受到干扰的情况下，对俯仰力矩系数增量 ΔC_m 进行建模，但将 V 和 γ 保持在配平值 (V^*, γ^*)。

作用在飞机上的气动力（和力矩）是由飞机与来流的相互作用而产生的。一般情况下，对两种效应进行建模：①静态效应——由飞机相对于来流的方向而产生的；②动态效应——由飞机与来流之间的相对角运动而产生的。重要的是要注意，空气动力不依赖于飞机相对于地球（惯量轴）的方向（由 θ 等角度给出）。同样地，它们也不依赖于相对于地球的飞机角速率分量（由 p, q, r 给出）。关于这方面的历史记载，请参见方框 2.2。

> **方框 2.2　动导数的历史**
>
> 研究飞行器运动的数学方程最早是由 G. H. Bryan (1911 年出版的著作) 提出的。在其著作中，他提出将飞行器视为一个具有六个运动自由度的刚体。他进一步提出了飞行器运动动态稳定性分析的数学方法。他的数学模型引入了气动稳定性导数的概念。
>
> 令人惊讶的是，Bryan 提出的飞机动力学和稳定性分析，这些年来基本上没有变化（只是在符号上有所改变）。
>
>
>
> George Hartley Bryan
> (1864—1928)
>
> 值得注意的一点是，Bryan 在其著作中纯粹从数学考虑——而不是从对物理学或空气动力学的理解——定义气动导数。由于运动方程写成三个位移速度分量 (u, v, w) 和三个旋转速度分量 (p, q, r) 的形式，Bryan 只是将每个气动力或力矩作为这六个变量的函数，以泰勒级数的形式写出。因此产生了诸如 M_q（后来被写成无量纲的 C_{mq}）这样的导数，这些导数被毫无疑义地接受了，并沿用至今。

在本例中，由于速度 V 和飞行航迹角 γ 是固定的，对俯仰力矩有两个主要影响：迎角 α 引起的静态效应和飞机相对于来流的（俯仰）角速率 $q_b - q_w$ 引起的动态效应，其中下标"b"表示机体轴，"w"表示风轴。正如飞机相对于地球的角运动是通过判断机体固连轴相对于惯性轴的运动来计算的，人们可以定义一组"风轴"，我们将其相对于惯性轴的运动定义为 q_w 等。飞机相对于来流的角运动，可以根据机体轴相对于地球的运动和风轴相对于地球的运动来定义，例如 $q_b - q_w$ 等（有关"风轴"的更多信息，请参阅方框 2.3）。

因此，俯仰力矩系数扰动量 ΔC_m 可以建模为下列变量的函数：
- 迎角扰动量 $\Delta \alpha$——静态效应。
- 体轴和风轴俯仰速率扰动量之差 $\Delta q_b - \Delta q_w$——动态效应。

在数学上，俯仰力矩扰动量 ΔC_m 的表达式如下：

$$\Delta C_m = C_{m\alpha} \Delta \alpha + C_{mq1}(\Delta q_b - \Delta q_w)(c/2V^*) \tag{2.23}$$

其中，$C_{m\alpha}$ 定义为平衡点处（用"*"表示）C_m 对 α 的偏导数（所有其他变量固定）。

$$C_{m\alpha} = \frac{\partial C_m}{\partial \alpha}\bigg|_* \tag{2.24}$$

> **方框 2.3 风轴的定义**
>
>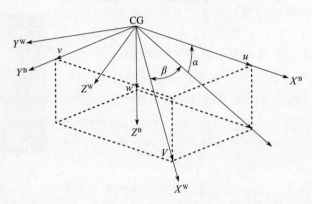
>
> 该图显示了机体轴（上标"B"）和置于飞机 CG 上的风轴（上标"W"）。风轴系的 X 轴与飞机速度矢量方向一致。迎角 α 和侧滑角 β 定义了速度矢量相对于飞行器机体固连轴的方向。因此，沿机体固连轴的速度分量为：$u = V\cos\beta\cos\alpha$，$v = V\sin\beta$，$w = V\cos\beta\sin\alpha$。

类似地，C_{mq1} 被定义为

$$C_{mq1} = \frac{\partial C_m}{\partial [(q_b - q_w)(c/2V)]}\bigg|_* \tag{2.25}$$

其中引入因子 $c/2V^*$ 的目的是使 $(q_b - q_w)(c/2V^*)$ 项成为无量纲量。

诸如 $C_{m\alpha}$ 和 C_{mq1} 等项通常称为"气动导数"或"稳定性导数"。

注：式（2.25）中的导数标记为 C_{mq1}，以区别于传统的俯仰阻尼导数 C_{mq}。有关传统气动导数如何定义的更多信息，请参见方框 2.2。

在第 8 章将证明

$$\Delta q_b - \Delta q_w = \Delta\dot{\alpha} \tag{2.26}$$

现在，让我们先接受这一点。于是，俯仰力矩系数增量的表达式为

$$\Delta C_m = C_{m\alpha}\Delta\alpha + C_{mq1}\Delta\dot{\alpha}(c/2V^*) \tag{2.27}$$

此外，我们还需要计入另一种效应，称为"下洗滞后"效应。这是指从飞机机翼脱落的涡和它们与水平尾翼相互作用之间的时间差，涡与水平尾翼相互作用引起水平尾翼升力的变化，从而产生飞机重心处的俯仰力矩效应（见方框 2.4 的详细阐述）。将此效应添加在第三项中，这样 ΔC_m 的表达式变为

$$\Delta C_m = C_{m\alpha}\Delta\alpha + C_{mq1}\Delta\dot{\alpha}(c/2V^*) + C_{m\dot{\alpha}}\Delta\dot{\alpha}(c/2V^*) \tag{2.28}$$

其中 $C_{m\dot{\alpha}}$ 定义如下：

$$C_{m\dot{\alpha}} = \frac{\partial C_m}{\partial [\dot{\alpha}(c/2V)]}\bigg|_* \tag{2.29}$$

方框 2.4　下洗滞后效应

由于从机翼脱落的后缘涡的作用，位于机翼后面的水平尾翼所看到的迎角与机翼迎角不同，相差一个所谓的下洗角。因此，尾翼迎角由 $\alpha_t = \alpha_w - \varepsilon(t)$ 给出，其中下标"t"和"w"分别指尾翼和机翼。涡从机翼运动到尾翼的时间估计为 $\Delta t = l_t/V^*$（l_t 是机翼和尾翼之间的距离，V^* 是飞机速度），根据此时间延迟得到尾翼瞬时下洗角的表达式 $\varepsilon(t) = (\mathrm{d}\varepsilon/\mathrm{d}\alpha)\dot{\alpha}(t - \Delta t)$。由这一时间延迟所表示的下洗滞后效应影响瞬时尾翼迎角，进而影响尾翼升力。由于下洗滞后效应引起的尾翼迎角变化量可以近似为 $\Delta\alpha_t = (\mathrm{d}\varepsilon/\mathrm{d}\alpha)\dot{\alpha}(l_t/V^*)$。由此效应引起的尾翼升力增量由 $\Delta C_{Lt} = C_{L\alpha_t}\Delta\alpha_t = C_{L\alpha_t}(\mathrm{d}\varepsilon/\mathrm{d}\alpha)\dot{\alpha}(l_t/V^*)$ 给出，俯仰力矩变化量可确定为

$$\Delta C_{m,\mathrm{CG}} = -(S_t l_t/Sc)C_{L\alpha_t}(\mathrm{d}\varepsilon/\mathrm{d}\alpha)\dot{\alpha}(l_t/V^*) = -V_H C_{L\alpha_t}(\mathrm{d}\varepsilon/\mathrm{d}\alpha)\dot{\alpha}(l_t/V^*)$$

它与 $\dot{\alpha}$ 成正比，因此它的作用类似于阻尼项。这就是下洗滞后效应在俯仰运动中引入阻尼效应的原理，该阻尼效应由无量纲导数 $C_{m\dot{\alpha}} = \mathrm{d}C_m/\mathrm{d}(\dot{\alpha}c/2V) = -(2l_t/c)V_H C_{L\alpha_t}(\mathrm{d}\varepsilon/\mathrm{d}\alpha)$ 定义。在法向加速度方向上的阻尼效应由导数 $C_{L\dot{\alpha}} = \mathrm{d}C_L/\mathrm{d}(\dot{\alpha}c/2V) = 2V_H C_{L\alpha_t}(\mathrm{d}\varepsilon/\mathrm{d}\alpha)$ 定义。在上述表达式中，$V_H = S_t l_t/Sc$ 称为尾翼容积比，$C_{L\alpha_t}$ 是尾升力曲线斜率。更多内容见第3章。

重新排列各项，式（2.28）可以写成

$$\Delta C_m = C_{m\alpha}\Delta\alpha + (C_{mq1} + C_{m\dot{\alpha}})\Delta\dot{\alpha}(c/2V^*) \tag{2.30}$$

通过计算 C_m 随 α 变化曲线上的局部斜率，可以很容易地得到任何配平迎角 α^* 下的导数 $C_{m\alpha}$。

📢 **例 2.5**　根据 F-18/HARV 的 C_m 随 α 变化曲线估计 $C_{m\alpha}$。

从图 1.21 我们可以发现

$$C_m(@\alpha = 0°) = 0.015242 \quad C_m(@\alpha = 1°) = 0.009694$$

因此，斜率

$$C_{m\alpha}(@\alpha = 0°) = \frac{0.015242 - 0.009694}{0 - 1}/(°) = -0.005548/(°)$$

$$= -0.005548° \times (180/3.14)/\mathrm{rad} = -0.318/\mathrm{rad}$$

项 $(C_{mq1} + C_{m\dot{\alpha}})$ 通常称为俯仰阻尼导数，对于飞机构型，可以通过动态

风洞试验估计得到。我们将在第 3 章中更详细地研究俯仰力矩导数 $C_{m\alpha}$、C_{mq1} 和 $C_{m\dot{\alpha}}$。

2.6 水平配平飞行的俯仰动力学（续）

现在，将俯仰动力学方程（2.22）和扰动俯仰力矩模型（2.30）结合起来，得到

$$\Delta\ddot{\alpha} = \frac{\bar{q}^*Sc}{I_{yy}}[C_{m\alpha}\Delta\alpha + (C_{mq1}+C_{m\dot{\alpha}})\Delta\dot{\alpha}(c/2V^*)] \quad (2.31)$$

重新安排各项，变成

$$\Delta\ddot{\alpha} - \left[\frac{\bar{q}^*Sc}{I_{yy}}(c/2V^*)(C_{mq1}+C_{m\dot{\alpha}})\right]\Delta\dot{\alpha} - \left(\frac{\bar{q}^*Sc}{I_{yy}}C_{m\alpha}\right)\Delta\alpha = 0 \quad (2.32)$$

这是一个关于扰动迎角变量 $\Delta\alpha$ 的二阶线性系统，在 $C_{m\alpha}<0$ 的情况下（我们目前作此假设），与方程（2.4）在形式上完全一致。这种动力学通常称为短周期模态。

比较式（2.32）与式（2.3）和式（2.4）中的表达形式，我们可以将刚度和阻尼系数写为

$$k = (\omega_n^2)_{SP} = -\frac{\bar{q}^*Sc}{I_{yy}}C_{m\alpha} \quad (2.33)$$

$$d = (2\zeta\omega_n)_{SP} = -\frac{\bar{q}^*Sc}{I_{yy}}(c/2V^*)(C_{mq1}+C_{m\dot{\alpha}}) \quad (2.34)$$

其中 V^* 是配平（平衡）状态下的稳定水平飞行速度值。

根据结论 2.1 我们可以立即得出结论：为了使水平直线配平飞行状态（V^* 为常数，$\gamma^*=0$）对 α 的扰动为稳定的，阻尼系数（$d=2\zeta\omega_n$）必须为正，这意味着

$$C_{mq1}+C_{m\dot{\alpha}}<0, \quad C_{m\alpha}<0$$

◁ **例 2.6** F-18/HARV（图 1.21）对应于零升降舵偏角的配平（$C_{m\alpha}=0$）迎角为 $\alpha^*=3.28°$。

@ $\alpha=3.28°$，$C_{m\alpha}=-0.00279/(°)$，$C_{mq1}=-0.0842/(°)$，

$C_{m\dot{\alpha}}=0$，$C_{L\,\text{trim}}=0.283$

读取导数的符号：$C_{m\alpha}<0$，$C_{mq1}+C_{m\dot{\alpha}}<0$，可以立即得出结论：在配平迎角 $\alpha=3.28°$ 下，飞机俯仰（短周期模态）是稳定的。

数值算例： 我们针对 F-18/HARV 模型来建立方程（2.32），并通过数值仿真检验稳定性结果。为此，我们需要选择一个飞行条件，并确定飞机在该条

件下的配平速度。我们选择配平条件为水平直线飞行（V^* 为常数，$\gamma^* = 0$）。使用关系式

$$L = W = \frac{1}{2}\rho V^{*2} S C_L^*$$

在水平直线飞行中，可以确定配平速度为

$$V^* = \sqrt{\frac{2}{\rho}\frac{W}{S}\frac{1}{C_L^*}}$$

F-18/HARV 的其他有用数据包括：

$m = 15.119\text{km}^2$，$S = 37.16\text{m}^2$，$I_{yy} = 239720.76\text{km}\cdot\text{m}^2$，$c = 3.511\text{m}$

此外，使用海平面的 $g = 9.81\text{m/s}^2$ 和 $\rho = 1.225\text{kg/m}^3$，我们可以确定速度为

$$V^* = \sqrt{\frac{2}{\rho}\frac{W}{S}\frac{1}{C_L^*}} = \sqrt{\frac{2}{\rho}\frac{mg}{S}\frac{1}{C_L^*}} = \sqrt{\frac{2}{1.225}\times\frac{15119.28\times 9.81}{37.16}\times\frac{1}{0.283}} = 151.74\text{m/s}$$

$$\frac{\bar{q}^* S c}{I_{yy}} = \frac{1}{2}\rho V^2 \frac{Sc}{I_{yy}} = 0.5\times 1.225\times 151.74^2\times\frac{37.16\times 3.511}{239720.76} = 7.6755/\text{s}^2$$

$$\frac{c}{2V^*} = \frac{3.511}{2\times 151.74} = 0.0115\text{s}$$

$$C_{m\alpha} = -0.00279/(°) = -0.00279\times\frac{180}{\pi}/\text{rad} = -0.16/\text{rad}$$

$$C_{mq1} = -0.0842/(°) = -0.0842\times\frac{180}{\pi}/\text{rad} = -4.824/\text{rad}$$

最后，我们使用

$$\Delta\ddot{\alpha} - \frac{\bar{q}Sc}{I_{yy}}\left[C_{m\alpha}\Delta\alpha + (C_{mq1} + \underbrace{C_{m\dot{\alpha}}}_{0})\frac{c}{2V^*}\Delta\dot{\alpha}\right] = 0$$

得到俯仰动力学方程

$$\Delta\ddot{\alpha} + 0.4258\Delta\dot{\alpha} + 1.228\Delta\alpha = 0 \tag{2.35}$$

从方程（2.35）知

$$2\zeta\omega_n = 0.4258(\text{rad/s})$$

$$\omega_n^2 = 1.228(\text{rad/s})$$

从而得到 $\omega_n = 1.108\text{rad/s}$，$\zeta = 0.192$。

有阻尼时间周期或实际响应时间周期 T_d 可确定为

$$T_d = \frac{2\pi}{\omega_d} = \frac{2\pi}{\omega_n\sqrt{1-\zeta^2}} = \frac{2\pi}{1.108\times\sqrt{1-0.192^2}} = 5.778(\text{s})$$

方程（2.35）的仿真结果如图 2.7 所示。

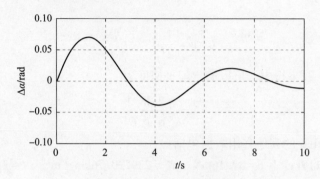

图 2.7　例 2.6 的短周期响应

由仿真图可见，响应是振荡的，且为小阻尼。响应的时间周期 T_d 约为 5.8s（读取两个相邻峰值之间的时间差）。

注：如果 $C_{m\alpha}$ 为正会是什么情况？与方程（2.3）中的二阶动力学形式相比较，我们得到 $k<0$，因此，根据第 2.2 节的情况 4 可以得出结论：这种情况下的平衡点是不稳定的，与项 $C_{mq1}+C_{m\dot{\alpha}}$ 的值和符号无关。实际上，在这种情况下，如第 2.2 节的情况 4 所示，动态响应不再是振荡的，因此在使用俯仰动力学与 V 和 γ 动力学时间尺度差的概念时需要谨慎。

◁ **例 2.7**　采用与例 2.6 类似的方法，可以得到 AFTI/F-16 以 $V^*=139\text{kn}$（$1\text{kn}=0.515\text{m/s}$）着陆进近时的参数值（摘自 Bernard Friedland 的 *Control System Design*，McGraw-Hill 出版物，1986 年，第 128 页），如下：

$$k = -\frac{\bar{q}Sc}{I_{yy}}C_{m\alpha} = -1.1621$$

$$d = -\frac{\bar{q}Sc}{I_{yy}}(c/2V^*)(C_{mq1}+C_{m\dot{\alpha}}) = 1.01$$

注意 $k<0$。

式（2.11）中与上述参数值相应的指数 λ_1 和 λ_2 为

$$\lambda_1 = -\zeta\omega_n + \mathrm{i}\sqrt{\omega_n^2-(\zeta\omega_n)^2} = -0.505+\sqrt{1.1621+0.25502} = 0.685$$

$$\lambda_2 = -\zeta\omega_n - \mathrm{i}\sqrt{\omega_n^2-(\zeta\omega_n)^2} = -0.505-\sqrt{1.1621+0.25502} = -1.695$$

正指数 λ_1 表示不稳定。如图 2.8 所示，响应确实是不稳定的，并且呈指数发散。

总之，可以说，为了使飞机俯仰稳定，或者说为了使短期动力学稳定，必须确保

$C_{m\alpha}<0$ 并且 $C_{mq1}+C_{m\dot{\alpha}}<0$

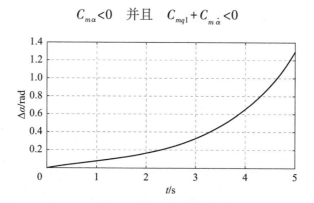

图 2.8 例 2.7 的指数型短周期时间响应

这两个条件必须同时满足。

📖 **家庭作业**：多大程度的稳定算是足够稳定，有没有过于稳定的情况？

📣 **例 2.8** Cessna 182 的例子。数据：

$S = 16.7\text{m}^2$, $\quad c = 1.518\text{m}$, $\quad Ma = 0.201$,

$V^* = 68.18\text{m/s}$, $\quad \bar{q} = 2298.7\text{N/m}^2$, $\quad \alpha^* = 0°$,

$W = 11787.2\text{N}$, $\quad I_{yy} = 1824.44\text{kg}\cdot\text{m}^2$, $\quad C_L^* = 0.307$,

$C_D^* = 0.032$, $\quad C_m^* = 0$, $\quad C_{m\alpha} = -0.613/\text{rad}$,

$C_{mq1} + C_{m\dot{\alpha}} = -19.67/\text{rad}$

由于满足条件 $C_{m\alpha}<0$、$C_{mq1}+C_{m\dot{\alpha}}<0$，飞机俯仰稳定。我们来计算这种情况的重要响应参数：

$$\omega_n^2 = -\frac{\bar{q}Sc}{I_{yy}}C_{m\alpha} = -\frac{2298.7\times16.7\times1.518}{1824.44}\times(-0.613) = 19.579/\text{s}^2$$

$$\omega_n = 4.425(\text{rad/s})$$

$$2\zeta\omega_n = -\frac{\bar{q}Sc}{I_{yy}}\left(\frac{c}{2V}\right)(C_{mq1}+C_{m\dot{\alpha}}) = -\frac{2298.7\times16.7\times1.518}{1824.44}\times\frac{1.518}{2\times68.18}\times(-19.67)$$
$$= 6.994/\text{s}$$

$$\zeta = \frac{6.994}{2\omega_n} = \frac{6.994}{2\times4.425} = 0.790$$

与之前的 F-18/HARV 俯仰动力学相比，Cessna 俯仰动力学具有很高的阻尼，有阻尼时间周期更短：

$$T_d = \frac{2\pi}{\omega_d} = \frac{2\pi}{\omega_n\sqrt{1-\zeta^2}} = \frac{2\times3.1416}{4.425\times\sqrt{1-0.790^2}} = 2.316(\text{s})$$

图2.9显示了扰动迎角变化的典型时间历程。

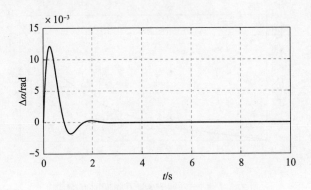

图2.9　Cessna 182的短期响应（例2.8）

2.7　短周期频率和阻尼

根据式（2.32）可以写出短周期频率和阻尼参数的下列关系式：

$$(\omega_n^2)_{SP} = -\frac{\bar{q}^* Sc}{I_{yy}} C_{m\alpha} \tag{2.36}$$

$$\zeta_{SP} = -\frac{\bar{q}^* Sc}{I_{yy}} \frac{(c/2V^*)(C_{mq1} + C_{m\dot{\alpha}})}{2\omega_n} \tag{2.37}$$

其中，"*"特指在配平状态下计算的参数值。从式（2.36）可以看出，短周期频率随动压 $\bar{q}^*$ 的平方根而变化。因此，高度越高，空气密度越低，短周期频率也就越低。式（2.37）中的阻尼参数 ζ 也是如此。

在 $\bar{q}^*$ 固定的情况下，判断飞机"尺寸"对短周期频率和阻尼的影响更有趣。注意，分子中 Sc 项的比例为 L^3，如果飞机质量与其体积成比例，则分母中 I_{yy} 项的比例为 L^5。因此，短周期频率 ω_n 的比例为 $1/L$，这意味着越小的飞机，在俯仰时具有越高的自然响应频率，因此响应的时间尺度越小。也就是说，它们的反应要快得多，这可能导致人工驾驶时更难操控。这一事实对于小型和微型飞行器非常重要。

2.8　强迫响应

物理系统以各种方式受到输入的影响。这些输入可以是内部的，也可以是外部的。例如，飞行员操纵舵面偏转可以称为内部输入，而风可以称为外部输入。系统对这些输入的响应称为强迫响应。各种类型的输入如表2.2所示。

表 2.2 典型的输入形式

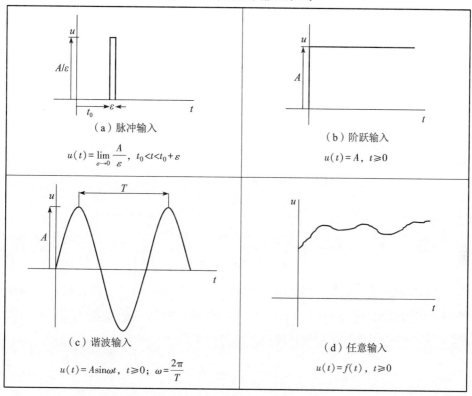

我们下面研究一阶和二阶线性系统对脉冲、阶跃和谐波输入的强迫响应；高阶线性系统对输入的响应通常是一阶和二阶响应的组合。

2.8.1 一阶系统

输入 $u(t)$ 作用下的一阶线性系统可以用下列方程表示：

$$\dot{x} + ax = u(t) \tag{2.38}$$

线性系统的强迫响应由齐次解 $x_H(t)$（对应于 $u(t)=0$）和特解 $x_P(t)$（对应于 $u(t) \neq 0$）组成。因此

$$x(t) = x_H(t) + x_P(t) \tag{2.39}$$

式中：$x_H(t) = x(0)\mathrm{e}^{-at}$，如前所述。这个响应受参数 a 控制。当系统稳定，即 $a>0$ 时，齐次解衰减，最终只剩下特解（$t \to \infty$；稳态）。当系统不稳定，即 $a<0$ 时，齐次解 $x_H(t)$ 持续存在，瞬态响应本身发散。如果初始条件 $x(0)=0$，则只剩下特解 $x_P(t)$。下面我们假设 $a>0$。

📖 **家庭作业**：验证上述针对 $a<0$ 的陈述。

（1）**脉冲响应**：一阶系统对 $t=0$ 时刻脉冲输入的特定响应 $x_P(t)$ 由 $x(t)=\mathrm{e}^{-(t/\tau)}$（$t>0$ 时）给出。注意，特解并不依赖于初始条件。图 2.10 显示了时间常数 $\tau=1/a=1/0.5=2.0\mathrm{s}$ 的脉冲响应。初始脉冲后，系统响应按 $x_H(t)=x(0)\mathrm{e}^{-at}$ 衰减。

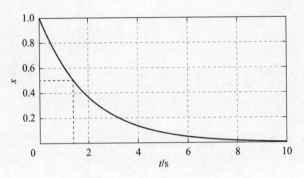

图 2.10 一阶系统的脉冲响应

（2）**单位阶跃响应**：在这种情况下，$t>0$ 时 $u(t)=1$。一阶系统对单位阶跃输入的响应 $x_P(t)$ 由 $x(t)=1-\mathrm{e}^{-(t/\tau)}$（$t>0$ 时）给出。在图 2.11 中，时间常数 $\tau=1/a=1/0.5=2.0\mathrm{s}$ 的单位阶跃响应呈指数增长到稳态值 $x=1$。

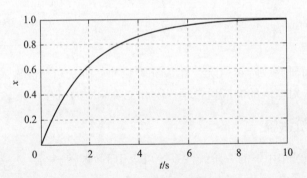

图 2.11 一阶系统的阶跃响应

（3）**谐波响应**：一阶系统对正弦输入的响应 $x_P(t)$ 可以确定为 $x(t)=C\sin(\omega t-\varphi)$，其中

$$C=A/\sqrt{a^2+\omega^2}, \quad \varphi=\arctan(\omega/a)$$

从一阶系统对正弦输入的响应可以得出以下结论：

（1）响应与输入具有相同的频率。

（2）响应的振幅增益 $C/A=1/\sqrt{a^2+\omega^2}$，是一阶系统时间常数（$\tau=1/a$）和强迫函数频率 ω 的函数。

(3) 响应滞后于输入的时间差为 $t = \varphi/\omega = (1/\omega)\arctan(\omega/a)$。

一阶系统的谐波响应如图 2.12 所示。图中的谐波输入为 $u(t) = 1\sin 2t (t>0$ 时)。从图中可以注意到，$x_H(t)$ 使响应在初始阶段达到较大的振幅，之后响应回落到振幅 ≈ 0.485，响应滞后于输入的时间差 ≈ 0.66s。使用上面的公式，振幅和时间滞后可以估计为

$$\frac{C}{A} = \frac{1}{\sqrt{0.5^2 + 2^2}} = 0.485$$

$$t = \frac{1}{\omega}\arctan\left(\frac{\omega}{a}\right) = \frac{1}{2}\arctan\left(\frac{2}{0.5}\right) = 0.66(\text{s})$$

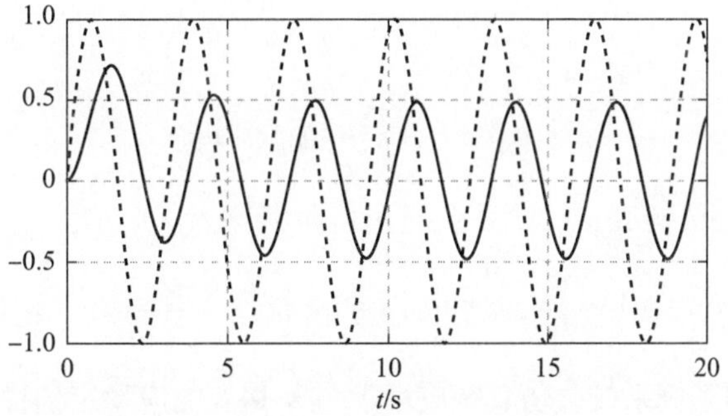

图 2.12 一阶系统对谐波输入的时间响应

（虚线：输入 $u = \sin(2t)$；实线：输出 x）

2.8.2 二阶系统

一个强迫二阶线性系统可以用下列方程表示：

$$\ddot{x} + 2\zeta\omega_n\dot{x} + \omega_n^2 x = u(t) \tag{2.40}$$

其中 $u(t)$ 是强迫函数。与一阶系统的强迫响应类似，二阶系统的强迫响应由齐次解 $x_H(t)$（当 $u(t) = 0$ 时方程（2.40）的解）和特解 $x_P(t)$（特定的 $u(t) \neq 0$ 导致的方程（2.40）的解）组成。因此，$x(t) = x_H(t) + x_P(t)$，其中 $x_H(t) = Ae^{\lambda_1 t} + Be^{\lambda_2 t}$，$A$ 和 B 是依赖于初始条件的常数，如前所示。因此，二阶系统的强迫响应取决于系统是否稳定，与一阶系统非常类似。如果系统是稳定的，则强迫响应由强迫输入和特解 $x_P(t)$ 主导；而如果系统是不稳定的，则齐次解 $x_H(t)$ 持续存在并无界增长。下面我们假设二阶系统是稳定的，来展示系统对各种输入的响应 $x_P(t)$。

在下面的数值仿真结果中，我们以二阶系统为例：$\ddot{x} + 1.2\dot{x} + 9x = u(t)$。该系统的固有频率为 $\omega_n = \sqrt{9} = 3\text{rad/s}$，阻尼比 $\zeta = 1.2/(2\omega_n) = 1.2/(2\times 3) = 0.2$。

（1）**单位脉冲响应**：二阶系统对 $t=0$ 时刻单位脉冲的响应 $x_\mathrm{P}(t)$ 可以解析地确定为 $x(t)=(\mathrm{e}^{-\zeta\omega_\mathrm{n}t}/\omega_\mathrm{d})\sin\omega_\mathrm{d}t$；$\omega_\mathrm{d}=\omega_\mathrm{n}\sqrt{1-\zeta^2}$。该响应如图 2.13 所示。初始脉冲之后，$x(t)$ 按 $x_\mathrm{H}(t)$ 衰减。

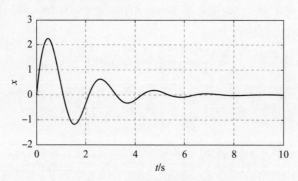

图 2.13　二阶系统的脉冲响应

（2）**单位阶跃响应**：二阶系统对单位阶跃输入的响应为

$$x(t)=1-\frac{\mathrm{e}^{-\zeta\omega_\mathrm{n}t}}{\sqrt{1-\zeta^2}}\sin\left(\omega_\mathrm{d}t+\arctan\frac{\sqrt{1-\zeta^2}}{\zeta}\right),\quad t\geqslant 0$$

对于我们的算例系统，仿真响应示于图 2.14。响应稳定到稳态值 $x(t)=1$。

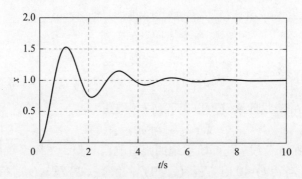

图 2.14　二阶系统对单位阶跃输入的响应

与二阶系统单位阶跃响应相关的特征参数如下：
- 最大超调量 M_p（最大峰值与最终值之差，用%表示）；
- 峰值时间 t_p（响应达到超调的第一个峰值所用的时间）；
- 上升时间 t_r（对于欠阻尼系统，响应从最终值的 0% 达到 100% 所用时间；对于过阻尼系统，响应从最终值的 10% 达到 90% 所用时间）；
- 时间延迟 t_d（响应达到最终值 50% 所用的时间）；
- 调整时间 t_s（响应达到其最终值 2% 以内所用的时间）。

这些参数标示于图 2.15，它们取决于固有频率 ω_n 和阻尼比 ζ，表 2.3 给出了相关公式。表中还列出了算例系统的参数值。

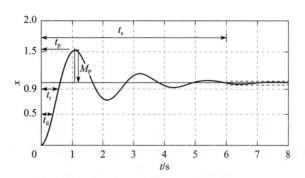

图 2.15　二阶系统对单位阶跃输入的典型响应及特征参数

表 2.3　二阶响应特性参数

$M_p/\%$	t_p/s	t_r/s	t_s/s
$e^{-\left(\frac{\zeta}{\sqrt{1-\zeta^2}}\pi\right)} \times 100$	$\dfrac{\pi}{\omega_n\sqrt{1-\zeta^2}}$	$\dfrac{\pi - \arctan\dfrac{\sqrt{1-\zeta^2}}{\zeta}}{\omega_n\sqrt{1-\zeta^2}}$	$\dfrac{4}{\zeta\omega_n}$（±2%判据）
52.66	1.068	0.602	6.667

（3）**谐波响应**：算例系统对谐波输入的响应如图 2.16 所示。可以观察到，响应（输出）滞后于输入，与一阶系统情况相同，滞后与相位角有关。响应的振幅和相位滞后取决于系统特性（固有频率和阻尼），也是输入频率的函数。下面，我们将看到另一种更紧凑的谐波响应表达式。

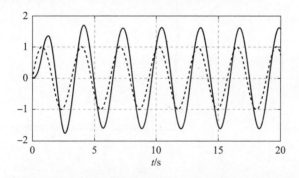

图 2.16　二阶系统对谐波输入的时间响应（虚线：输入 $u = \sin 2t$，实线：输出 x）

综合以上结果，我们还可以通过绘制所谓的幅相响应曲线来了解线性系统的强迫响应。在图 2.17 中，我们绘制了二阶线性系统 $\ddot{x}+2\zeta\dot{x}+x=u(t)$ 在不同阻尼比 ζ 下的响应图。系统的固有频率为 $\omega_n=1\mathrm{rad/s}$，可以得到增益或幅值的表达式为（*Modern Control Engineering*，Katsuhiko Ogata 著，Prentice Hall 出版社，2002 年）

$$幅值 = \frac{1}{\sqrt{[1-(\omega^2/\omega_n^2)]^2 + [2\zeta(\omega/\omega_n)]^2}}$$

从这个关系中，我们可以注意到，对于无阻尼系统（$\zeta=0$），在 $\omega=\omega_n$ 处振幅为无穷大，即所谓的共振频率。对于阻尼二阶系统，振幅峰值处的频率可以称为"偏移共振频率"，其表达式可推得为 $\omega_r=\omega_n\sqrt{1-2\zeta^2}$，它告诉我们，当 $\zeta \geq 1/\sqrt{2}$ 时，不存在"偏移共振频率"，也不存在响应振幅的峰值。此外，在 $0<\zeta<1/\sqrt{2}$ 范围内，随着阻尼比的增加，图 2.17(a) 中"偏移共振频率"和响应振幅的峰值向左移动。

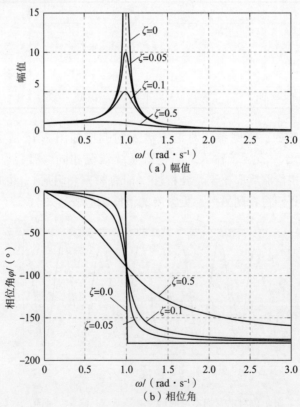

图 2.17　二阶系统响应幅值和相位角与频率的关系

相位角的表达式为

$$\varphi = -\arctan\left[\frac{2\zeta\dfrac{\omega}{\omega_n}}{1-\left(\dfrac{\omega}{\omega_n}\right)^2}\right]$$

因此，对于所有 $\zeta \neq 0$，在 $\omega = \omega_n$ 处，相位 $\varphi = -90°$。

从图 2.17(a) 和图 2.17(b) 可以得出以下结论：

- 对于 $\zeta = 0$，响应振幅随着谐波输入频率的增加而增大，直至输入频率与系统的固有频率一致，即 $\omega = \omega_n$ 或 $\omega/\omega_n = 1$。在这个频率下，发生"共振"，其特征是响应振幅达到峰值。对于无阻尼（$\zeta = 0$）的二阶系统，响应振幅的峰值为无穷大，这只是一个数学结果。实际上，系统都有一定的阻尼，共振频率处的峰值将是有限的，参见图 2.17(a) 中的非零阻尼比。随着阻尼比的增大，响应振幅的峰值减小，并向共振频率的左侧移动。对于充分大的阻尼比，响应的放大（或增益）可以忽略不计。事实上，当 $\zeta = 0.707$ 时，增益（响应振幅与输入振幅之比）可以忽略不计，并且对于高于该值的阻尼比，在响应中观察不到峰值。当强迫输入函数的频率进一步增加时，响应增益实际上是减小的。
- 图 2.17(b) 中随频率变化的相位角表示输入和响应之间的时间差。时间滞后随强迫输入频率的增加而增大。在低于共振频率 $\omega = \omega_n$ 的频率下，增加阻尼比会增加响应中的时间滞后效应，这告诉我们，在黏性更大的介质中，系统的响应将是迟缓的。

📖 **家庭作业**：考虑谐波激励下的弹簧-质量-阻尼系统，尝试证明上述结论的正确性。

2.9 俯仰控制响应

飞机驾驶员诱发俯仰运动最常见的方法是偏转升降舵。升降舵是位于水平尾翼后缘的襟翼，如图 2.18 所示。升降舵产生俯仰力矩的原理如图 2.19 所示，其中升降舵下偏为正，用符号 δ_e 表示。

- 对于适当小的下偏（正的 δ_e），升降舵在水平尾翼上产生附加正升力（向上）。这个附加升力通常作用在飞机重心的后面，它产生一个关于重心的负（低头）俯仰力矩。因此，升降舵下偏倾向于减小飞机的迎角。
- 类似地，升降舵的一个适当小的上偏（负的 δ_e），在水平尾翼上产生一个附加的向下升力,从而在飞机重心处产生一个抬头(正)俯仰力矩。因此,向升降舵上偏倾向于增加飞机的迎角。

- 无论是向上还是向下的升降舵偏转,通常都会增加飞机的阻力。幸运的是,只要水平尾翼气动中心 AC 和飞机重心之间的力臂足够大,水平尾翼升力的较小变化(较小的升降舵偏转)就足以产生相当大的俯仰力矩变化。因此,升降舵偏转引起的附加阻力通常也很小,但请注意,对于某些飞机构型,在超声速飞行中这可能不成立。

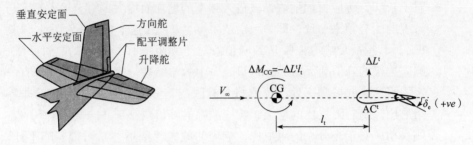

图 2.18　位于水平尾翼后缘的升降舵　　图 2.19　升降舵产生俯仰力矩的原理

2.9.1　采用升降舵控制的水平配平飞行俯仰动力学

考虑前述水平配平飞行,V^* 和 $\gamma^* = 0$ 均保持不变。配平迎角为 α^*,配平中的升降舵偏转角为 δ_e^*。

偏离配平位置的较小升降舵变化量 $\Delta\delta_e$ 产生的俯仰力矩增量 ΔC_m 可写为

$$\Delta C_m = C_{m\delta_e} \Delta\delta_e$$

其中

$$C_{m\delta_e} = \frac{\partial C_m}{\partial \delta_e}\bigg|_* \tag{2.41}$$

称为俯仰控制导数或升降舵效率。

将升降舵偏转角作为一个附加参数,修正式(2.30)中的俯仰力矩增量模型,变成

$$\Delta C_m = C_{m\alpha}\Delta\alpha + (C_{mq1} + C_{m\dot\alpha})\Delta\dot\alpha(c/2V^*) + C_{m\delta_e}\Delta\delta_e \tag{2.42}$$

短周期动力学模态的俯仰动力学方程(2.32)也增加一个与升降舵偏转相关的附加项,如下所示:

$$\Delta\ddot\alpha - \frac{\overline{q}^* Sc}{I_{yy}}(c/2V^*)(C_{mq1} + C_{m\dot\alpha})\Delta\dot\alpha - \frac{\overline{q}^* Sc}{I_{yy}}C_{m\alpha}\Delta\alpha = \frac{\overline{q}^* Sc}{I_{yy}}C_{m\delta_e}\Delta\delta_e \tag{2.43}$$

请注意,尽管右端多了附加项,先前的刚度和阻尼表达式以及稳定性条件(称为系统的自然响应)保持不变。然而,当飞行员应用升降舵输入(高于或

低于配平值 δ_e^*）时，飞机将按方程（2.43）作俯仰"强迫"响应。

📢 **例 2.9** 计算和数值仿真显示谐波强迫下的短周期响应。

在本例中，通过在右端添加升降舵强迫项，扩充类似于方程（2.35）的飞机配平状态运动方程，变成

$$\Delta\ddot{\alpha} + 0.0077\Delta\dot{\alpha} + 2.6473\Delta\alpha = -9.3489\Delta\delta_e \quad (2.44)$$

考虑升降舵谐波输入，$\Delta\delta_e = A\sin\omega t$，其中 $A = -2.6473/9.3489$。这样，方程（2.44）可以重写为

$$\Delta\ddot{\alpha} + 0.0077\Delta\dot{\alpha} + 2.6473\Delta\alpha = 2.6473\sin\omega t \quad (2.45)$$

传统上，正（向下）升降舵偏转导致迎角减小，相位滞后180°。根据方程（2.45），我们可以确定固有频率 $\omega_n = \sqrt{2.6437} = 1.6271(\text{rad/s})$，阻尼比 $\zeta = 0.00237$，偏移共振频率 $\omega_r = \omega_n\sqrt{1-2\zeta^2} = 1.6271\sqrt{1-2\times 0.00237^2} = 1.627(\text{rad/s})$。对于方程（2.45），幅值和相位图如图2.20所示。

请注意共振频率 $\omega_r = 1.627\text{rad/s}$ 处的迎角响应振幅和从同相（0°）变为异相（180°）的相位变化。振幅的有限值是由于方程（2.45）中存在小阻尼所致。

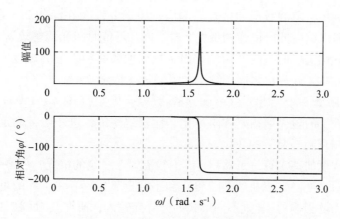

图2.20 幅值和相位随频率的变化

📢 **练习题**

2.1 考虑由下列方程描述的非线性二阶系统

$$\ddot{x} - (1-x^2)\dot{x} + x^3 - x = 0$$

确定系统的不动点（平衡状态）并评价其稳定性。另外，使用 pplane7.m 计算轨迹并证实稳定性结果。

2.2 考虑下图所示的简单钟摆模型，可以得到描述钟摆无阻尼运动的方程为 $\ddot{\theta} + (g/l)\sin\theta = 0$。

确定钟摆的稳态（平衡）位置，讨论每个平衡条件的稳定性。

2.3 对于歼击机F104-A，给定以下数据：

$S=18.5\text{m}^2$，$c=2.9\text{m}$，$I_{yy}=79444.6\text{kg}\cdot\text{m}^2$，$C_{m0}=0.01$，$C_{m\delta_e}=-1.46/\text{rad}$，$C_{m\alpha}=-0.64/\text{rad}$，$C_{mq}=-5.8/\text{rad}$，$C_{m\dot{\alpha}}=0$

确定该飞机在$\delta_e=-2°$时的配平条件（α^*）。飞机配平速度可以假定固定为$V^*=200\text{m/s}$。写出该飞机在海平面配平条件（V^*，α^*）下的小扰动俯仰运动方程；确定特征指数，研究配平条件的稳定性；仿真飞机俯仰运动时的固有/自由响应。

2.4 使用练习题2.3中给出的数据，对F104-A俯仰动力学进行强迫响应分析。利用给定的数据和仿真的响应，确定方程（在问题2.3中建立的）单位阶跃响应的峰值超调量、上升时间、峰值时间和调整时间。

2.5 本章利用飞机的纯俯仰运动导出了短周期频率和阻尼的表达式。从这些表达式中，计算出短周期频率和阻尼随马赫数的变化。

2.6 使用例2.8中给出的Cessna 182数据，确定高度$h=1500\text{m}$、3000m、5000m上的短周期频率和阻尼比，比较这些值；进一步，确定短周期频率和阻尼随马赫数的变化。

2.7 多大程度的稳定算是足够稳定，有没有过于稳定的情况？（提示：考虑稳定性对高度稳定飞机（例2.8）和不稳定飞机（例2.6）的可控性或操纵能力的影响。）尝试不同形式的升降舵输入，研究其对例2.6和例2.8中的飞机俯仰动力学的影响。

2.8 一架飞机以100m/s的速度飞行，相对于风的角度$\alpha=30°$，$\beta=10°$。确定飞机速度沿机体固连轴的分量。

2.9 对于具有以下数据的飞机，确定系数$C_{m\dot{\alpha}}$和$C_{L\dot{\alpha}}$。数据：$c=1.6\text{m}$，$S=18.6\text{m}^2$，$l_t=3.05\text{m}$，$S_t=4.65\text{m}^2$，$C_{L\alpha_t}=2\pi/\text{rad}$。将这些系数与具有以下数据的小型飞行器的系数进行比较：$c=0.25\text{m}$，$S=1\text{m}^2$，$l_t=0.6\text{m}$，$S_t=0.3\text{m}^2$，$C_{L\alpha_t}=2\pi/\text{rad}$。假设两种情况下的常数$(\text{d}\varepsilon/\text{d}\alpha)=0.15$。

2.10 计算并比较F4"幻影"和波音747-200的短周期频率ω_n和阻尼ζ，给定数据如下：

F4： $V^* = 300\text{m/s}$, $S = 53\text{m}^2$, $c = 5.3\text{m}$, $I_{yy} = 17450\text{kg} \cdot \text{m}^2$,

$C_{m\alpha} = -0.4/\text{rad}$, $C_{mq1} = -4.0/\text{rad}$, $C_{m\dot{\alpha}} = 0$

747-200： $V^* = 275\text{m/s}$, $S = 550\text{m}^2$, $c = 9.1\text{m}$, $I_{yy} = 4950000\text{kg} \cdot \text{m}^2$,

$C_{m\alpha} = -1.6/\text{rad}$, $C_{mq1} = -34.5/\text{rad}$, $C_{m\dot{\alpha}} = 0$

2.11 据说在所有参数都相同的情况下，飞机在11km高度（空气密度大约是海平面的1/3）的短周期阻尼 ζ 将降低到其在海平面值的约54%。你能证实这句话吗？

第 3 章 纵向配平和稳定性

3.1 翼-身配平和稳定性

首先让我们扼要回顾一下第 1 章对单独翼-身（不包括平尾和鸭翼）的分析，并根据第 2 章中对稳定性的讲解，进一步对翼-身的配平和稳定性进行考察。

图 3.1 为翼-身受力情况示意图，图中对所有相关力和力矩进行了标注。如之前所述，假设推力作用点位于重心 CG 处，且沿速度矢量方向，忽略由阻力引起的力矩（见 1.11 节），则关于重心的俯仰力矩平衡表达式为

$$M = M_{AC}^{wb} + L^{wb}(X_{CG} - X_{AC}^{wb}) \tag{3.1}$$

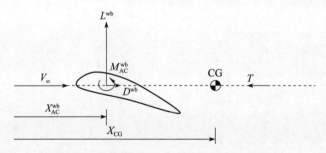

图 3.1 翼-身的力、力矩及作用距离示意

图 3.1 中，从参考点到不同位置的距离 X，用箭头标记。式（3.1）左右两边同时除以 $\bar{q}Sc$（其中 $\bar{q} = 1/2\rho V_\infty^2$ 为动压，与自由流的密度 ρ、速度 V_∞ 有关，S 是机翼面积，c 是平均气动弦长），得到其无量纲表达式：

$$C_m = C_{mAC}^{wb} + C_L^{wb}(h_{CG} - h_{AC}^{wb}) \tag{3.2}$$

这里，h 是距离 X 通过平均气动弦长 c 进行无量纲化后的值。根据配平要求，关于 CG 的净俯仰力矩为零，于是得到以下等式：

$$\underbrace{C_{mAC}^{wb}}_{(-)} + \underbrace{C_L^{wb}}_{(+)}\underbrace{(h_{CG} - h_{AC}^{wb})}_{(+)} = 0 \tag{3.3}$$

式中对各项通常的正负取值进行了标注。$h_{CG} - h_{AC}^{wb} > 0$ 表示，若要将翼-身配平，则重心 CG 必须位于翼-身的气动中心 AC^{wb} 之后，这一点本书在 1.11 节中也

进行了讲述。

接下来对稳定性进行讨论。为了获得导数 $C_{m\alpha}$ 的值（2.6 节中定义该导数为 $\partial C_m/\partial \alpha|_*$，* 表示配平点处的值），对式（3.2）中的各项关于 α 求导：

$$C_{m\alpha} = \underbrace{C_{L\alpha}^{wb}}_{(+)}\underbrace{(h_{CG} - h_{AC}^{wb})}_{(+)} \tag{3.4}$$

注意，C_{mAC}^{wb} 不是 α 的函数。式（3.4）中，右端各项的符号来自于式（3.3）。这意味着翼-身的 $C_{m\alpha} > 0$。回想 2.6 节中所学内容，当 $C_{m\alpha} > 0$ 时，不管阻尼项 $C_{mq1} + C_{m\dot{\alpha}1}$ 的符号如何，俯仰模态（短周期模态）都是不稳定的。因此，翼-身配平时的俯仰模态是不稳定的，即在配平状态下，一个小的扰动会扩大，使翼-身远离配平状态。换句话说，其短周期动力学特性是发散的、不稳定的。

▷ **例 3.1** 对于一个常规飞机的翼-身，其特性如下：

$$C_{mAC}^{wb} = -0.04, \quad h_{AC}^{wb} = 0.25, \quad C_{L\alpha}^{wb} = 4.5/\text{rad}$$

重心位于 $h_{CG} = 0.4$ 处（所有距离都是从机翼前缘算起）。由式（3.3）可得到 C_{Ltrim} 表达式

$$C_{Ltrim} = \frac{-C_{mAC}^{wb}}{h_{CG} - h_{AC}^{wb}} = -\frac{-0.04}{0.4 - 0.25} = 0.267$$

俯仰稳定导数可由式（3.4）得出：

$$C_{m\alpha} = C_{L\alpha}^{wb}(h_{CG} - h_{AC}^{wb}) = 4.5 \times (0.4 - 0.25) = 0.675/\text{rad} > 0$$

由计算结果看出，对应的配平升力系数 C_{Ltrim} 为正，即该飞机可以在正迎角下进行配平，但是这种平衡状态是不稳定的。

▷ **例 3.2 无尾飞机。**

无尾布局飞机是飞机的主要构型之一，图 3.2 就是其中一款，此类飞机又是如何飞行的呢？

如之前讨论过的那样，一种配平该类飞机的方法是：将重心 CG 置于气动中心 AC^{wb} 之后，这必然会使得飞机俯仰不稳定。然后再使用自动控制系统让飞机在每个瞬时保持稳定。另一种方法：如果 C_{mAC}^{wb} 可以为正值，则飞机可以通过将重心置于 AC^{wb} 之前来配平。在这种情况下，可以证明：若 $C_{mq1} + C_{m\dot{\alpha}} < 0$，则飞机在俯仰方向是稳定的（家庭作业）。

但是，怎样将 C_{mAC}^{wb} 设置为正值呢？有

图 3.2 印度轻型战斗机（LCA）——无尾翼-身构型

一种方法是在机翼后缘采用所谓的反弯设计，如图 3.3(a) 所示，机翼后缘部分提供了足够的正 C_{mAC}^{wb}，使得总和为正。可能更好的办法是，采用沿展向后掠和扭转，这样在机翼外侧将会提供一个正 C_{mAC}^{wb}。后者设置如图 3.3(b) 所示。内侧正弯机翼段提供正升力和负 C_{mAC}^{wb}，同时外侧机翼段则提供负升力和正 C_{mAC}^{wb}，两者叠加后可得到正 C_{mAC}^{wb}。虽然机翼外侧的负升力会减少总的翼面升力，但是，如果你还记得典型的翼面展向升力分布情况的话，就会知道，机翼内侧段提供了大部分的升力，且升力分布沿展向衰减很快，因此机翼外侧的升力损失也是可以接受的。

(a) 后缘反弯翼型　　　　(b) 机翼后掠和扭转布局

图 3.3　不同机翼构型示意图

如果无尾飞机 $C_{mAC}^{wb}<0$，而其重心又位于 AC^{wb} 之前，会是什么情况呢？可以说该飞机具有稳定性，但是不能配平吗？严格来说，如同第 2 章所讲，稳定性的概念必须与配平（平衡）状态结合起来才有意义。为了对以上情况进行分析，让我们先进行如下讨论：

图 3.4 显示了 C_m 随 C_L^{wb} 变化的情况，(a) 为 CG 位于 AC^{wb} 之后的情况，(b) 为 CG 位于 AC^{wb} 之前的情况。

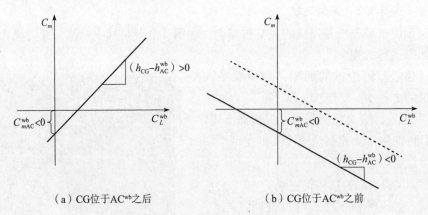

(a) CG 位于 AC^{wb} 之后　　　　(b) CG 位于 AC^{wb} 之前

图 3.4　C_m 随 C_L^{wb} 变化示意图

如图 3.4(a) 所示，图中直线在 C_m 轴上的截距 C_{mAC}^{wb} 为负值，由于此时 $C_{L\alpha}^{wb}(h_{CG}-h_{AC}^{wb})$ 为正（见式 (3.4)），因此直线斜率 $h_{CG}-h_{AC}^{wb}>0$。直线与 C_L^{wb} 轴

相交处满足 $C_{mAC}^{wb}(h_{CG}-h_{AC}^{wb})=0$。由于交点处的 C_L^{wb} 为正值，因此可以配平，但是，由于 $h_{CG}-h_{AC}^{wb}$ 为正，配平是不稳定的。

对图 3.4(b) 所示情况来说，C_{mAC}^{wb} 保持负值，曲线在 C_m 轴上的截距与图 3.4(a) 相同，但此时 CG 位于 AC^{wb} 之前，斜率 $h_{CG}-h_{AC}^{wb}<0$，故图 3.4(b) 中直线向下倾斜，不与 C_L^{wb} 正轴相交。换句话说，C_L^{wb} 为正不能满足配平条件 $C_{mAC}^{wb}+C_L^{wb}(h_{CG}-h_{AC}^{wb})=0$，不可能配平。但是，如果有办法通过提供额外的 C_m 将 3.4(b) 图中直线上移，这样直线在 C_m 轴的截距为正，斜率还是负值，与 C_L^{wb} 轴相交情况如 3.4(b) 图中虚线所示。此时意味着配平点具有稳定性，对应 C_L^{wb} 值为正。

怎样获得图 3.4(b) 所示情况中的稳定配平呢？答案是：通过飞机后部额外的升力面，也叫做平尾或水平安定面（当这种升力面置于机头附近时叫做鸭翼）。人们通常将该发明归功于法国飞行员 Alphonse Pénaud（见方框 3.1）。

方框 3.1   Alphonse Pénaud（1850—1880）

19 世纪法国航空先锋，也被誉为橡皮筋动力飞机模型之父，首先发现了飞机尾翼的用途。下图是其著名的模型飞机 Planophnore 之一。

注意：有人可能认为水平安定面的命名并不完美，就像我们在图 3.4(b) 中观察到的，平尾（或鸭翼）不是为了满足稳定性，而是为了配平。如果配平可以实现，稳定性可以通过将 CG 位置置于特定点（如气动中心点）之前来满足。因此，或许该部件叫做水平配平面更为合适。

3.2　翼-身加尾翼：物理讨论

首先，我们通过引入平尾来解决配平和稳定的难题，这是采用的物理方法而不是数学方法。

图 3.5 给出了翼-身加尾翼的配平和稳定性原理图。翼-身的升力作用于

气动中心 AC^{wb}，这与之前所述一样。同时，如同希望的一样，在 AC^{wb} 处还存在一个负的（低头）俯仰力矩。CG 位于 AC^{wb} 之前一段距离。可以清楚看到，单独翼-身在 CG 处的净力矩为低头（负的）力矩，而且无法配平。

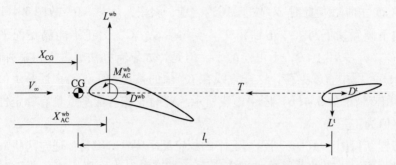

图 3.5 翼-身加尾翼的配平和稳定性原理图

为了克服这个低头力矩，必须由平尾在 CG 处产生一个与之相等的抬头力矩。如果尾翼在其气动中心 AC^{wb} 产生一个向下的升力 L^t，使得尾翼升力乘以尾翼气动中心 AC^t 与全机重心之间的力臂恰好等于所需的关于重心的抬头力矩，那么就可以实现这一点。

3.3 节我们将通过翼-身加尾翼的数学模型建立相同的概念。

注意，平尾通常需要产生负升力来使得翼-身加尾翼系统配平，这会抵消一部分机翼的升力，减少整机的升力。实际上，只要尾翼关于 CG 的力臂足够大，那么所需配平的负升力也就足够小，对于飞机整体升力的损失可以忽略不计。在后面的章节我们将通过一个具体案例进行简单的演示。

3.3 翼-身加尾翼：数学模型

现在正式讨论一个传统飞机构型的情况，此构型由翼-身和平尾组成，如图 3.6 所示。

翼-身的气动力和俯仰力矩采用约定符号在其气动中心处标注，翼-身的角度相对于翼-身零升力线 ZLL^{wb} 来估计，零升力线是指，如果相对速度沿该线作用，则翼-身产生零升力。

重力作用于 CG，为了便于讨论，假设推力作用点通过 CG。同时为了表示方便，机体坐标的 X^B 轴从 CG 点进行了移动。速度与 X^B 轴间的角度为迎角 α，翼-身零升力线 ZLL^{wb} 相对 X^B 轴的角度为 α_0。注意，为了更清楚地在图 3.6 中进行标注，此处将这些角度进行了适当的放大。

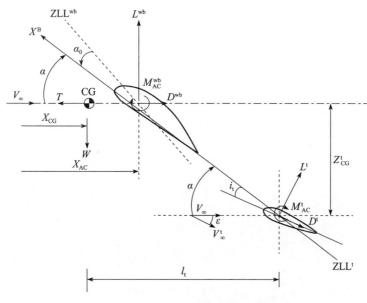

图 3.6 飞机翼-身和平尾构型示意图

此外,平尾位于翼-身的后方,尾翼气动中心位于 CG 后 l_t 距离处。尾翼通常是对称翼型,因此,它的弦线也是零升力线 ZLL^t。尾翼相对于 X^B 轴线的角度为 i_t,ZLL^t 会通过 i_t 角产生关于 X^B 轴的低头力矩,i_t 也称为平尾安装角。这样尾翼产生向下的升力,会生成关于 CG 的抬头力矩。如果忽略图 3.6 中的角 ε,气流到达尾翼处的迎角则为 $\alpha-i_t$。平尾安装角通常为 $2°\sim4°$ 量级。

尾翼的升力、阻力和俯仰力矩都置于尾翼的气动中心 AC^t,由于尾翼是对称翼型,因此尾翼的俯仰力矩 M_{AC}^t 通常为零。然而,在平尾处,还要考虑由于机翼下洗气流带来的复杂影响。下洗气流会使得尾翼处的气流向下偏转。这个影响通过下洗角进行表示。方框 3.2 中给出了完整的解释。因此,在平尾处的净入射角为 $\alpha-i_t-\varepsilon$。这样,尾翼的升力和阻力矢量也就向后倾斜 ε 角度。

接下来,本书给出全机(翼-身加尾翼)的升力和俯仰力矩表达式。

方框 3.2　机翼下洗气流建模

想要全面了解下洗气流的特性,需要空气动力学课程的相关知识,就本书目的来说,对其进行简单的描述就足够了。

机翼产生升力的机理引出了上洗和下洗的概念,没有升力也就不存在上洗或下洗。如图 3.7 所示,机翼升力建模的一种方法是将附着涡置于 1/4 弦长处。这使得飞机头部产生上洗气流,而后部产生下洗气流,如图 3.7(b) 所示。

在翼尖处，附着涡弯曲并向无穷远处延伸，这叫做翼尖涡。翼尖涡形成了我们在飞机上观察到的翼尖尾涡，这是由于气流从升力型机翼的高压下表面流向低压的上表面。翼尖涡在翼展之外产生上洗，而在翼展之内产生下洗，如图3.7(a) 所示。

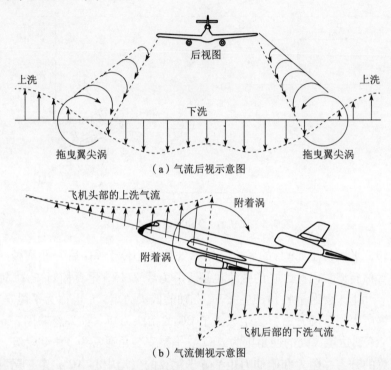

图 3.7　机翼绕流流场产生的上洗和下洗

图 3.7 显示了一个中大展弦比机翼上的典型展向速度分布。在空气动力学课程讲到过，由于展向翼尖处不能有压差，因此该处的升力为零（除非存在类似翼尖小翼这样的气动面）。无论如何，在飞机的上翼面存在一个吸力，而下翼面存在一个高压。这样的压力差使得气流绕翼尖流动，如图3.8所示。这就是通常所说的翼尖涡或翼尾涡，拖曳于飞行轨迹后方。诱导阻力的产生也是源于同样的机理。

图 3.8　云层中飞机翼尖产生的尾涡

当展向升力分布是一个理想的椭圆形时,诱导阻力可以推导为

$$C_{Di} = \frac{C_L^2}{\pi AR}$$

重新整理后:

$$C_{Di} = C_L \times \frac{C_L}{\pi AR}$$

可以发现,对椭圆形升力分布来说,下洗角表达式为

$$\varepsilon = \frac{C_L}{\pi AR}$$

因此,推导出诱导阻力:

$$C_{Di} = C_L \times \varepsilon$$

更确切地说,下洗气流是机翼升力 C_L 的函数,而升力又是迎角 α 的函数。因此,下洗角也是迎角 α 的函数。

假设尾翼下洗角是迎角的函数,如下所示:

$$\varepsilon_{\text{tail}}(t) = f[\alpha_{\text{wing}}(t)]$$

或许有人会建立 ε 的模型为

$$\varepsilon_{\text{tail}}(t) = \varepsilon_0 + \left(\frac{\partial \varepsilon}{\partial \alpha}\right)\alpha \tag{3.5}$$

这里 ε_0 表示 C_{L0}($\alpha=0$ 时的升力)引起的下洗。但是情况却并非如此。事实上,尾翼处的下洗是机翼迎角的一个延迟函数,如:

$$\varepsilon_{\text{tail}}(t) = f[\alpha_{\text{wing}}(t-\tau)] \tag{3.6}$$

这里的 τ 是后缘涡从机翼往下游流动到尾翼所用的时间,粗略地 $\tau = l_t'/V_\infty$,其中,l_t' 是翼-身组合体气动中心与尾翼气动中心之间的距离,V_∞ 是来流速度(也可以说是飞机的配平速度 V^*)。注意,在图 3.6 中 l_t' 和 l_t 有轻微差别,后者是飞机重心到尾翼气动中心的距离。

式 (3.6) 中的函数关系可以构建成如下形式:

$$\varepsilon_{\text{tail}}(t) = \varepsilon_0 + \left(\frac{\partial \varepsilon}{\partial \alpha}\right)\alpha + \frac{\partial \varepsilon}{\partial \dot{\alpha}(c/2V^*)}\dot{\alpha}\left(\frac{c}{2V^*}\right)$$

或写成常用的较简洁的气动导数形式:

$$\varepsilon_{\text{tail}}(t) = \varepsilon_0 + \varepsilon_\alpha \alpha + \varepsilon_{\dot{\alpha}}\dot{\alpha}(c/2V^*) \tag{3.7}$$

对比式 (3.5) 和式 (3.7),可以发觉 ε_α 独立于时间延迟因子 τ。可以理解,项 $\varepsilon_{\dot{\alpha}} = \partial\varepsilon/\partial[\dot{\alpha}(c/2V^*)]$ 捕捉到了时间延迟的影响:

$$\frac{\partial \varepsilon}{\partial \alpha} \approx \frac{\Delta \varepsilon}{\Delta \dot{\alpha}} \approx \frac{\Delta \varepsilon}{\Delta \alpha} \Delta t$$

此处 $\Delta t = -l'_t / V^*$。

于是，$\partial \varepsilon / \partial \dot{\alpha}$ 可以看作大概等于：

$$\frac{\partial \varepsilon}{\partial \dot{\alpha}} \approx -\frac{\partial \varepsilon}{\partial \alpha}\left(\frac{l'_t}{V^*}\right) \tag{3.8}$$

它可以有效地表示 $\partial \varepsilon / \partial \alpha$ 的作用存在于时间 $\Delta t = l'_t / V^*$ 之前。更重要的是，式（3.8）表明，只要 $\partial \varepsilon / \partial \alpha$ 是正值，$\partial \varepsilon / \partial \dot{\alpha}$ 就是负值（通常如此）。在本书气动力表达式中，导数 $\varepsilon_{\dot{\alpha}} = \partial \varepsilon / \partial [\dot{\alpha}(c/2V^*)]$ 并入到其他类似项中，因此无须对其作进一步的近似。

3.3.1 飞机升力

现在飞机上的总升力由两部分构成：一部分是翼-身产生的升力，另一部分是平尾产生的升力。因此总升力可以表示为

$$L = L^{wb} + L^t \tag{3.9}$$

此处，忽略尾翼升力后倾角 ε 的影响。

将式（3.9）中的每一项除以 $\bar{q}S$，得到升力无量纲表达式：

$$\frac{L}{\bar{q}S} = \frac{L^{wb}}{\bar{q}S} + \frac{S_t}{S}\frac{L^t}{\bar{q}S_t} \tag{3.10}$$

或

$$C_L = C_L^{wb} + \frac{S_t}{S}C_L^t \tag{3.11}$$

读者会注意到，这里使用自由流速度同时对翼-身和尾翼的升力进行无量纲化。对翼-身来说，其相对速度与来流速度非常接近；而对尾翼来说，由于下洗的影响，存在一个小的修正量。但此修正量通常足够小，无须过多考虑。

注意：鸭翼构型中，鸭翼的相对速度与自由流速度接近，而机翼则处于鸭翼下洗的影响中。

在实际应用中，翼-身的升力和尾翼的升力可以写为升力线斜率乘以当地入流角的形式：

$$C_L = C_{L\alpha}^{wb}\alpha_w + \frac{S_t}{S}C_{L\alpha}^t\alpha_t \tag{3.12}$$

如之前所述，这里 $\alpha_w = \alpha_0 + \alpha$，$\alpha_t = \alpha - i_t - \varepsilon$，参考图 3.6，这样

$$C_L = C_{L\alpha}^{wb}(\alpha_0+\alpha) + \frac{S_t}{S} C_{L\alpha}^t (\alpha - i_t - \varepsilon) \qquad (3.13)$$

参考方框 3.2，下洗角可写为

$$\varepsilon_{\text{tail}}(t) = \varepsilon_0 + \varepsilon_\alpha \alpha + \varepsilon_{\dot\alpha} \dot\alpha (c/2V^*) \qquad (3.14)$$

将该表达式代入升力式（3.13），则升力 C_L 表达式可以写为

$$C_L = C_{L\alpha}^{wb}(\alpha_0+\alpha) + \frac{S_t}{S} C_{L\alpha}^t \left\{ \alpha - i_t - \left[\varepsilon_0 + \varepsilon_\alpha \alpha + \varepsilon_{\dot\alpha} \dot\alpha \left(\frac{c}{2V^*}\right)\right]\right\} \qquad (3.15)$$

重新排列各项，得到：

$$C_L = \left[C_{L\alpha}^{wb}\alpha_0 - \frac{S_t}{S} C_{L\alpha}^t (i_t + \varepsilon_0)\right] + \alpha\left[C_{L\alpha}^{wb} + \frac{S_t}{S} C_{L\alpha}^t (1-\varepsilon_\alpha)\right] - \dot\alpha \left[\frac{S_t}{S} C_{L\alpha}^t \left(\frac{c}{2V^*}\right) \varepsilon_{\dot\alpha}\right]$$

$$(3.16)$$

飞机升力系数更常用的表达式如下：

$$C_L = C_{L0} + C_{L\alpha}\alpha + C_{L\dot\alpha}\dot\alpha(c/2V^*) \qquad (3.17)$$

将式（3.16）和式（3.17）逐项进行对比，可以得到如下对应关系：

$$C_{L0} = C_{L\alpha}^{wb}\alpha_0 - \frac{S_t}{S} C_{L\alpha}^t (i_t + \varepsilon_0) \qquad (3.17a)$$

$$C_{L\alpha} = C_{L\alpha}^{wb} + \frac{S_t}{S} C_{L\alpha}^t (1-\varepsilon_\alpha) \qquad (3.17b)$$

$$C_{L\dot\alpha} = -\frac{S_t}{S} C_{L\alpha}^t \left(\frac{c}{2V^*}\right) \varepsilon_{\dot\alpha} \qquad (3.17c)$$

式（3.17a）中，$C_{L\alpha}^{wb}\alpha_0$ 可记为 C_{L0}^{wb}，表示翼-身在零迎角时的升力系数。由于 i_t 和 ε_0 都为正值，因此尾翼在零迎角时产生的是向下的升力。这也是尾翼有安装角 i_t 的目的所在。然而，S_t/S 的值通常很小，大概在 0.1~0.2 的范围，因此尾翼对升力的贡献相对于机翼来说很小。C_{L0}^{wb} 的值通常也很小，因此式（3.17a）右侧为较小负值。这也解释了我们在第 1 章中碰到的例题中 C_{L0} 为什么为负值（第 1 章中的课后练习）。

在式（3.17b）中，尾翼项（右侧第二项）给升力线斜率贡献为正，也就是增加了净升力。所有项相加，则在典型配平迎角下尾翼总升力通常为正或轻微负值。

式（3.17c）中的表达式仅与尾翼相关，对飞机动力学模态分析来说并不是那么重要。

3.3.2 飞机的俯仰力矩

参考图 3.6，关于重心的俯仰力矩表达式，可以通过叠加各部件对俯仰力

矩的贡献来表示：

$$M_{CG} = M_{AC}^{wb} - L^{wb}(X_{AC}^{wb} - X_{CG}) - (L^t\cos\varepsilon)l_t +$$
$$(D^t\sin\varepsilon)l_t - (D^t\cos\varepsilon)Z_{CG}^t - (L^t\sin\varepsilon)Z_{CG}^t \qquad (3.18)$$

通常，下洗角很小，可以假设 $\sin\varepsilon$ 很小，则 $\cos\varepsilon \approx 1$。对许多飞机（不是全部）来说，尾翼与机翼的垂直距离 Z_{CG}^t 也是可以忽略的。再者，通常 $D^t \ll L^t$。在这种情况下，式（3.18）中各项的阶次可以做如下估计：

$$M_{CG} = M_{AC}^{wb} - L^{wb}(X_{AC}^{wb} - X_{CG}) - (L^t\cos\varepsilon)l_t + (D^t\sin\varepsilon)l_t - (D^t\cos\varepsilon)Z_{CG}^t (L^t\sin\varepsilon)Z_{CG}^t$$
$$\quad\quad\checkmark \quad\quad\quad\quad \checkmark \quad\quad\quad\quad\quad \checkmark \quad\quad\quad (s.s) \quad \checkmark \quad (s.\checkmark).s \quad (\checkmark.s).s$$

$\checkmark$ 表示该项是常规量级，s 表该项量级较小。对式（3.18）中右侧的六项来说，前三项是常规量级，予以保留，后三项要小两个量级，所以将它们忽略。这样，从式（3.18）中删除包括 D^t 和 Z_{CG}^t 的项，剩余部分为一个较为简洁的俯仰力矩表达式：

$$M_{CG} = M_{AC}^{wb} - L^{wb}(X_{AC}^{wb} - X_{CG}) - L^t l_t \qquad (3.19)$$

◁ **例3.3 T型尾翼飞机。**

有一些飞机的平尾安装于垂尾的上部，这类飞机叫做 T 型尾翼飞机，如图 3.9 所示，这类构型在需要进行水面作业的水上飞机中较为常见。

一方面 T 型尾翼飞机的 Z_{CG}^t 值较大，因此不处于机翼下洗范围内；另一方面 Z_{CG}^t 会给尾翼阻力提供一个较大的力臂，从而产生关于重心的抬头（正）俯仰力矩，该力矩不可忽略。

图 3.9 T 型尾翼构型案例

将式（3.19）中各项除以 $\bar{q}Sc$，得到无量纲表达式：

$$C_{mCG} = C_{mAC}^{wb} - C_L^{wb}(h_{AC}^{wb} - h_{CG}) - \left(\frac{S_t}{S}\right)C_L^t\left(\frac{l_t}{c}\right) \qquad (3.20)$$

这里，h 是 X 采用平均气动弦长 c 进行无量纲化的距离。

因子 $(S_t/S)(l_t/c)$，或是 $(S_t l_t/Sc)$，作为两项的比值出现，每一项的量纲为"容积"，因此也被称为平尾容积比（HTVR），记为 V_H。则式（3.20）可以写为更简洁的形式：

$$C_{mCG} = \underbrace{C_{mAC}^{wb}}_{(-)} - \underbrace{C_L^{wb}(h_{AC}^{wb} - h_{CG})}_{\substack{(-)\\(+)}} - \underbrace{V_H C_L^t}_{\substack{(+)\\(-/+)}} \quad \begin{matrix}\text{（若重心位于}AC^{wb}\text{之前）}\\\text{（若重心位于}AC^{wb}\text{之后）}\end{matrix} \qquad (3.21)$$

为了保证飞机关于重心配平时净力矩为零，毋庸置疑，式（3.21）中的各项之和必须为零。下面，我们对式中各项的符号进行变化看看会发生什么。
- 如果重心位于 AC^{wb} 之前，则等式右端的前两项均为负。配平就需要第三项为正，这可以通过 $C_L^t<0$，也就是尾翼产生向下的升力来实现。
- 如果重心位于 AC^{wb} 之后，右端第一项如之前一样为负，但是第二项现在为正。根据前两项值的相对大小，第三项可以为正也可以为负，也就是说要求尾翼有向上或向下的升力来平衡重心处的力矩。

这样说来，尽管大多数情况下尾翼的升力作用朝下，但并非总是如此。

与之前一样，可以将翼-身和尾翼升力写为各自迎角的形式，从而得到

$$C_{mCG} = C_{mAC}^{wb} + C_{L\alpha}^{wb}\alpha_w(h_{CG}-h_{AC}^{wb}) - V_H C_{L\alpha}^t \alpha_t \quad (3.22)$$

如前所述，这里 $\alpha_w=\alpha_0+\alpha$，$\alpha_t=\alpha-i_t-\varepsilon$。下洗角 ε 模型如式（3.14）所示。将下洗角模型代入式（3.22），并重新排列各项，可以得到重心处飞机俯仰力矩的表达式：

$$C_{mCG} = [C_{mAC}^{wb} + C_{L\alpha}^{wb}\alpha_0(h_{CG}-h_{AC}^{wb}) + V_H C_{L\alpha}^t(i_t+\varepsilon_0)] + \\ \alpha[C_{L\alpha}^{wb}(h_{CG}-h_{AC}^{wb}) - V_H C_{L\alpha}^t(1-\varepsilon_\alpha)] + \dot{\alpha}[V_H C_{L\dot{\alpha}}^t \varepsilon_{\dot{\alpha}}(c/2V^*)] \quad (3.23)$$

飞机俯仰力矩系数 C_m 的通用表达式为

$$C_{mCG} = C_{m0} + C_{m\alpha}\alpha + C_{m\dot{\alpha}}\dot{\alpha}(c/2V^*) \quad (3.24)$$

逐项对比式（3.23）和式（3.24），可以得到如下对应关系：

$$C_{m0} = C_{mAC}^{wb} + C_{L0}^{wb}(h_{CG}-h_{AC}^{wb}) + V_H C_{L\alpha}^t(i_t+\varepsilon_0) \quad (3.24a)$$

$$C_{m\alpha} = C_{L\alpha}^{wb}(h_{CG}-h_{AC}^{wb}) - V_H C_{L\alpha}^t(1-\varepsilon_\alpha) \quad (3.24b)$$

$$C_{m\dot{\alpha}} = V_H C_{L\dot{\alpha}}^t \varepsilon_{\dot{\alpha}} \quad (3.24c)$$

这里将 $C_{L\alpha}^{wb}\alpha_0$ 写为 C_{L0}^{wb}，也就是翼-身在零迎角时的升力。

📖 **家庭作业**：对 T 型尾翼重复以上分析过程。

现在我们讨论一下用 C_{m0} 和 $C_{m\alpha}$ 表示配平和稳定性。参考图 3.4（b）中虚线所示，这是我们希望的一种状态，即在正升力 C_L（正迎角 α）情况下配平。对于稳定性，在截距处为负斜率。换句话说，从配平和稳定性来说，我们希望：

$$C_{m0}>0 \quad \text{和} \quad C_{m\alpha}<0 \quad (3.25)$$

对于 C_{m0}，由式（3.24a）看出，第一项 C_{mAC}^{wb} 总是为负，同时第二项可以为正也可以为负，这主要由重心和 AC^{wb} 的相对位置决定。通常，前两项的和为负值。这样，通过调整第三（尾翼）项，尤其是尾翼的安装角，设计人员几乎可以获得任何需要的正值。

让我们再来考虑关于 $C_{m\alpha}$ 的表达式（3.24b）。第一（翼-身）项，如我们之前所见，可以通过将重心位置置于 AC^{wb} 之前，来获得负值。但是，注意第二（尾翼）项，$V_H C_{L\alpha}^t(1-\varepsilon_\alpha)$，在任何情况下总是为负。也就意味着，即使第

一项为正（重心位于 AC^{wb} 之后），我们也可以通过选择合适的 HTVR 参数来获得需要的 $C_{m\alpha}$ 值。这也是引入平尾带来的额外好处。平尾除提供式（3.24a）中的正（抬头）力矩实现配平外，还自然地提供了式（3.24b）中的稳定力矩。这就给设计者更多的余量将重心移到 AC^{wb} 之后，释放了对重心位置的一部分约束。

📖 **家庭作业**：你知道为什么在典型的商用飞机和军用飞机上很难将重心限制到 AC^{wb} 之前的位置吗？考虑各种重量来源，并在假设机翼为梯形后掠翼的情况下，找出 AC^{wb} 的近似位置。

下一节讨论式（3.24c）。

📢 **例 3.4** 平尾参数：i_t 和 V_H 的选择。

本例告诉读者如何选择平尾的设计参数 i_t 和 V_H，并对这两者的量值有一定概念。

数据如下：
$$C_{L0}^{wb}=0, \quad C_{L\alpha}^{wb}=0.08/(°), \quad C_{L\alpha}^{t}=0.1/(°),$$
$$\varepsilon_0=0, \quad \varepsilon_\alpha=0.35, C_{mAC}^{wb}=-0.032, \quad h_{CG}-h_{AC}^{wb}=0.11$$

本例中，重心位于 AC^{wb} 之后。

问题：选择合适的 i_t 和 V_H，使得 $C_{m\alpha}=-0.0133/(°)$，$C_{m0}=0.06$。

解：

运用式（3.24a）和式（3.24b），将已知数值代入式（3.24b）：
$$-0.0133=0.08\times0.11-V_H\times0.1\times(1-0.35)$$

得到 $V_H=0.34$。注意，V_H 自身包含两个参数 S_t/S 和 l_t/c。在本例中，我们没有足够的信息分别得到两者的值。

由式（3.24a），即
$$0.06=-0.032+0.0\times0.11+0.34\times0.1\times(i_t+0)$$

可以计算得到 $i_t=2.7°$。

📢 **例 3.5** 翼-身的配平和稳定性。

接着例 3.4，假设 $(S_t/S)=0.1$，计算配平点及其稳定性。找到配平升力系数 C_L。

根据例 3.4 所给的要求：
$$C_{m\alpha}=-0.0133/(°), \quad C_{m0}=0.06$$

可以画出 C_m 随迎角 α 变化的图，如图 3.10 所示。直线在 Y 轴的截距是 $C_{m0}=$

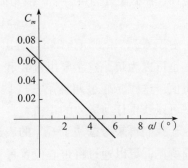

图 3.10　例 3.5 中 C_m 随 α 的变化

0.06，直线斜率是 $C_{m\alpha} = -0.0133/(°)$。通过简单计算可以得到配平迎角为 $\alpha^* = 4.5°$。

由于 $C_{m\alpha}$ 为负，只要 $C_{m\dot{\alpha}} + C_{mq1}$ 也为负，我们就可以确信此配平是稳定的，也就是说，关于该配平状态的短周期动力学扰动最终会消失。

现在，我们来确定该点处的配平升力系数，记做 C_L^*。

$$C_L^* = C_{L0} + C_{L\alpha}\alpha^*$$

我们已得到 C_{L0} 和 $C_{L\alpha}$ 的表达式，如式（3.17a）和式（3.17b）所示，将数值代入这些等式，得到

$$C_{L0} = C_{L0}^{wb} - \frac{S_t}{S}C_{L\alpha}^t(i_t + \varepsilon_0) = 0 - 0.1 \times 0.1 \times (2.7 + 0) = -0.027$$

$$C_{L\alpha} = 0.08 + 0.1 \times 0.1 \times (1 - 0.35) = 0.0865/(°)$$

这样，$C_L^* = -0.027 + 4.5 \times 0.0865 = 0.362$。再次注意，$C_{L0}$ 为很小的正值，这是由于尾翼产生的向下升力引起的（下面进行更清楚的讲述）。

这里将配平升力 C_L^* 分为翼-身贡献和尾翼贡献两部分：

翼-身贡献：$C_L^* = C_{L0}^{wb} + C_{L\alpha}^{wb}\alpha^* = 0 + 4.5 \times 0.08 = 0.36$

尾翼贡献：$C_L^* = C_{L0}^t + C_{L\alpha}^t\alpha^* = -0.027 + 0.0065 \times 4.5 = 0.002$

几乎所有的升力都来自翼-身。尾翼贡献确实很小，但是在这个配平迎角下，尾翼的净升力还是为正值。

注意，重心位于 AC^{wb} 之后 $0.11c$，所以，从例 3.4 的计算中看到：

$$C_{m0} = \underbrace{C_{mAC}^{wb}}_{-0.032} + \underbrace{C_{L0}^{wb}(h_{CG} - h_{AC}^{wb})}_{0} + \underbrace{V_H C_{L\alpha}^t(i_t + \varepsilon_0)}_{+0.092}$$

$$C_{m\alpha} = \underbrace{C_{L\alpha}^{wb}(h_{CG} - h_{AC}^{wb})}_{0.008} - \underbrace{V_H C_{L\alpha}^t(1 - \varepsilon_\alpha)}_{-0.0221}$$

从 $C_{m\alpha}$ 来看，翼-身升力起不稳定的作用。尽管平尾对全机升力系数的贡献相对很小，但是它保证了 C_{m0} 为正，$C_{m\alpha}$ 为负（稳定的）。这一点需要时刻牢记——对于好的飞机设计方案，一个小的尾翼升力就足以提供全机俯仰配平和稳定性。

3.4 下洗的作用

如同方框 3.2 中所解释的，平尾处的下洗气流是由于机翼后缘涡在自由流速度矢量上叠加一个向下的速度分量而产生的。示意图 3.6 中自由流速度用 V_∞ 表示，下洗角 ε 使得自由流速度矢量变为 V'_∞。尽管下洗引起的速度幅值变化不大，但是下洗角引起的来流方向变化却会带来一些有意思的影响。

首先，在式（3.24a）中，下洗贡献了零迎角俯仰力矩中的 $V_H C_{L\alpha}^t$ 项，ε_0 通常很小，因此它不会引起太大变化。

其次，在式（3.24b）的 $V_H C_{L\alpha}^t(1-\varepsilon_\alpha)$ 项中，下洗减小了平尾产生稳定作用的俯仰力矩，这使得稳定性有所损失。典型的 ε_α 值范围是 0.3~0.4，因此下洗导致的平尾效率损失是显著的。

最后，式（3.24c）给出 $C_{m\dot\alpha} = V_H C_{L\alpha}^t \varepsilon_{\dot\alpha}(c/2V^*)$，如方框 3.2 中所述，此项为负值。这里，下洗项 $\varepsilon_{\dot\alpha}$ 对俯仰动力学贡献了阻尼，因而 $C_{m\dot\alpha}$ 与俯仰阻尼导数 C_{mq1} 共同起阻尼作用。

注意：在本书的公式中，$C_{m\dot\alpha}$ 和 C_{mq1} 项自然叠加起来，得到一个纯粹的俯仰阻尼导数，它在短周期动力学方程（2.32）中起阻尼作用。与之相反，在传统的动力学模型中，尽管 C_{mq} 和 $C_{m\dot\alpha}$ 都定义为"俯仰阻尼"，但人们并没有将两者合并起来。此外，典型的动态风洞试验通常也是得到 $C_{m\dot\alpha}$ 与 C_{mq1} 相加的和值。由于两者总是在一起形成俯仰阻尼项，因此，在本书的动力学模型中，也将两者合并考虑。过去，人们付出了很大努力将 C_{mq} 和 $C_{m\dot\alpha}$ 分离开来，获得各自的值，现在看来是没有必要的。

3.5 中立点

本章前几节的一大收获是，通过引入了平尾，使得重心可以置于翼-身气动中心之后，而飞机依然保持俯仰方向上的稳定性（也就是具有稳定的短周期动力特性）。这里出现一个问题，重心可以向后移动多少，是什么限制了后重心位置？

接下来，让我们再次对 $C_{m\alpha}$ 的表达式进行讨论。

$$C_{m\alpha} = C_{L\alpha}^{wb}(h_{CG} - h_{AC}^{wb}) - V_H C_{L\alpha}^t(1-\varepsilon_\alpha)$$

通常，等号右边第二项是尾翼引起的变化，该项（包括前面的减号）为负值（起稳定作用）。当重心位于 AC^{wb} 之后时，第一项（翼-身）为正值（起不稳定作用）。随着重心继续后移，第一项正值越来越大。显然，在给定平尾容积比（HTVR，V_H）的情况下，在某点处第一项和第二项将相互抵消，使得 $C_{m\alpha}$ 为零。该点可以看作是稳定和不稳定的界限。若重心继续后移将会导致 $C_{m\alpha}$ 值为正，短周期模态不稳定。因为它提供俯仰"中立"稳定（既不是稳定的，也不是不稳定的），这一点就叫做中立点（neutral point，NP）。

注意，严格上来说第二项（尾翼）与重心位置相关，因为参数 V_H 中包含长度 l_t，l_t 又等于 $X_{AC}^t - X_{CG}$。这个影响通常很小，因此暂且忽略，但后续会简要阐述。

这样，中立点就是使得 $C_{m\alpha}$ 为零的重心位置。令式（3.24b）中 $C_{m\alpha}$ 等于零，可以确定该点位置，相应的重心位置 h_{CG} 标记为 h_{NP}，NP 代表中立点。

$$0 = C_{L\alpha}^{wb}(h_{NP} - h_{AC}^{wb}) - V_H C_{L\alpha}^t (1-\varepsilon_\alpha) \tag{3.26}$$

求解 h_{NP}，得到

$$h_{NP} = h_{AC}^{wb} + V_H \frac{C_{L\alpha}^t}{C_{L\alpha}^{wb}} (1-\varepsilon_\alpha) \tag{3.27}$$

显然，如果没有平尾的话，式（3.27）右侧就没有第二项，则

$$h_{NP} = h_{AC}^{wb}$$

换句话，对单独的翼-身来说，为了使 $C_{m\alpha}$ 为负（稳定条件），重心需要保持在 AC^{wb} 之前，但是这样会给配平带来问题，如之前所做的分析。

式（3.27）右侧第二项是平尾作用项。由于该项为正值，允许重心移到 AC^{wb} 之后。又由于 $C_{L\alpha}^t/C_{L\alpha}^{wb} \approx 1$，决定中立点位置的关键因素就是平尾的尾容积比 V_H。回想一下，平尾容积比的值是由两个比值构成，即

$$V_H = \left(\frac{S_t}{S}\right)\left(\frac{l_t}{c}\right)$$

其中第一项 S_t/S 确定平尾尺寸（相对于机翼面积），第二项 l_t/c 则是确定尾翼的力臂（相对于机翼平均气动弦长）。尾翼尺寸 S_t 和尾翼距离重心处的力臂 l_t 是设计者可以选择的两个主要参数，以决定中立点位置。

式（3.27）中 $1-\varepsilon_\alpha$ 项表明，下洗效应通过 ε_α 项降低了尾翼的效率。如果 $\varepsilon_\alpha \approx 0.3 \sim 0.4$，那么意味着尾翼的实际作用只有 60%～70% 的效率。

▷ **例 3.6　中立点计算。**

针对例 3.4 中的数据，确定中立点：

将数值代入式（3.27），有

$$h_{NP} = h_{AC}^{wb} + V_H \left(\frac{C_{L\alpha}^t}{C_{L\alpha}^{wb}}\right)(1-\varepsilon_\alpha) = h_{AC}^{wb} + 0.34 \times \left(\frac{0.1}{0.08}\right) \times (1-0.35)$$

因此，$h_{NP} = h_{AC}^{wb} + 0.276$。

参考图 3.11，图中对飞机上各个位置作了标注，还绘制了机翼的平均气动弦长。例 3.4 的数据中没有给出 h_{AC}^{wb} 的绝对位置，但是可以合理地假设它位于 1/4 弦长处，也就是 $h_{AC}^{wb} \approx 0.25$。已知 $h_{CG} - h_{AC}^{wb} = 0.11$，则 $h_{CG} \approx 0.36$。又 $h_{NP} - h_{AC}^{wb} = 0.276$，所以 $h_{NP} \approx 0.526$，恰好约等于 1/2 平均气动弦长。如果我们没有飞机的相关信息，可以首先推测 $h_{NP} \approx 0.5$ 平均气动弦长。这样，就知道重心必须位于该点之前。

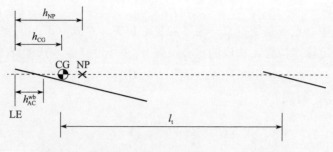

图 3.11 例 3.6 示意图（$h_{CG} \approx 0.36$，$h_{NP} \approx 0.526$）

3.5.1 静稳定裕度

回顾式（3.24b），重新组织各项如下：

$$C_{m\alpha} = C_{L\alpha}^{wb}\left\{h_{CG} - \underbrace{\left[h_{AC}^{wb} + V_H\left(\frac{C_{L\alpha}^{t}}{C_{L\alpha}^{wb}}\right)(1-\varepsilon_\alpha)\right]}_{h_{NP}}\right\}$$

标记部分等于 h_{NP}。这样式（3.24b）又可以写为

$$C_{m\alpha} = C_{L\alpha}^{wb}(h_{CG} - h_{NP}) \tag{3.28}$$

无量纲距离 $h_{CG} - h_{NP}$ 称为静稳定裕度（static margin，SM）。

$$SM = h_{CG} - h_{NP} \tag{3.29}$$

式（3.28）明确表示出，只要重心在中立点 NP 之前（即 SM 为正值），$C_{m\alpha}$ 将为负，就满足了飞机俯仰稳定（短周期模态）的条件之一。

3.5.2 中立点作为全机的气动中心

根据式（3.24），C_{mCG} 的通用表达式可写为

$$C_{mCG} = C_{m0} + C_{m\alpha}\alpha \tag{3.30}$$

其中忽略了 $\dot{\alpha}$ 项，这对于仅讨论飞机的配平和刚度来说是没有影响的。

不考虑尾翼（只有翼-身），我们可以将 C_{mCG} 写为

$$C_{mCG} = [C_{mAC}^{wb} + C_{L0}^{wb}(h_{CG} - h_{AC}^{wb})] + [C_{L\alpha}^{wb}(h_{CG} - h_{AC}^{wb})]\alpha \tag{3.31}$$

现在考虑重心恰好与气动中心重合的情况，也就是 $h_{CG} - h_{AC}^{wb} = 0$。这样，式（3.31）缩减为

$$C_{mCG} = C_{mAC}^{wb}$$

它不随 α 变化，因为式（3.30）中 α 项的系数为零，读者可能还记得我们对气动中心的定义，即该点处的俯仰力矩（系数 C_m）独立于迎角。

加入尾翼后,使用式(3.28)关于 $C_{m\alpha}$ 的表达式,则对于翼-身-尾系统关于 C_{mCG} 的式(3.30)表示为

$$C_{mCG} = [C_{mAC}^{wb} + C_{L0}^{wb}(h_{CG}-h_{AC}^{wb}) + V_H C_{L\alpha}^t(i_t+\varepsilon_0)] + [C_{L\alpha}^{wb}(h_{CG}-h_{NP})]\alpha \quad (3.32)$$

从式(3.27),我们可以得到 h_{AC}^{wb} 的表达式:

$$h_{AC}^{wb} = h_{NP} - V_H \left(\frac{C_{L\alpha}^t}{C_{L\alpha}^{wb}}\right)(1-\varepsilon_\alpha)$$

将该表达式代入式(3.32),得到用 h_{NP} 表示的 C_{mCG} 表达式:

$$C_{mCG} = \left[C_{mAC}^{wb} + C_{L0}^{wb}(h_{CG}-h_{NP}) + C_{L0}^{wb}V_H\left(\frac{C_{L\alpha}^t}{C_{L\alpha}^{wb}}\right)(1-\varepsilon_\alpha) + V_H C_{L\alpha}^t(i_t+\varepsilon_0)\right] +$$
$$[C_{L\alpha}^{wb}(h_{CG}-h_{NP})]\alpha \quad (3.33)$$

现在,考虑重心与 NP 重合的情况,也就是 $h_{CG}-h_{NP}=0$。这样,式(3.33)变为如下形式:

$$C_{mCG} = \left[C_{mAC}^{wb} + C_{L0}^{wb}V_H\left(\frac{C_{L\alpha}^t}{C_{L\alpha}^{wb}}\right)(1-\varepsilon_\alpha) + V_H C_{L\alpha}^t(i_t+\varepsilon_0)\right] = C_{mNP} \quad (3.34)$$

根据定义,C_{mNP}(因为已将重心位置设置于中立点)同样独立于 α。通过设定 $h_{CG}=h_{NP}$,式(3.33)中 α 项的系数变为零。

这样,与单独翼-身一样,增加尾翼后中立点的位置也是俯仰力矩系数独立于迎角的位置。换句话说,中立点是全机(翼-身加尾翼)的"气动中心"。

📖 **家庭作业**:尽管式(3.32)具有一定作用,但其关于 C_{mCG} 的表达不够简洁。你能否推导出如下更简洁的 C_{mCG} 表达式:

$$C_{mCG} = C_{mNP} + C_L^{wb}(h_{CG}-h_{NP}) \quad (3.35)$$

其中,C_{mNP} 是俯仰力矩系数在全机中立点的值,如式(3.34)所示,C_L^{wb} 是翼-身单独的升力系数,表达式为 $C_L^{wb} = C_{L\alpha}^{wb}(\alpha+\alpha_0) = C_{L\alpha}^{wb}\alpha + C_{L0}^{wb}$。

大作业:有人可能会认为,式(3.35)从逻辑上应该写为

$$C_{mCG} = C_{mNP} + C_L(h_{CG}-h_{NP}) \quad (3.36)$$

其中 C_L 是全机的升力系数,不是单独翼-身的升力系数,这有可能是正确的。你能够找出式(3.35)中轻微错误的原因吗?相比之下,式(3.36)更合适也更正确。

该讨论还表明,表示全机(机-翼加尾翼)受力的一个好方法是,将俯仰力矩(系数 C_{mNP})和升力、阻力(系数 C_L,C_D)置于飞机中立点处,如图 3.12 所示。如果将升力、阻力和俯仰力矩置于其他点上,它们的值都会随着迎角变化而变化,但是关于中立点的净力矩并没有变化。通过将所有力和力矩置于中立点,就可以轻松地实现力矩不随迎角变化的目标,因为升力和阻力

的任何变化都不会产生关于该点的力矩,而该点的俯仰力矩也不随迎角变化,这便于人们进行相关分析。

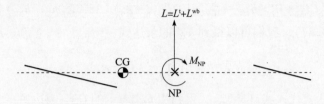

图 3.12 力和力矩关于飞机中立点的示意图

3.6 用 V'_H 代替 V_H

图 3.13 中给出了机翼和尾翼组合示意,并对各个特征点和距离进行了标注。注意 l_t 是尾翼的气动中心和重心之间的距离,l'_t 是 AC^t 和 AC^{wb} 之间的距离。到目前为止,我们一直在使用 l_t 定义各种量,如 V_H,并导出 C_L 和 C_m 的表达式。然而,重心并不是一个固定的位置,飞行中会发生一定的变化。随着重心位置变化,l_t 也会发生变化,这就显得有些复杂。如果忽略这些变化,目前为止我们也是这么处理的,错误可能不会太严重,但还是会对分析结果造成影响。另一种方法是采用 l'_t 作为参考变量,l'_t 是尾翼气动中心和翼-身气动中心之间的距离。两者之间的关系是

$$l_t = l'_t - (X_{CG} - X^{wb}_{AC}) \quad \text{或} \quad \frac{l_t}{c} = \frac{l'_t}{c} - (h_{CG} - h^{wb}_{AC}) \tag{3.37}$$

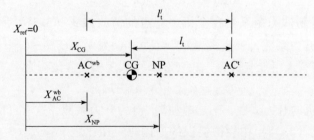

图 3.13 翼-身加尾翼的不同特征点及距离示意图

由于 AC^{wb} 在飞机上的位置相对固定,因此对于给定构型的飞机来说,将 l'_t 视为常数是合理的。

类似的,在定义平尾容积比 V_H 时,有

$$\frac{S_t l_t}{Sc} = \frac{S_t l'_t}{Sc} - \frac{S_t}{S}(h_{CG} - h^{wb}_{AC})$$

也就是

$$V_H = V'_H - \frac{S_t}{S}(h_{CG} - h_{AC}^{wb}) \tag{3.38}$$

现在，回过头来，用这些表达式代替 C_m 表达式（3.24）中的 l_t 和 V_H：

$$C_{m0} = C_{mAC}^{wb} + (h_{CG} - h_{AC}^{wb})[C_{L0}^{wb} - \frac{S_t}{S}C_{L\alpha}^t(i_t + \varepsilon_0)] + V'_H C_{L\alpha}^t(i_t + \varepsilon_0) \tag{3.24'a}$$

$$C_{m\alpha} = (h_{CG} - h_{AC}^{wb})[C_{L\alpha}^{wb} + \frac{S_t}{S}C_{L\alpha}^t(1-\varepsilon_\alpha)] - V'_H C_{L\alpha}^t(1-\varepsilon_\alpha) \tag{3.24'b}$$

$$C_{m\dot\alpha} = [V'_H - \frac{S_t}{S}(h_{CG} - h_{AC}^{wb})]C_{L\alpha}^t \varepsilon_{\dot\alpha} \tag{3.24'c}$$

注意 l_t 没有在 C_L 的表达式（3.17）中出现，这是因为升力系数与尾翼的力臂无关；而力矩跟尾翼力臂相关。

式（3.24'a）中，中括号内的表达式正是 C_{L0}（见式（3.17a）），这样式（3.24'a）可写为

$$C_{m0} = C_{mAC}^{wb} + C_{L0}(h_{CG} - h_{AC}^{wb}) + V'_H C_{L\alpha}^t(i_t + \varepsilon_0) \tag{3.39}$$

注意，在式（3.39）中，式（3.24a）中的 C_{L0}^{wb} 被替换为 C_{L0}，C_{L0} 是针对全机的，由式（3.17a）给出。

接下来，考察关于 $C_{m\alpha}$ 的表达式（3.24'b），中括号内的表达式正是 $C_{L\alpha}$（见式（3.17b）），因此，有

$$C_{m\alpha} = C_{L\alpha}(h_{CG} - h_{AC}^{wb}) - V'_H C_{L\alpha}^t(i_t - \varepsilon_0) \tag{3.40}$$

其中，式（3.24b）中 $C_{L\alpha}^{wb}$ 项被替换为全机的 $C_{L\alpha}$。

类似的，使用式（3.17c），可以重新书写 $C_{m\dot\alpha}$ 的表达式（3.24'c）为

$$C_{m\dot\alpha} = [V'_H C_{L\alpha}^t \varepsilon_{\dot\alpha} + (h_{CG} - h_{AC}^{wb})C_{L\dot\alpha}]$$

3.6.1 改写 NP 的表达式

从 $C_{m\alpha}$ 表达式（3.40）中能获得 NP 的表达式吗？

如之前一样，NP 是 $C_{m\alpha}=0$ 的重心位置。因此，从式（3.40），有

$$0 = C_{L\alpha}(h_{NP} - h_{AC}^{wb}) - V'_H C_{L\alpha}^t(1-\varepsilon_\alpha)$$

这样可以解得 h_{NP} 为

$$h_{NP} = h_{AC}^{wb} + V'_H(C_{L\alpha}^t/C_{L\alpha})(1-\varepsilon_\alpha) \tag{3.41}$$

由于 $1-\varepsilon_\alpha \approx 0.6 \sim 0.7$，$C_{L\alpha}^t/C_{L\alpha} \approx 1$，因此 $(h_{NP} - h_{AC}^{wb})$ 就主要依赖于 V'_H——微调后的平尾容积比。换句话说，尾翼面积越大，离机翼越远，所允许的重心位置就可以向后距离 AC 越远，同时可以保持短周期模态的稳定性。

所以，从概念上来说，没有作任何改变，只是在式（3.41）中将以前 h_{NP} 表达式中的 $V_H/C_{L\alpha}^{wb}$ 改为了 $V_H'/C_{L\alpha}$。

那么，包含 $V_H/C_{L\alpha}^{wb}$ 的表达式和包含 $V_H'/C_{L\alpha}$ 的表达式，所得到的 h_{NP} 是否一致呢？会有区别吗？

从下面的推导来看，是一样的：

$$\frac{V_H'}{C_{L\alpha}} = \frac{\left[V_H + \left(\frac{S_t}{S}\right)(h_{CG} - h_{AC}^{wb})\right]}{\left[C_{L\alpha}^{wb} + \left(\frac{S_t}{S}\right) C_{L\alpha}^t (1-\varepsilon_\alpha)\right]}$$

$$= \left(\frac{V_H}{C_{L\alpha}^{wb}}\right) \frac{[1 + (S_t/S)(h_{CG} - h_{AC}^{wb})/V_H]}{[1 + (S_t/S)(C_{L\alpha}^t/C_{L\alpha}^{wb})(1-\varepsilon_\alpha)]} \quad (3.42)$$

由式（3.27）

$$\frac{C_{L\alpha}^t}{C_{L\alpha}^{wb}}(1-\varepsilon_\alpha) = \frac{(h_{NP} - h_{AC}^{wb})}{V_H}$$

可以将式（3.42）写为

$$\frac{V_H'}{C_{L\alpha}} = \left(\frac{V_H}{C_{L\alpha}^{wb}}\right) \frac{[1 + (S_t/S)(h_{CG} - h_{AC}^{wb})/V_H]}{[1 + (S_t/S)(h_{NP} - h_{AC}^{wb})/V_H]} \quad (3.43)$$

注意分子 h_{CG} 和分母中 h_{NP} 的区别。定义 NP 时，我们对 CG 处于 NP 点的情况进行了讨论。因此，在这种情况下 $h_{NP}=h_{CG}$。这样 $V_H'/C_{L\alpha}=V_H/C_{L\alpha}^{wb}$，两种表达式可以得到同样的中立点位置。

3.6.2 中立点作为全机的气动中心

我们在式（3.35）中推导出如下表达式：

$$C_{mCG} = C_{mNP} + C_L^{wb}(h_{CG} - h_{NP})$$

重心处的俯仰力矩系数 C_{mCG} 是关于中立点处的俯仰力矩系数 C_{mNP} 的表达式，而中立点处的俯仰力矩系数与迎角无关。现在可以使用 V_H' 而不是 V_H 来更好地处理这个问题。

从 C_{m0} 的表达式（3.39）可知：

$$C_{m0} = C_{mAC}^{wb} + C_{L0}(h_{CG} - h_{AC}^{wb}) + V_H' C_{L\alpha}^t (i_t + \varepsilon_0)$$

同时应用式（3.41）将 h_{AC}^{wb} 写为

$$h_{AC}^{wb} = h_{NP} - V_H'(C_{L\alpha}^t/C_{L\alpha})(1-\varepsilon_\alpha)$$

得到

$$C_{m0} = C_{mAC}^{wb} + C_{L0}(h_{CG} - h_{NP}) + C_{L0} V_H' \left(\frac{C_{L\alpha}^t}{C_{L\alpha}}\right)(1-\varepsilon_\alpha) + V_H' C_{L\alpha}^t (i_t + \varepsilon_0)$$

也就是

$$C_{m0} = C_{mAC}^{wb} + C_{L0}(h_{CG} - h_{NP}) + V'_H C_{L\alpha}^t \left[\left(\frac{C_{L0}}{C_{L\alpha}} \right)(1-\varepsilon_\alpha) + (i_t + \varepsilon_0) \right] \quad (3.44a)$$

当 $h_{NP} = h_{CG}$ 时

$$C_{m0} = C_{mNP} = C_{mAC}^{wb} + V'_H C_{L\alpha}^t \left[\left(\frac{C_{L0}}{C_{L\alpha}} \right)(1-\varepsilon_\alpha) + (i_t + \varepsilon_0) \right] \quad (3.44b)$$

重新排列各项，可以将式（3.44a）写为以下形式：

$$C_{m0} = \left[C_{mAC}^{wb} + V'_H C_{L\alpha}^t \left(\frac{C_{L0}}{C_{L\alpha}} \right)(1-\varepsilon_\alpha) + V'_H C_{L\alpha}^t (i_t + \varepsilon_0) \right] + C_{L0}(h_{CG} - h_{NP})$$

中括号内的项就是式（3.44b）中 C_{mNP} 的表达式，于是

$$C_{m0} = C_{mNP} + C_{L0}(h_{CG} - h_{NP}) \quad (3.44c)$$

类似地，从式（3.40）可知 $C_{m\alpha}$ 的表达式

$$C_{m\alpha} = C_{L\alpha}(h_{CG} - h_{AC}^{wb}) - V'_H C_{L\alpha}^t (1-\varepsilon_\alpha)$$

重新排列各项，得

$$C_{m\alpha} = C_{L\alpha} \left\{ h_{CG} - \left[h_{AC}^{wb} + V'_H \left(\frac{C_{L\alpha}^t}{C_{L\alpha}} \right)(1-\varepsilon_\alpha) \right] \right\} \quad (3.40a)$$

从式（3.41），可以看出中括号中的表达式就是 h_{NP} 的表达式，因此

$$C_{m\alpha} = C_{L\alpha}(h_{CG} - h_{NP}) \quad (3.45)$$

根据式（3.44）和式（3.45），我们可以将俯仰力矩系数 C_{mCG} 的静态部分合在一起（忽略 $\dot{\alpha}$ 项）：

$$C_{mCG} = C_{m0} + C_{m\alpha}\alpha = [C_{mNP} + C_{L0}(h_{CG} - h_{NP})] + [C_{L\alpha}(h_{CG} - h_{NP})]\alpha \quad (3.46)$$

合并式（3.46）等号右端的两项：

$$C_{mCG} = C_{mNP} + (C_{L0} + C_{L\alpha}\alpha)(h_{CG} - h_{NP})$$

对全机来说 $C_{L0} + C_{L\alpha}\alpha = C_L$，所以：

$$C_{mCG} = C_{mNP} + C_L(h_{CG} - h_{NP}) \quad (3.47)$$

这意味着什么呢？这表示，飞机重心处的俯仰力矩系数，可以写为纯力矩 C_{mNP}（与迎角无关）和由中立点处的升力（系数，C_L）通过力臂（$h_{CG} - h_{NP}$）在重心处产生的力矩之和。

正如翼-身的纯力矩（C_{mAC}^{wb}，不随迎角变化）及其升力（C_L^{wb}）置于翼-身气动中心一样，全机的纯力矩和升力系数也可以置于 NP 处。

换句话说，中立点 NP 就是全机的气动中心。

3.6.3 再次讨论配平和稳定

从式（3.47）可以得到配平 C_L 为

$$C_L^* = -\frac{C_{m\mathrm{NP}}}{(h_{\mathrm{CG}} - h_{\mathrm{NP}})} \tag{3.48}$$

当 $C_{m\mathrm{NP}} > 0$ 时（有水平尾翼时通常如此），为获得正的 C_L^*，要求 $(h_{\mathrm{CG}} - h_{\mathrm{NP}}) < 0$，也就是 CG 必须位于 NP 之前。

根据式（3.45），当 $h_{\mathrm{CG}} - h_{\mathrm{NP}} < 0$ 和 $C_L^* > 0$ 时，可以得到负的 $C_{m\alpha}$。因此这样的安排可以满足俯仰稳定性（稳定的短周期动力学特性）。

本章形式多样的表达式可能会引起读者一定的困惑。为了便于对比，我们将所有相关表达式收集在表 3.1 中，供读者参考。

问题：哪一种表达式更正确——是含有 V_{H} 还是含有 V_{H}' 的形式？查看表 3.1，含有 V_{H} 的表达式和相应的含有 V_{H}' 的表达式是完全等价的，读者在使用时，可根据不同数据特点来选择合适的表达式。

表 3.1 第 3 章公式总结

公式	编号
$C_L = C_{L0} + C_{L\alpha}\alpha + C_{L\dot{\alpha}}\dot{\alpha}(c/2V^*)$	式(3.17)
$C_{L0} = C_{L\alpha}^{\mathrm{wb}} - \dfrac{S_t}{S} C_{L\alpha}^{t}(i_t + \varepsilon_0)$	式(3.17a)
$C_{L0} = C_{L\alpha}^{\mathrm{wb}} - \dfrac{S_t}{S} C_{L\alpha}^{t}(1 - \varepsilon_\alpha)$	式(3.17b)
$C_{L\dot{\alpha}} = \dfrac{S_t}{S} C_{L\alpha}^{t} \varepsilon_{\dot{\alpha}}$	式(3.17c)
$C_{m\mathrm{CG}} = C_{m0} + C_{m\alpha}\alpha + C_{m\dot{\alpha}}\dot{\alpha}$	式(3.24)
$C_{m0} = C_{m\mathrm{AC}}^{\mathrm{wb}} + C_{L0}^{\mathrm{wb}}(h_{\mathrm{CG}} - h_{\mathrm{AC}}^{\mathrm{wb}}) + V_{\mathrm{H}} C_{L\alpha}^{t}(i_t + \varepsilon_0)$	式(3.24a)
$C_{m0} = C_{m\mathrm{AC}}^{\mathrm{wb}} + C_{L0}(h_{\mathrm{CG}} - h_{\mathrm{AC}}^{\mathrm{wb}}) + V_{\mathrm{H}}' C_{L\alpha}^{t}(i_t + \varepsilon_0)$	式(3.39)
$C_{m0} = C_{m\mathrm{NP}} + C_{L0}(h_{\mathrm{CG}} - h_{\mathrm{NP}})$	式(3.44c)
$C_{m\alpha} = C_{L\alpha}^{\mathrm{wb}}(h_{\mathrm{CG}} - h_{\mathrm{AC}}^{\mathrm{wb}}) - V_{\mathrm{H}} C_{L\alpha}^{t}(1 - \varepsilon_\alpha)$	式(3.24b)
$C_{m\alpha} = C_{L\alpha}(h_{\mathrm{CG}} - h_{\mathrm{AC}}^{\mathrm{wb}}) - V_{\mathrm{H}}' C_{L\alpha}^{t}(1 - \varepsilon_\alpha)$	式(3.40)
$C_{m\alpha} = C_{L\alpha}(h_{\mathrm{CG}} - h_{\mathrm{NP}})$	式(3.45)*
$C_{m\dot{\alpha}} = V_{\mathrm{H}} C_{L\dot{\alpha}}^{t} \varepsilon_{\dot{\alpha}}$	式(3.24c)
$C_{m\dot{\alpha}} = (h_{\mathrm{CG}} - h_{\mathrm{AC}}^{\mathrm{wb}}) C_{L\dot{\alpha}} + V_{\mathrm{H}}' C_{L\alpha}^{t} \varepsilon_{\dot{\alpha}}$	
$C_{m\mathrm{CG}} = C_{m\mathrm{NP}} + C_L(h_{\mathrm{CG}} - h_{\mathrm{NP}})$	式(3.47)*
$h_{\mathrm{NP}} = h_{\mathrm{AC}}^{\mathrm{wb}} + V_{\mathrm{H}}\left(\dfrac{C_{L\alpha}^{t}}{C_{L\alpha}^{\mathrm{wb}}}\right)(1 - \varepsilon_\alpha)$	式(3.27)
$h_{\mathrm{NP}} = h_{\mathrm{AC}}^{\mathrm{wb}} + V_{\mathrm{H}}'\left(\dfrac{C_{L\alpha}^{t}}{C_{L\alpha}}\right)(1 - \varepsilon_\alpha)$	式(3.41)

3.7 重心移动的影响

读者已经看到，飞机重心位置的选择对其配平和稳定特性有着重要影响，也已经了解对于给定的重心位置，如何选择平尾参数 i_t 和 V_H，以获得理想的设计配平点和稳定性水平。完成以上工作后，我们还必须计算出重心在飞行中的移动情况。

飞机在飞行中可能有多种原因导致重心位置移动，燃料消耗和质量（货物、储存物等）抛投是主要原因。对于小型飞机，乘客重量分布也是决定重心的一个重要因素。

为了解重心位置变化对飞机配平和稳定性的影响，参考图 3.12，将飞机的净升力 C_L 和俯仰力矩 C_{mNP} 置于中立点处，并首先从物理意义上进行探讨。

假设重心后移一小段距离（向后移动靠近图 3.12 中的中立点位置）。

- 随着力臂变小，由于 C_L 产生的重心处低头力矩减小。
- 因此，等效于产生一个抬头力矩。
- 飞机会抬头至一个更大的迎角。
- 在更大的迎角下，通常会有更大的 C_L。
- 增加的升力通过同样的力臂，会在重心处产生额外的低头力矩。
- 这将减小之前产生的抬头力矩，直到 $C_{mNP} + C_L(h_{CG} - h_{NP}) = 0$，从而建立了新的配平点。这时，飞机处于更大的配平迎角。

说明：有时可以近似用 C_L^{wb} 代替 C_L，用 $C_{L\alpha}^{wb}$ 代替 $C_{L\alpha}$。式（3.47）中没有包含 $C_{m\dot{\alpha}} \dot{\alpha} \, (c/2V^*)$ 项。

现在，从表 3.1 中找到俯仰力矩表达式：

通常，$C_{L0} \approx 0$，所以式（3.44c）保留以下重要的项：

$$C_{m0} = C_{mNP} + C_{L0}(h_{CG} - h_{NP}) \approx C_{mNP}$$

可以看出，C_{m0} 几乎不受 h_{CG} 变化的影响。但是，从式（3.45）

$$C_{m\alpha} = C_{L\alpha}(h_{CG} - h_{NP}) = -C_{L\alpha} \cdot SM$$

重心后移减少了静稳定裕度，$SM = h_{NP} - h_{CG}$，这样 $C_{m\alpha} = -C_{L\alpha} \times SM$ 的量值也会减少。也就是，重心在向后移动靠近 NP 点时，稳定性会减小。我们已经知道，丧失稳定性的重心后移绝对极限就是在 NP 点处。

反之，当重心前移，远离 NP，稳定性增加。

最后，让我们结合图形看一下：

使用例 3.4 和例 3.5 中的数据，画出 C_m 随 α 的变化（采用线性近似），如图 3.14 所示。

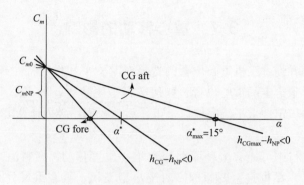

图 3.14 重心位置移动对 C_m-α 曲线的影响

概括地说，在设计点处 $C_{m0} = 0.06$ 和 $C_{m\alpha} = -0.0133/(°)$，对应于 $\alpha^* = 4.5°$，$C_L^* = 0.362$。这定义了图 3.14 中穿过 α^* 的直线。

记住，C_{m0} 基本不随重心的移动而变化。

随着重心后移，斜率 $C_{m\alpha}$ 负值变小，因此，在图 3.14 中，直线会上摆，与 α 轴在更大迎角处相交（相应地升力也增加）。类似地，随着重心前移，直线下摆，与 α 轴在更小迎角处相交，如图中所标注。

图 3.14 显示了重心位置移动对 C_m-α 曲线的影响，实际应用中，最大重心后移位置——"后重心"位置对应于着陆迎角配平状态，此迎角通常取为 15°。

随着配平迎角 α（和升力系数 C_L）不同，配平速度 V^* 也会不同，配平速度发生变化会造成不便。那么怎样补偿重心移动造成的影响，来保持相同的配平飞行条件呢？我们将在下一章中进行讨论。

⫸ **例 3.7** 想象一架飞机仅通过重心移动来获得不同的配平状态。使用图 3.14 中相同的数据。我们希望让飞机以配平迎角 $\alpha^* = 15°$ 着陆，这是一般通用飞机和商务运输飞机的迎角上限。要想飞机在这个着陆迎角下配平，重心必须后移多少呢？

为了确定此极限位置，从 Y 轴 $C_{m0} = 0.06$ 到 X 轴上的 $\alpha^* = 15°$ 画一条直线，该直线的斜率就是 $C_{m\alpha}$，计算得到：

$$C_{m\alpha} = -\frac{0.06}{15} = -0.004/(°)$$

对应于 $C_{m\alpha}$ 的值，我们可以找到 CG 的位置：

$$C_{m\alpha} = C_{L\alpha}^{wb}(h_{CG} - h_{AC}^{wb}) - V_H C_{L\alpha}^t (1-\varepsilon_\alpha) - 0.004 = 0.08(h_{CG} - h_{AC}^{wb}) - 0.34 \times 0.1 \times (1-0.35)$$

$$(h_{CG} - h_{AC}^{wb}) = 0.226$$

这意味着，在着陆的时候，重心必须移到翼-身气动中心后 $0.226c$ 处。

从数据和先前的例子得知，设计配平点为 $\alpha^* = 4.5°$，CG 位于 AC^{wb} 后 $0.11c$ 处。现在，需要在 $\alpha^* = 15°$ 时配平，那么 CG 必须额外后移 $0.116c$。注意，本题中，中立点位于 AC^{wb} 后 $0.226c$ 处。

最后，我们得到 $\alpha^* = 15°$ 时新的配平升力系数 C_L^* 为

$$C_L^* = C_{L0} + C_{L\alpha}\alpha^* = -0.027 + 0.0865 \times 15 = 1.27$$

观察到，单靠重心移动配平到新的迎角必然会导致稳定性发生变化，而稳定性变化并不是人们所期望的。因此，在现实中，人们使用升降舵控制让飞机从一个配平状态转到另一个配平状态，而不改变稳定特性，这点本书将在第 4 章中讲述。

3.8 起飞时飞机装载和构型对"后重心"的限制

理论上，飞行中重心最靠后的位置与中立点位置一致，这里 $C_{m\alpha}$ 为零。而实际中，人们希望短周期稳定性的值是固定的，因此对于 $C_{m\alpha}$ 的负值有一定限制。后面，读者将看到如何获得所期望的 $C_{m\alpha}$ 值。

现在，让我们注意一下另一个限制"后重心"位置的因素，它来自飞机的起飞滑跑段。在起飞时，飞机抬起前轮，绕后轮旋转，通常允许旋转的角度约为 15°。参考图 3.15，飞机起飞时，后轮仍在地面，机头抬起约 15°。穿过后轮的虚线与地面法线成 15°角。这给出了飞机基准轴上的一个位置点，在图 3.15 中由黑色圆点标出。如果重心位于该点之后，飞机会头部翘起尾部着地，"坐"在跑道上。图 3.16 就是这样的一个例子。为了避免这种尴尬，飞机重心应该位于后限点（黑色圆点）之前，如图 3.15 所示。

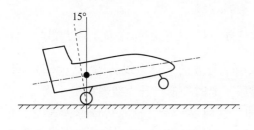

图 3.15　起飞滑跑时的飞机和最大允许"后重心"位置

图 3.16　不恰当载荷分布导致飞机尾部着地的案例

3.9 C_m，C_L 曲线——非线性特征

在结束本章之前，看看真实飞机 C_m、C_L 的变化趋势是有好处的。到目前

为止，我们的分析都是限于线性假设，通常在15°迎角（此角度随飞机不同而变化）范围内有效。这也是许多通用飞机和商用飞机的飞行可控限制，但是许多军用飞机会超出这个限制。图 3.17 给出了 F-18/HARV 飞机 C_m 和 C_L 曲线图。

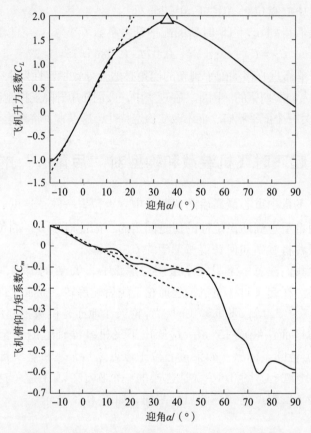

图 3.17　F-18/HARV 飞机 C_m 和 C_L 在迎角 $-14°\sim +90°$ 之间的变化（Δ：失速点）

可以看到，线性近似在 $\alpha<15°$ 区域是有效的，升力线斜率 $C_{L\alpha} \approx 6.3/\text{rad}$。超过这个区域后，没有马上出现传统意义上的失速。升力线斜率减小为 $C_{L\alpha} \approx 1.9/\text{rad}$，但是升力系数还将持续增加，直到 $\alpha=35°$，这点可以称为该飞机的"失速点"。α 超出 $35°$ 后，C_L 开始下降，但即使在 $\alpha=50°\sim 60°$ 范围仍然保持有较大的正升力。

从 C_m 随 α 的变化曲线来看，直至 $\alpha=10°$ 都保持了较好的线性特性，之后斜率（绝对值）减小，这表示短周期模态的稳定性下降。这种情况大约持续到 $\alpha=50°$ 左右，之后斜率出现增加的趋势。但是在这样大迎角区域内定义模态（如短周期模态）时要注意，在获得其方程和特性时所作的一些假设可能是不成立的。

练习题

3.1 考虑通用航空飞机的翼-身组构型，其特征如下：

$$C_{mAC}^{wb} = -0.04, \quad h_{AC}^{wb} = 0.25, \quad C_{L\alpha}^{wb} = 4.5/\text{rad}, \quad h_{CG} = 0.4$$

正弯机翼零升迎角为 $\alpha_0 = -2°$。

(1) 确定该飞机的配平迎角。

(2) 如果飞机重心移到 AC 之前 $h_{CG} = 0.1$ 处，配平迎角会发生什么变化？在新的配平条件下确定飞机的稳定性。

(3) 对于新的重心位置 $h_{CG} = 0.1$ 处，要求配平迎角为 $\alpha_{trim} = 5°$，那么 C_{mAC}^{wb} 应为多少？

3.2 某通用航空飞机的 C_m 随 α 变化曲线如图 3.18 所示，可以看到飞机的配平迎角为 $\alpha = 5°$。此配平条件下，飞机的重心位于 $h_{CG} = 0.25$ 处，静稳定裕度为 0.15。现要求飞机通过改变重心位置使得配平迎角为 $\alpha = 10°$。确定飞机新的重心位置和相应的静稳定裕度。

3.3 对于例 3.4 中的数据，假设 $S_t/S = 0.1$，$h_{CG} = 0.4$，确定机翼-身-尾构型的中立点位置。

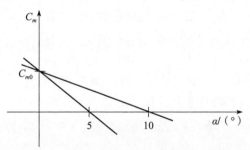

图 3.18 某通用航空飞机 C_m 随 α 的变化曲线

3.4 对于一个全动平尾构型飞机，可以通过改变平尾安装角来改变飞机的配平状态。此飞机 C_m 随 C_L 变化曲线如图 3.19 所示。

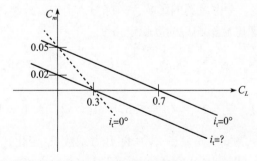

图 3.19 对应不同平尾安装角的 C_m-C_L 曲线

使用图 3.19 中给出的信息，并且 $C_{L\alpha}^{t}=4.5/\text{rad}$，$V_{H}=0.25$，确定①将飞机配平到 $C_{L}^{\text{trim}}=0.3$ 的平尾安装角；②在不偏转平尾情况下，将飞机配平到 $C_{L}^{\text{trim}}=0.3$ 的重心位置变化。

3.5 针对鸭翼加机翼构型，开展配平和稳定性分析（类似本章中对增加后部平尾所作的分析），并证明在此情况下 $C_{mCG}=C_{mNP}+C_{L}(h_{CG}-h_{NP})$。
【提示：本例中需要考虑机翼涡在鸭翼处产生的上洗，这会增加鸭翼的有效迎角，并忽略鸭翼对机翼的下洗影响。】

3.6 某导弹（弹体加尾翼构型）由圆柱体弹身、前体和尾翼构成，弹身圆形截面的直径为 D，面积为 S。尾翼升力曲线斜率为 $0.1/(°)$。其他数据：$S_t/S=1.33$，$l_t/D=4.5$，$C_{m\alpha,\text{fuselage}}=0.4/(°)$。要使得导弹在 5° 迎角配平，求出所需的尾翼安装角。

3.7 从涡桨发动机的螺旋桨叶尖过来的气流叫做螺旋桨滑流，它会间接改变飞机的俯仰力矩特性，从而影响配平和稳定特性。这主要是由于尾翼处于滑流尾迹内，进而影响下洗。由涡桨气流的尾翼对俯仰稳定性的贡献可采用公式建模（飞机的稳定性和控制，C. D. Perkins and R. E. Hage，第五章，John Wiley and Sons Publications，1949）

$$\left(\frac{\mathrm{d}C_m}{\mathrm{d}C_L}\right)_t = -\frac{C_{L\alpha}^{t}}{C_{L\alpha}^{\text{wb}}}V_H\left(1-\frac{\mathrm{d}\varepsilon}{\mathrm{d}\alpha}-\frac{\mathrm{d}\varepsilon_p}{\mathrm{d}\alpha}\right)\left(\frac{v_s}{V}\right)^2 - V_H C_{L\alpha}^{t}\frac{\mathrm{d}\left(\frac{v_s}{V}\right)^2}{\mathrm{d}C_L}$$

这里 v_s 是螺旋桨滑流速率，$\mathrm{d}\varepsilon_p/\mathrm{d}\alpha$ 是涡桨下洗斜率，该值总是为正（产生不稳定影响），$\mathrm{d}(v_s/V)^2/\mathrm{d}C_L$ 总为正值（如果 C_L^{t} 为正，该值具有稳定效应；如果 C_L^{t} 为负，则该值具有不稳定效应）。第二项可以有效减少重心后移产生的不稳定影响。你知道是怎样实现这一控制效果的吗？

3.8 某涡桨飞机在海平面水平飞行，配平飞行速度为 $V=100\text{m/s}$，配平迎角为 $\alpha=1°$。飞机在此配平条件下具有俯仰稳定性，单独考虑翼-身时静稳定裕度为 0.3。考虑尾翼的影响，由练习 3.7 中公式给出。根据下面的数据，计算考虑尾翼影响后的静稳定裕度：

$$W=27776\text{N}, \quad S=22.48\text{m}^2, \quad \frac{\mathrm{d}\varepsilon}{\mathrm{d}\alpha}=0.35, \quad \frac{\mathrm{d}\varepsilon_p}{\mathrm{d}\alpha}=0.55, \quad \left(\frac{v_s}{V}\right)^2=0.9,$$

$$\frac{S_t}{S}=0.2, \quad i_w=2°, \quad C_{L\alpha}^{\text{wb}}=5.57/\text{rad}, \quad C_{L\alpha}^{t}=6.1/\text{rad}, \quad V_H=0.6$$

其中，i_w 是机翼安装角。$(v_s/V)^2$ 随升力系数 C_L 变化，通过关系式 $(v_s/V)^2=(1+8T_c/\pi)$ 给出。$T_c=(T/\rho V^2 D^2)$ 是推力系数与推力输出值 T 的

关系，ρ 是空气密度，D 是涡桨桨盘直径。此外，T_c 与 C_L 之间关系为 $T_c = Kn_P C_L^{3/2}$。K 是常值比例系数，常值，取决于发动机额定功率、翼载、桨盘直径，n_P 是螺旋桨效率（C. D. Perkins and R. E. Hage 的《飞机的稳定性和控制》，第五章，John Wiley and Sons Publications，1949）。计算中，假设 $K=0.5$，$n_P=0.8$。

3.9 涡喷发动机对俯仰力矩系数的贡献可由下式表示：

$$(\Delta C_{mCG})_{jet} = \left(\frac{Th}{qSc}\right)$$

h 是推力线和飞机重心之间的垂直距离。假设非加速飞行条件，讨论涡喷发动机对飞机俯仰稳定性的贡献。

3.10 考虑翼-身和翼-身-尾（全机）组合的 $C_m - C_L$ 曲线如图 3.20 所示。使用下面的数据来确定 V_H 和 ε_0。

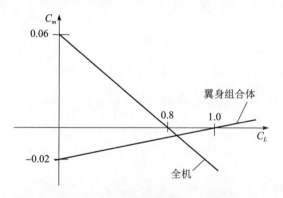

图 3.20 飞机和部件的 $C_m - C_L$ 曲线

$C_{L\alpha}^t = 6.7 \text{rad}$，$C_{L\alpha}^w = 5.1 \text{rad}$，$AR_w = 10$，$i_w = 2°$

3.11 机身对飞机俯仰稳定性的影响通常很小，而且是不稳定的影响。Max Munk(1920s) 和 Multhopp 建立了评估机身对 $C_{m\alpha}$ 影响的解析表达式。Hoak 在 1960 年基于试验相关性提出了更简洁的表达式。Hoak 提出的公式（源自 W. F. Phillips 的《飞行力学》，第 4 章，John Wiley and Sons Publications，2009）同样适用于评估发动机短舱和外部挂载对 $C_{m\alpha}$ 的影响。这些表达式为

$$\Delta C_{m,f} = \Delta C_{m0,f} + \Delta C_{m\alpha,f}\alpha$$

其中

$$\Delta C_{m0,f} = -2\frac{S_f l_f}{Sc}\left[1 - 1.76\left(\frac{2\sqrt{S_f/\pi}}{c_f}\right)^{3/2}\right]\alpha_{0f}$$

$$\Delta C_{m\alpha,f} = -2\frac{S_f l_f}{Sc}\left[1 - 1.76\left(\frac{2\sqrt{S_f/\pi}}{c_f}\right)^{3/2}\right]$$

式中：S_f 是机身沿长度的最大横截面面积；c_f 是机身长度；l_f 是机身压力中心位于飞机重心后的距离；α_{0f} 是机身最小阻力轴线与机身基准线的夹角。S 和 c 分别是机翼面积和机翼平均气动弦长。l_f 通常为负值，这使得机身贡献不稳定性。基于如下几何特征，请确定机身对俯仰稳定性的贡献：

机身最大直径 $d=2\mathrm{m}$，机身长度 $c_f=8.5\mathrm{m}$，机头到重心的距离 $X_{CG}=3\mathrm{m}$，机头到机身压力中心的距离 $X_{cp,f}=3.2\mathrm{m}$，$S=16\mathrm{m}^2$，$c=2\mathrm{m}$。

附录 3.1

忽略流动曲率的影响，升力和俯仰力矩完整形式如下。我们将在第 4 章中讨论升降舵控制导数和俯仰速率导数。

升力系数：
$$C_L = C_{L0} + C_{L\alpha}\alpha + C_{L\dot{\alpha}}\dot{\alpha}(c/2V^*) + C_{L\delta_e}\delta_e + C_{Lq1}(q_b - q_w)(c/2V^*) \quad (3\mathrm{A}.1)$$

其中
$$C_{L0} = C_{L0}^{wb} - \frac{S_t}{S}C_{L\alpha}^t(i_t + \varepsilon_0) \quad (3\mathrm{A}.2)$$

$$C_{L\alpha} = C_{L\alpha}^{wb} + \frac{S_t}{S}C_{L\alpha}^t(1 - \varepsilon_\alpha) \quad (3\mathrm{A}.3)$$

$$C_{L\dot{\alpha}} = -\frac{S_t}{S}C_{L\alpha}^t\varepsilon_{\dot{\alpha}} \quad (3\mathrm{A}.4)$$

$$C_{L\delta_e} = \left(\frac{S_t}{S}\right)C_{L\delta_e}^t \quad (3\mathrm{A}.5)$$

$$C_{Lq1} = 2V_H C_{L\alpha}^t \quad (3\mathrm{A}.6)$$

俯仰力矩系数：
$$C_{mCG} = C_{m0} + C_{m\alpha}\alpha + C_{m\dot{\alpha}}\dot{\alpha}(c/2V^*) + C_{m\delta_e}\delta_e + C_{mq1}(q_b - q_w)(c/2V^*) \quad (3\mathrm{A}.7)$$

其中
$$C_{m0} = C_{mAC}^{wb} + (h_{CG} - h_{AC}^{wb})C_{L0} + V_H' C_{L\alpha}^t(i_t + \varepsilon_0) \quad (3\mathrm{A}.8)$$

$$C_{m\alpha} = (h_{CG} - h_{AC}^{wb})C_{L\alpha} - V_H' C_{L\alpha}^t(1 - \varepsilon_\alpha) \quad (3\mathrm{A}.9)$$

$$C_{m\dot{\alpha}} = (h_{CG} - h_{AC}^{wb})C_{L\dot{\alpha}} + V_H' C_{L\alpha}^t \varepsilon_{\dot{\alpha}} \quad (3\mathrm{A}.10)$$

$$C_{m\delta_e} = (h_{CG} - h_{AC}^{wb})C_{L\delta_e} - V_H' C_{L\delta_e}^t \quad (3\mathrm{A}.11)$$

$$C_{mq1} = (h_{CG} - h_{AC}^{wb})C_{Lq1} - 2V_H' C_{L\alpha}^t\left(\frac{l_t}{c}\right) \quad (3\mathrm{A}.12)$$

第 4 章 纵向控制

平尾在飞机俯仰运动的配平和稳定性中起着关键作用。通过巧妙选择平尾的安装角 i_t 和平尾容积比 V_H,飞机可以在期望的迎角和速度下配平,并且俯仰运动(短周期动力特性)稳定(在第 2 章讨论的意义上)。读者也可看到,重心位置的变化会改变配平和稳定性。从另一个角度看,通过移动重心位置,飞机可以获得不同的配平速度,但是这里存在两个问题。首先,新的配平会伴随新的稳定性;其次,移动重心并不是一件容易的事(滑翔机或许容易做到)。所以,人们需要一个更好的装置帮助飞机从一个配平状态转到另一个配平状态,并能进行俯仰机动,而不会引入重心移动带来的缺点。

4.1 全动平尾

仔细研究一下第 3 章中推导出的俯仰力矩系数表达式,从中可以得到一个明显的答案。首先回顾一下这些等式:

$$C_{mCG} = C_{m0} + C_{m\alpha}\alpha + C_{m\dot{\alpha}}\dot{\alpha}(c/2V^*) \tag{3.24}$$

$$C_{m0} = C_{mAC}^{wb} + C_{L0}^{wb}(h_{CG} - h_{AC}^{wb}) + V_H C_{L\alpha}^t (i_t + \varepsilon_0) \tag{3.24a}$$

$$C_{m\alpha} = C_{L\alpha}^{wb}(h_{CG} - h_{AC}^{wb}) - V_H C_{L\alpha}^t (1 - \varepsilon_\alpha) \tag{3.24b}$$

$$C_{m\dot{\alpha}} = V_H C_{L\dot{\alpha}}^t \varepsilon_{\dot{\alpha}} \tag{3.24c}$$

从图 3.4(b) 的示意图中,我们知道将飞机从一个配平迎角 α^* 改变到另一个配平迎角的理想方法:向右平行移动斜率为 $C_{m\alpha}$ 的直线到一个更大的配平迎角 α^*,或向左平行移动到一个更小的配平迎角 α^*,斜率本身保持不变。这样,稳定性没有受到影响,仅仅是 X 轴上的配平点发生了变化。要使得该方法可行,Y 轴的截距 C_{m0} 必须发生改变。考察式(3.24),发现,通过改变 i_t,的确可以改变 C_{m0},而不改变 $C_{m\alpha}$。能够在飞行中改变安装角 i_t 的平尾,叫做全动平尾。

图 4.1 显示了全动平尾在不同安装角下的典型配平曲线。通过改变尾翼的安装角,C_m-α 曲线发生移动(曲线上移对应 i_t>0,翼前缘下偏;曲线下移对应 i_t<0,翼前缘上偏),而不改变曲线斜率。这样改变了曲线在 α 轴的截距

($C_m=0$)，也就是改变了配平迎角。

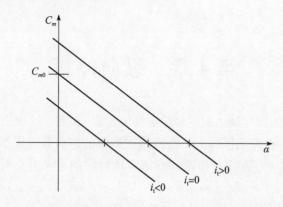

图 4.1 不同尾翼安装角下的 C_m-α 曲线（尾翼后缘向下为正）

工作过程是怎样的呢？当 i_t 发生改变，作用于重心的尾翼升力也就发生改变，产生一个不平衡的力矩，使得飞机抬头或低头，从而改变了迎角。这又使得全机升力发生变化，使飞机做拉起（轨迹上弯）或俯冲（轨迹下弯）机动。如果 i_t 固定于新的值，飞机最终会到达一个新的配平状态。

◁ **例 4.1** 许多高速飞机采用了全动平尾布局，知道是为什么吗？图 4.2 给出了 F-111 尾翼偏转到极限角度的例子。

然而，沿铰链偏转整个尾翼通常需要力量强大的（因此重量也更大）作动器，并且偏转面会增加尾翼阻力。对于大多数传统的翼-身加尾翼构型，可以通过偏转尾翼后缘一块小的舵面来获得同样的效果，叫做"升降

图 4.2 F-111 尾翼偏转

舵"，如第 2 章中所示。本章剩余部分，我们将研究如何使用升降舵对飞机进行配平和控制。

4.2 升降舵

图 4.3 给出了翼-身加水平尾翼构型示意图。我们看到在尾翼后缘连接着一小块舵面，这个就称为"升降舵"。升降舵和全动平尾的功能一样，但是偏转和保持升降舵所需的力量要小得多。

如图 4.3 所示，当升降舵后缘相对于尾翼轴线（通常与尾翼弦线一致）向下偏转，视为升降舵正偏转。相反，则视为升降舵负偏转。

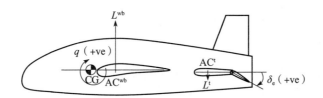

图 4.3 翼-身加平尾构型上的升降舵正（向下）偏转（ve-value）

控制面的符号约定来自于相应角速率符号。由于升降舵主要产生俯仰运动，相应的角速率也就是俯仰角速率。正的俯仰速率通过右手法则获得——当右手大拇指指向 Y^B 轴正方向（图4.3中指向纸面内部），其余手指弯曲的方向就是正的俯仰速率方向。这样，抬头（尾部向下）俯仰速率就设定为正。升降舵所在的水平尾翼后缘，按照手指弯曲的方向是向下偏转，因此，升降舵正偏转是指后缘下偏。换句话说，在图4.3中，俯仰速率 q 和升降舵偏 δ_e 的箭头方向均为顺时针方向。同样，对于鸭翼，顺时针方向意味着前缘朝上后缘朝下的偏转为正。

注意：正的升降舵偏转（后缘下偏）产生的是一个负的俯仰力矩和一个负的俯仰速率 q。

4.3 升降舵产生的尾翼升力

从示意图4.3可以清楚地看出，尾翼及安装其上的升降舵放置于重心后适当位置，其目的显然是利用尾翼上气动力（主要是升力）的变化来产生关于重心的力矩。下面我们看一下，升降舵偏转是如何影响尾翼升力的。

平尾通常采用对称翼型，如图4.4所示。当尾翼相对于来流保持迎角 α_t 时，产生作用于尾翼气动中心的升力 L^t 和阻力 D^t。由于本例中尾翼剖面的对称性，力矩 $M^t_{AC} \approx 0$。当升降舵处于中立位置（不偏转）时，情况就是这样的。

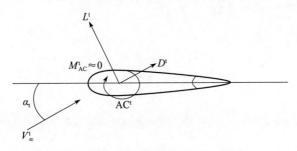

图 4.4 舵偏零偏转时尾翼上的力和力矩

已知尾翼升力系数的定义为

$$C_L^t = \frac{L^t}{\bar{q}S_t} \tag{4.1}$$

这里不过多考虑自由流动压 $\bar{q}$ 和尾翼处动压 $\bar{q}_t$ 之间可能存在的微小差别。用尾翼处的迎角表示为

$$C_L^t = \frac{\partial C_L^t}{\partial \alpha_t}\alpha_t = C_{L\alpha}^t \alpha_t \tag{4.2}$$

▷ **例 4.2** 计算尾翼处的升力。

下面的数据来自某大型运输机（翼-身加尾翼构型），飞机以 $V = 100\text{m/s}$ 速度在海平面飞行。

机翼相关数据如下：

$$C_{L0}^{wb} = 0.5, \quad C_{L\alpha}^{wb} = 4.44/\text{rad}, \quad S = 300\text{m}^2, \quad b = 60\text{m}$$

尾翼不后掠，平面面积 $S_t = 0.1S$，对称翼型剖面，相对于飞机基准轴的安装角为 $i_t = 3°$。基准轴相对于来流的迎角为 $15°$。尾翼升力曲线斜率估计为

$$C_{L\alpha}^t = 2\pi/\text{rad}(\text{根据薄翼理论})$$

为了确定尾翼迎角，使用表达式 $\alpha_t = \alpha - i_t - \varepsilon$，尾翼处的下洗角由以下公式计算：

$$\varepsilon = \frac{2C_L^{wb}}{\pi AR_w} = \frac{2C_{L0}^{wb}}{\pi AR_w} + \alpha\frac{2C_{L\alpha}^{wb}}{\pi AR_w} = \varepsilon_0 + \varepsilon_\alpha \alpha$$

使用已知数据，可得到机翼的展弦比 AR_w：

$$AR_w = \frac{b^2}{S} = \frac{60^2}{300} = 12$$

这样

$$\varepsilon_0 = \frac{2C_L^{wb}}{\pi AR_w} = \frac{2 \times 0.5}{\pi \times 12} = 0.0265\text{rad} = 1.52°$$

和

$$\varepsilon_\alpha = \frac{2C_{L\alpha}^{wb}}{\pi AR_w} = \frac{2 \times 4.44}{\pi \times 12} = 0.236$$

因此

$$\alpha_t = \alpha - \varepsilon_0 - \varepsilon_\alpha \alpha - i_t = 15° - 1.52° - 0.236 \times 15° - 3° = 6.94°$$

$$C_L^t = C_{L\alpha}^t \times \alpha_t = 2\pi \times \frac{\pi}{180} \times 6.94 = 0.761$$

$$L^{\text{t}} = \frac{1}{2}\rho_{\text{air}}V^2 S_{\text{t}} C_L^{\text{t}} = \frac{1}{2}\rho_{\text{air}} \times V^2 \times (0.1 \times S) \times C_L^{\text{t}}$$

$$= \frac{1}{2} \times 1.21 \times 100^2 \times 0.1 \times 300 \times 0.761 = 1381215\text{N}$$

$$L^{\text{wb}} = \frac{1}{2}\rho_{\text{air}}V^2 S C_L^{\text{wb}} = \frac{1}{2} \times 1.21 \times 100^2 \times 300 \times (C_{L0}^{\text{wb}} + C_{L\alpha}^{\text{wb}}\alpha)$$

$$= 0.5 \times 1.21 \times 100^2 \times 300 \times \left(0.5 + 4.44 \times 15 \times \frac{\pi}{180}\right)$$

$$= 3017236.547\text{N}$$

尾翼升力与机翼升力的比值为 $(L^{\text{t}}/L^{\text{wb}}) = 0.045$。

注意，在本例中，无舵面偏转时尾翼产生的升力仅为机翼产生升力的 4.5%。

怎样表示并建立含有升降舵的尾翼升力呢？至少在亚声速区域，升降舵偏转会改变尾翼弦向的升力分布，如图 4.5(a) 所描述的那样。舵偏向下（正）偏转会增加尾翼升力（反之亦然）。这样，就平尾升力而言，升降舵偏转与整个平尾偏转产生的效应基本相同。然而，在超声速飞行中，升降舵在改变上游水平尾翼升力分布方面不是很有效；其主要贡献来自于自身偏转产生的升力，如图 4.5(b) 所示。因此，可以理解，升降舵不是改变超声速飞行中尾翼升力的有效部件，许多超声速飞机更喜欢采用全动平尾。

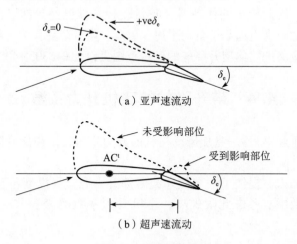

图 4.5 尾翼及升降舵

理解升降舵对尾翼升力影响的一种方法是，把升降舵偏转看作是改变了尾翼翼型剖面的有效弯度。读者可能还记得，在空气动力学课程中，对于给定厚度的翼型，升力可以通过设置迎角或改变翼型弯度来产生。对称的尾翼剖面本身是没有弯度的，如图 4.6 所示，向下偏转的升降舵可视为在尾翼剖面上引入有效的正弯度。因此，在一定的迎角（相对于来流）下，升降舵偏转会增加尾翼升力。

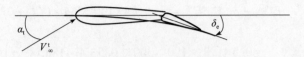

图 4.6 升降舵正偏转下的尾翼和等效弯度线

在初步估算中，这两部分影响可看作是相互独立的，尾翼的净升力可以写为两种效应相加——尾翼迎角（没有升降舵偏转）和升降舵迎角（尾翼处于零迎角），如下式：

$$C_L^t = \frac{\partial C_L^t}{\partial \alpha_t}\alpha_t + \frac{\partial C_L^t}{\partial \delta_e}\delta_e = C_{L\alpha}^t \alpha_t + C_{L\delta_e}^t \delta_e \tag{4.3}$$

新导数 $C_{L\delta_e}^t$ 为升降舵单位偏转产生的升力系数。典型的 $C_{L\alpha}^t \approx 0.1/(°)$（与机翼相似），而 $C_{L\delta_e}^t \approx 0.05/(°)$。注意，尾翼安装角 i_t 变化 $1°$，会使 α_t 同样地变化 $1°$，从而 C_L^t 变化约为 0.1。然而，δ_e 改变 $1°$，C_L^t 只变化约 0.05，大约相当于尾翼安装角变化 $1°$ 的效果的一半。从这个意义上讲，升降舵偏转效率小于全动平尾。然而，升降舵面积较小，气动载荷小得多，其偏转远比偏转整个尾翼容易，因此较小的作动器（重量较轻）就已经足够。此外，升降舵偏转产生的附加阻力也远小于全动平尾。因此，将升降舵作为飞机俯仰控制部件的首选是有意义的。典型升降舵的偏转范围大致为 $\pm(30° \sim 40°)$。

4.4　带升降舵的飞机升力系数

现在我们重新书写翼-身加尾翼构型的升力系数，以包括升降舵偏转产生的附加效应。

升降舵的加入，提供了一个额外的尾部升力源，其模型包含在式（4.3）的尾翼升力系数中。考虑此附加项，全机升力系数的表达式（式（3.11））可写为

$$\begin{aligned}C_L &= C_L^{wb} + \left(\frac{S_t}{S}\right)C_L^t = C_{L\alpha}^{wb}(\alpha_0 + \alpha) + \left(\frac{S_t}{S}\right)(C_{L\alpha}^t \alpha_t + C_{L\delta_e}^t \delta_e) \\ &= C_{L\alpha}^{wb}(\alpha_0 + \alpha) + \left(\frac{S_t}{S}\right)C_{L\alpha}^t \alpha + \underbrace{\left(\frac{S_t}{S}\right)C_{L\delta_e}^t \delta_e}_{\text{升降舵产生的升力}} \end{aligned} \tag{4.4}$$

与式 (3.12) 相比，唯一增加的项是由于升降舵引入的。

如之前一样，将尾翼迎角写为

$$\alpha_t = \alpha - i_t - \varepsilon \tag{4.5}$$

下洗角表达式：

$$\varepsilon = \varepsilon_0 + \varepsilon_\alpha \alpha + \varepsilon_{\dot\alpha} \dot\alpha \left(\frac{c}{2V^*}\right)$$

将式 (4.5) 代入升力系数表达式 (4.4)，并重新组织各项，得到全机升力系数的最终表达式，如下：

$$C_L = \left[C_{L0}^{wb} + \left(\frac{S_t}{S}\right) C_{L\alpha}^t (-i_t - \varepsilon_0) + \left(\frac{S_t}{S}\right) C_{L\delta_e}^t \delta_e \right] +$$
$$\alpha \left[C_{L\alpha}^{wb} + \left(\frac{S_t}{S}\right) C_{L\alpha}^t (1 - \varepsilon_\alpha) \right] + \dot\alpha \left[-\left(\frac{S_t}{S}\right) C_{L\alpha}^t \varepsilon_{\dot\alpha} \left(\frac{c}{2V^*}\right) \right] \tag{4.6}$$

使用第 3 章中的气动导数符号，上式可写为

$$C_L = \underbrace{(C_{L0} + C_{L\delta_e} \delta_e)}_{C_{LZA}} + C_{L\alpha} \alpha + C_{L\dot\alpha} \dot\alpha (c/2V^*) \tag{4.7}$$

对比式 (4.6)，可得

$$C_{L0} = C_{L0}^{wb} - \left(\frac{S_t}{S}\right) C_{L\alpha}^t (i_t + \varepsilon_0) \tag{4.7a}$$

$$C_{L\alpha} = C_{L\alpha}^{wb} + \left(\frac{S_t}{S}\right) C_{L\alpha}^t (1 - \varepsilon_\alpha) \tag{4.7b}$$

$$C_{L\dot\alpha} = -\frac{S_t}{S} C_{L\alpha}^t \varepsilon_{\dot\alpha} \tag{4.7c}$$

这三个表达式与式 (3.17) 中的无舵偏表达式一致。对比式 (4.6) 和式 (4.7)，还可以得到

$$C_{L\delta_e} = \left(\frac{S_t}{S}\right) C_{L\delta_e}^t \tag{4.7d}$$

这里，$C_{L\delta_e}$ 是舵偏角改变而引起的升力系数变化，定义为

$$C_{L\delta_e} = \frac{\partial C_L}{\partial \delta_e} \bigg|_* \tag{4.8}$$

符号 "*" 表示平衡点（配平点）处的偏导数。

观察式 (4.6) 和式 (4.7)，看到 C_{L0} 是 $\alpha = 0°$、$\delta_e = 0°$ 时的升力系数，如果尾翼安装角是固定的，即 i_t 为常数，则 C_{L0} 也是一定的。式 (4.7) 中，升降舵偏转的影响是在 C_{L0} 上增加了一个分量，而 $C_{L\alpha}$ 和 $C_{L\dot\alpha}$ 项没有受到影响。式 (4.7) 中的组合 $(C_{L0} + C_{L\delta_e} \delta_e)$ 标记为 C_{LZA}，代表了零迎角升力系数。

例 4.3 采用式（4.7）计算某飞机升降舵偏转引起的全机升力系数变化。使用数据：

$$\left(\frac{S_t}{S}\right) = 0.1, \quad C_{L\delta_e}^t = 0.05/(°)$$

升降舵偏转 1°

$$\Delta C_L = C_{L\delta_e} \Delta \delta_e = \left(\frac{S_t}{S}\right) C_{L\delta_e}^t \Delta \delta_e$$

$$\Delta C_L = 0.1 \times 0.05 \times 1 = 0.005$$

通常，飞机在巡航时的全机升力系数为 $C_{L\alpha} \approx 0.3 \sim 0.5$。因此，升降舵对全机升力的贡献很小。

注意，根据式（4.6）和式（4.7），尾翼安装角 i_t 和升降舵偏角 δ_e 都是改变了 C_{LZA} 的值。在升力 C_L 随迎角 α 变化的图中，C_{LZA} 是 Y 轴上的截距，如图 4.7 所示。

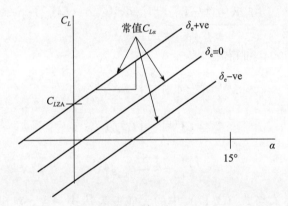

图 4.7 不同升降舵偏角下 C_L 随 α 的变化曲线

对于 δ_e 不同的偏角（或是 i_t），Y 轴截距发生移动，但是斜率 $C_{L\alpha}$ 不变。从这个角度来看，全动平尾和升降舵是采用同样的方式来改变飞机升力的。两者最大的不同是，保持偏转所需的铰链力矩不同。参照图 4.8，图（a）显示一个全动平尾及其典型压力分布，并给出了铰链点；图（b）显示升降舵及其典型压力分布，并给出了铰链点，升降舵相对于尾翼绕铰链点偏转。

在评估关于铰链的净力矩时，人们将其称为铰链力矩。根据表面的升力分布，通常尾翼铰链点的力矩远大于升降舵铰链点的力矩。为了保持尾翼和升降舵在一定偏转位置，作动器必须施加一个与铰链力矩相等的力矩。换句话说，当尾翼和升降舵没有受到作动器约束时，它们会"漂浮"到另一个偏角状态，这里净铰链力矩等于零。与升降舵相比，全动平尾的铰链力矩更大，意味着需要更大力量的作动器（也更重）。

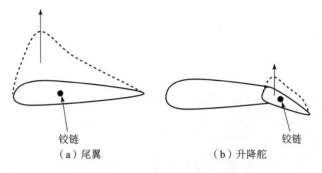

（a）尾翼　　　　　　　　（b）升降舵

图 4.8　平尾和升降舵的铰链力矩

▷ **例 4.4**　飞机发明的早期，尤其是飞行速度慢的小型飞机，飞机上没有偏转控制面的作动器。而是直接连接于驾驶舱内的飞行员操纵杆。实际上，尽管通过机械连接中的齿轮和控制面上称为配平片的装置会使得杆力变轻，飞行员还是必须对操纵杆施加并保持杆力来克服铰链力矩。如果飞行保持操纵杆不变，那么控制面偏转的位置也就保持不变，这个操纵称为"握杆"。相反，如果驾驶员松开操纵杆，那么也就没有力来约束控制面，因此铰链力矩会使得控制面偏转，直到一个平衡的偏转角度。在这个位置，表面压力分布使铰链点处的净力矩为零。当控制面"浮动"到平衡位置，连接于控制面的操纵杆也是自由活动的，因此这种操纵模式称为"松杆"。

松杆情况下，需要求解关于铰链力矩的额外方程，配平需要控制面的铰链力矩为零。如果飞机在配平状态受到扰动，如迎角扰动，控制面上的升力分布会发生改变，因此控制面会偏转，从而改变关于飞机重心的力矩。在松杆情况下，配平和稳定性都受到控制面自由运动的影响。通常，松杆会给飞机带来不稳定的影响。

过去，松杆和握杆稳定性都是人们研究的课题，但是在现代飞机中，松杆操作已经很少出现。因此本书中不会花太多精力去讨论松杆飞行的问题。

4.5　带升降舵的飞机俯仰力矩系数

考虑升降舵，我们来重写飞机俯仰力矩系数的表达式。在第 3 章（式 3.21）中推导过翼-身加尾翼构型的净俯仰力矩：

$$C_{mCG} = C_{mAC}^{wb} + C_L^{wb}(h_{CG} - h_{AC}^{wb}) - V_H C_L^t \quad (3.21)$$

在 4.4 节中可以看到，引入升降舵后会给尾翼带来额外的升力，其模型如

式 (4.3) 所示：

$$C_L^t = C_{L\alpha}^t \alpha_t + C_{L\delta_e}^t \delta_e$$

现在，需要做的就是将式 (4.3) 的 C_L^t 表达式代入式 (3.21) 的俯仰力矩系数表达式，得到：

$$C_{mCG} = C_{mAC}^{wb} + C_L^{wb}(h_{CG} - h_{AC}^{wb}) - V_H(C_{L\alpha}^t \alpha_t + C_{L\delta_e}^t \delta_e) \tag{4.9}$$

将各项重新排列，得到飞机净俯仰力矩：

$$C_{mCG} = \underbrace{(C_{m0} + C_{m\delta_e}\delta_e)}_{C_{mZA}} + C_{m\alpha}\alpha + C_{m\dot{\alpha}}\dot{\alpha}(c/2V^*) \tag{4.10}$$

其中各项为

$$C_{m0} = C_{mAC}^{wb} + C_{L0}^{wb}(h_{CG} - h_{AC}^{wb}) + V_H C_{L\alpha}^t(i_t + \varepsilon_0)$$

$$C_{m\alpha} = C_{L\alpha}^{wb}(h_{CG} - h_{AC}^{wb}) - V_H C_{L\alpha}^t(1 - \varepsilon_\alpha)$$

$$C_{m\dot{\alpha}} = V_H C_{L\alpha}^t \varepsilon_{\dot{\alpha}}$$

这与式 (3.24) 完全相同，

$$C_{m\delta_e} = -V_H C_{L\delta_e}^t \tag{4.11}$$

由于 $V_H > 0$，$C_{L\delta_e}^t > 0$，通常 $C_{m\delta_e} < 0$。$C_{m\delta_e}$ 称为升降舵控制效率，它表示升降舵单位偏转所产生的飞机俯仰力矩。升降舵下偏（正）增加了尾翼升力，会产生低头（负）俯仰力矩，反之亦然。这就解释了 $C_{m\delta_e}$ 的符号为何为负。

📢 **例 4.5** 对于例 3.4 和例 3.5 中使用的某飞机数据：

$$V_H = 0.34; \quad C_{L\delta_e}^t = 0.05/(°)$$

因此，

$$C_{m\delta_e} = -0.34 \times 0.05 = -0.017/(°)$$

翼-身-尾的表达式 (3.24) 和翼-身-尾加升降舵的表达式 (4.10) 之间的唯一区别是，$C_{m\delta_e}\delta_e$ 项出现在 C_{m0} 的旁边。C_{m0} 是飞机在 $\alpha = 0$ 和 $\delta_e = 0$ 时的俯仰力矩系数。式 (4.10) 中的组合项 $C_{m0} + \delta_e C_{m\delta_e}$ 标记为 C_{mZA}，表示零迎角下的俯仰力矩系数，在图 4.9 中，C_{mZA} 是图中 Y 轴截距。式 (4.10) 中 $C_{m\delta_e}\delta_e$ 的影响是，使直线平行移动从而改变图 4.9 中直线在 Y 轴的截距。对于正 δ_e，C_{mZA} 变化量为负，因此图形向下平移，并与 X 轴相交于更小的配平迎角。同理，负 δ_e 将会使飞机在更大的迎角配平。

注意，Y 轴截距变化时，斜率是保持不变的，因此在每个配平点 $C_{m\alpha}$ 是相同的，如果阻尼导数也没有变化（在小迎角下通常如此），短周期动力学特性在每个配平点都是相同的。换句话说，飞机的稳定性和对小扰动的响应在每个配平状态都是一样的。这样，飞行员可以通过改变升降舵偏角来改变配平迎角，从而改变配平速度，而飞机的动力学特性不发生显著变化。

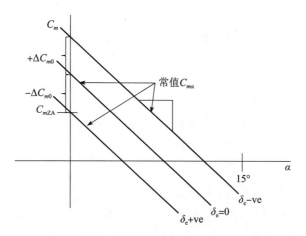

图4.9 不同升降舵偏角下 C_m 随 α 的变化曲线

📖 **家庭作业**：偏转升降舵和改变飞机重心位置都可以改变飞机的配平状态，请对比两种方式。哪一种方式更好，为什么？

对于给定的升降舵偏范围和升降舵控制效率 $C_{m\delta_e}$，配平迎角 α^* 的范围是怎样的？这与图4.9中的曲线斜率有关。图4.10给出了两组不同斜率 $C_{m\alpha}$ 的俯仰力矩系数示意图。

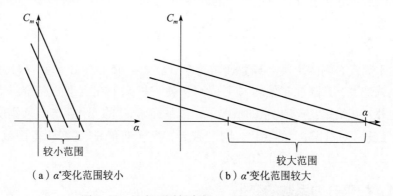

（a）α^* 变化范围较小　　　　　（b）α^* 变化范围较大

图4.10 具有不同斜率的 C_m 随 α 的变化曲线

在图4.10（a）中，斜率负值较大（更陡），这样的飞机具有更大的俯仰刚度，而图4.10（b）是一个具有较小刚度的飞机，斜率负值较小（更平缓）。对于同样的升降舵动作（Y 轴截距变化相同），配平迎角 α^* 在图例（a）中的变化范围小于在图例（b）中的变化范围。换句话说，对于更稳定的图例（a）中的飞机，若要获得与图例（b）中飞机相同的配平迎角 α^* 变化范围，要么升降舵偏转范围更大，要么升降舵效率更高（$C_{m\delta_e}$ 的绝对值更大）。

4.6 升降舵对配平和稳定性的影响

下面我们在4.5节讨论的基础上更进一步,计算获得某一配平状态所需的升降舵偏转角,以及该状态的稳定性。

如之前所描述的,配平时,关于飞机重心的力矩必须为零。因此,将式(4.10)等号左边设为零值,就可以得到配平迎角 α^* 和配平状态下的舵偏角 δ_e^*:

$$C_{mCG} = 0 \Rightarrow C_{m0} + \alpha^* C_{m\alpha} + \delta_e^* C_{m\delta_e} = 0 \tag{4.12}$$

求解方程(4.12),就可得到任意配平迎角 α^* 所需的舵偏角 δ_e^*,为

$$\delta_e^* = -\left(\frac{C_{m0} + \alpha^* C_{m\alpha}}{C_{m\delta_e}}\right) \tag{4.13}$$

或者,反过来说,在给定舵偏角 δ_e^* 下的配平迎角 α^* 为

$$\alpha^* = -\left(\frac{C_{m0} + C_{m\delta_e}\delta_e^*}{C_{m\alpha}}\right) \tag{4.14}$$

将式(4.14)两端关于 δ_e^* 求导,就得到升降舵单位偏转下,两个配平状态之间的迎角变化量(注意下划线的内容很重要):

$$\frac{d\alpha^*}{d\delta_e^*} = -\frac{C_{m\delta_e}}{C_{m\alpha}}(c/2V^*) \tag{4.15}$$

由于等式右侧两个气动导数通常为负,式(4.15)中比率的符号通常为负。也就是说,升降舵正偏转(下偏)会使飞机配平在更小的迎角,反之亦然。此外,在给定 δ_e^* 变化量的情况下,配平迎角 α^* 的变化量与气动刚度导数 $C_{m\alpha}$ 成反比。对给定 δ_e^* 的变化,刚度越大,配平迎角 α^* 的变化范围就越小。这样,式(4.15)就是图4.10的定量讨论结果。

4.6.1 配平升力系数的变化

对于由 (α^*, δ_e^*) 定义的配平状态(二者关联关系见式(4.13)),配平升力 C_L 可由下式得到,其中 * 表示配平状态下的值:

$$C_L^* = C_{L0} + \alpha^* C_{L\alpha} + \delta_e^* C_{L\delta_e} = C_{L0} + \alpha^* C_{L\alpha} - \left(\frac{C_{m0} + \alpha^* C_{m\alpha}}{C_{m\delta_e}}\right) C_{L\delta_e} \tag{4.16}$$

$$= \left(C_{L0} - \frac{C_{m0}}{C_{m\delta_e}} C_{L\delta_e}\right) + \alpha^* \left(C_{L\alpha} - \frac{C_{m\alpha}}{C_{m\delta_e}} C_{L\delta_e}\right)$$

读者会想起式（4.7d）和式（4.11），即

$$C_{L\delta_e} = \left(\frac{S_t}{S}\right) C_{L\delta_e}^t$$

和

$$C_{m\delta_e} = -V_H C_{L\delta_e}^t = -\left(\frac{S_t}{S}\right)\left(\frac{l_t}{c}\right) C_{L\delta_e}^t$$

这样，比率 $C_{L\delta_e}/C_{m\delta_e} = -1/(l_t/c)$。

然后，可将式（4.16）写为

$$C_L^* = \left(C_{L0} + \frac{C_{m0}}{l_t/c}\right) + \alpha^* \left(C_{L\alpha} + \frac{C_{m\alpha}}{l_t/c}\right) \tag{4.17}$$

配平 C_L^* 表达式（4.17）与之前得到的飞机升力系数 C_L 表达式（4.7）是不同的，了解其差别很重要。式（4.7）的表达式为

$$C_L = (C_{L0} + C_{L\delta_e}\delta_e) + C_{L\alpha}\alpha + C_{L\dot{\alpha}}\dot{\alpha}(c/2V^*) \tag{4.7}$$

具体来说，式（4.7）告诉我们升降舵偏转不改变 $C_{L\alpha}$ 项，而式（4.17）中 α 线性项的系数明显不同于 $C_{L\alpha}$，多出来的一项来源于式（4.13）中的配平升降舵偏角 δ_e^*。

不同升降舵偏角下，升力系数 C_L 随迎角 α 的变化如图 4.11 所示，对于每个升降舵偏角，由式（4.14）可得到唯一的配平迎角，相应的配平升力系数 C_L 由式（4.17）给出。在图 4.11 中用三角符号标出。将不同升降舵偏转下的三角符号通过虚线连接起来就是式（4.17）给出的配平状态直线。

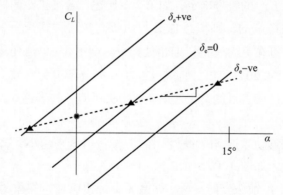

图 4.11　不同升降舵偏角下的 C_L-α 曲线（实线）和配平 C_L-α 曲线（虚线）

因此，可以通过人为约束飞机，（例如，在风洞中将升降舵角度设置为固定值，改变迎角并绘制测量的升力系数，）来获得式（4.7）中一个 δ_e 值对应的实线。这与俯仰力矩平衡无关。在飞行中，α 和 δ_e 不是相互独立的，而是

在配平状态下通过力矩平衡条件（式（4.12））相互联系的。为了在更大的 α 下配平，我们需要上偏（负偏）升降舵，产生一个小的向下升力，这个升力就是式（4.17）中从 $C_{L\alpha}$ 减去的项。因此，配平升力曲线（图 4.11 中的虚线）比实线（斜率等于 $C_{L\alpha}$）的斜率更小，当然这里假设 $C_{m\alpha}$ 为负值。

根据式（4.17），配平迎角单位变化引起的飞机配平升力系数的变化可写为

$$\frac{\mathrm{d}C_L^*}{\mathrm{d}\alpha^*} = C_{L\alpha} - \frac{C_{m\alpha}}{C_{m\delta_e}} C_{L\delta_e} = C_{L\alpha} + \frac{C_{m\alpha}}{(l_t/c)} \tag{4.18}$$

也可以称为飞机的配平升力线斜率（图 4.11 中的虚线）。有趣的是，从式（4.18）中的最右端表达式可以看出，配平升力线斜率与升降舵的物理特性无关，而是取决于 l_t——平尾气动中心在重心后的位置。

📖 **家庭作业**：利用式（4.15）和式（4.18），推导出

$$\frac{\mathrm{d}\delta_e^*}{\mathrm{d}C_L^*} = -\frac{C_{m\alpha}}{C_{m\delta_e}C_{L\alpha} - C_{m\alpha}C_{L\delta_e}} \tag{4.19}$$

4.6.2 稳定性的另一种观点

回顾式（4.15），可写为

$$\frac{\mathrm{d}\alpha^*}{\mathrm{d}\delta_e^*} = -\frac{C_{m\delta_e}}{C_{m\alpha}} = -\frac{-V_H C_{L\delta_e}^t}{C_{m\alpha}} = \frac{V_H C_{L\delta_e}^t}{C_{m\alpha}} \tag{4.20}$$

该式符号由 $C_{m\alpha}$ 的符号确定，如第 2 章所述，若飞机在俯仰方向（短周期动力学特性）是稳定的，则 $C_{m\alpha}$ 值必须为负。在这种情况下，上偏（负偏）升降舵将使得飞机在更大（正）迎角处配平。配平 δ_e^* 单位变化引起的配平迎角 α^* 变化由式（4.20）给出。将式（4.20）的分子设为常数，则斜率与气动导数 $C_{m\alpha}$ 成反比，读者可能会记起第 3 章中关于 $C_{m\alpha}$ 的表达式：

$$C_{m\alpha} = C_{L\alpha}(h_{CG} - h_{NP}) \tag{3.45}$$

在重心向后移动靠近 NP 的过程中，$C_{m\alpha}$ 负值越来越小，式（4.20）中的斜率量值会变大，如图 4.12 所示。

图 4.12 中，沿箭头方向，$C_{m\alpha}$ 负值变小，相应地，斜率量值增加。这意味着，沿图 4.12 中的曲线向左移动时，偏转相同的 δ_e^* 获得的 α^* 变化更大。换句话说，飞机对升降舵偏转更加敏感——相同的配平角 α^* 变化，所需的舵偏更小。

当 CG 趋近于 NP 时，$C_{m\alpha}$ 趋于零，图 4.12 中曲线斜率为无穷大。该点处

$$\frac{\mathrm{d}\alpha^*}{\mathrm{d}\delta_e^*} \to \infty \tag{4.21}$$

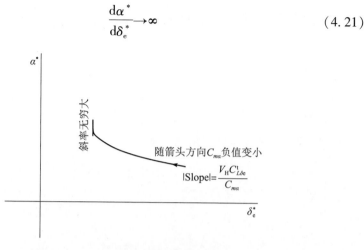

图 4.12 配平迎角随升降舵偏角的变化

理论上，δ_e^* 微小的变化就可以引起 α^* 无穷大变化。或者说飞机变得极度敏感，就像放在刀刃上的物体。式（4.20）让我们可以从另一个角度去理解稳定性，式（4.21）标志出了不稳定出现的条件。

本书第 2 章中分析了系统在平衡（配平）状态时对小扰动的响应，如果系统稳定，就表示扰动衰减（在无限时间内）。与此不同，这里我们从两个平衡状态之间的转换过程去分析稳定特性。然而，这两种分析方式本质上是完全等价的，下面就要求读者给予证明。

家庭作业：证明本节提出的稳定性观点完全等价于第 2 章提出的更标准的方法。

4.7 使用升降舵进行纵向机动

现在，改进 2.8 节中关于升降舵在飞行中作用的分析。当时，考虑了升降舵对俯仰运动产生的影响，并假设 V 和 γ 为固定值。讨论过的俯仰小扰动方程为

$$\Delta\ddot{\alpha} - \left(\frac{\bar{q}^* Sc}{I_{yy}}\right)\left(\frac{c}{2V^*}\right)(C_{mq1} + C_{m\dot{\alpha}})\Delta\dot{\alpha} - \left(\frac{\bar{q}^* Sc}{I_{yy}}\right)C_{m\alpha}\Delta\alpha = \left(\frac{\bar{q}^* Sc}{I_{yy}}\right)C_{m\delta_e}\Delta\delta_e \tag{2.43}$$

现在，我们知道了如何计算升降舵偏转引起的 C_L 和 C_m 变化。因此，可以更详细地重温 2.8 节中提出的问题。

第 1 章给出的飞机纵向动力学方程为

$$\frac{\dot{V}}{V} = \left(\frac{g}{V}\right)\left[\left(\frac{T}{W}\right) - \left(\frac{\bar{q}S}{W}\right)C_D - \sin\gamma\right] \quad (1.11a)$$

$$\dot{\gamma} = \left(\frac{g}{V}\right)\left[(\bar{q}S/W)C_L - \cos\gamma\right] \quad (1.11b)$$

$$\ddot{\theta} = \left(\frac{\bar{q}^*Sc}{I_{yy}}\right)C_m \quad (1.11c)$$

配平时，方程（1.11）给出了如下的力和力矩平衡条件：

$$C_D^* = \frac{W}{\bar{q}^*S}\left[\frac{T^*}{W} - \sin\gamma^*\right] \quad (1.12a)$$

$$C_L^* = \cos\gamma^* \frac{W}{\bar{q}^*S} \quad (1.12b)$$

$$C_m^* = 0 \quad (1.12c)$$

考虑水平配平飞行，配平时的值为

$$V^*, \gamma^* = 0, \quad \theta^* = \alpha^*$$

继续假设配平速度 V^* 为不变量，也就是认为升降舵偏转引起的飞机阻力变化是可以忽略的。因此忽略方程（1.11a），重点关注方程（1.11b）和方程（1.11c）。

注意：下面的分析有特定目的。总的来说，在使用这些方程时，要小心，虽然这里将 V^* 看作固定值，实际上 V^* 会影响长周期模态（这部分内容将在下一章中讨论）。

首先定义配平状态下的小扰动为

$$V^* \text{ 为常数}, \quad \gamma^* = \gamma^* + \Delta\gamma = \Delta\gamma（因为 \gamma^* = 0）, \quad \theta = \theta^* + \Delta\theta$$

因为 $\alpha = \theta - \gamma$，也就得到

$$\Delta\alpha = \Delta\theta - \Delta\gamma$$

将它们代入式（1.11b）和方程（1.11c），得到下列方程：

$$\dot{\gamma}^* + \Delta\dot{\gamma} = \left(\frac{g}{V^*}\right)\left[\left(\frac{\bar{q}^*S}{W}\right)(C_L^* + \Delta C_L) - \cos(\gamma^* + \Delta\gamma)\right] \quad (4.22)$$

$$\ddot{\theta}^* + \Delta\ddot{\theta} = \left(\frac{\bar{q}^*Sc}{I_{yy}}\right)(C_m^* + \Delta C_m) \quad (4.23)$$

应用式（1.12）的配平条件，由于扰动值很小，因此去掉高阶项，可得

$$\Delta\dot{\gamma} = \left(\frac{g}{V^*}\right)\left[\left(\frac{\bar{q}^*S}{W}\right)\Delta C_L\right] \quad (4.24)$$

$$\Delta\ddot{\theta} = \left(\frac{\bar{q}^*Sc}{I_{yy}}\right)\Delta C_m \quad (4.25)$$

方程（4.25）与方程（2.21）相同，但现在得到了额外的方程（4.24）。俯仰力矩系数增量 ΔC_m 已经由式（2.42）给出：

$$\Delta C_m = C_{m\alpha}\Delta\alpha + (C_{mq1} + C_{m\dot{\alpha}})\Delta\dot{\alpha}(c/2V^*) + C_{m\delta_e}\Delta\delta_e \quad (2.42)$$

采用同样的方式，可以写出升力系数增量表达式为

$$\Delta C_L = C_{L\alpha}\Delta\alpha + (C_{Lq1} + C_{L\dot{\alpha}})\Delta\dot{\alpha}(c/2V^*) + C_{L\delta_e}\Delta\delta_e \quad (4.26)$$

将这些系数增量表达式与本章之前得到的 ΔC_L 表达式（4.7）和 ΔC_m 表达式（4.10）进行对比，可以看到它们是相同的，但是包含了动导数 $C_{Lq1} + C_{L\dot{\alpha}}$ 和 $C_{mq1} + C_{m\dot{\alpha}}$。

因此，方程（4.24）和方程（4.25）的完整形式为

$$\Delta\dot{\gamma} = \left(\frac{g}{V^*}\right)\left\{\left(\frac{\bar{q}^*S}{W}\right)\left[C_{L\alpha}\Delta\alpha + (C_{Lq1} + C_{L\dot{\alpha}})\Delta\dot{\alpha}\left(\frac{c}{2V^*}\right) + C_{L\delta_e}\Delta\delta_e\right]\right\} \quad (4.27)$$

$$\Delta\ddot{\theta} = \left(\frac{\bar{q}^*Sc}{I_{yy}}\right)\left[C_{m\alpha}\Delta\alpha + (C_{mq1} + C_{m\dot{\alpha}})\Delta\dot{\alpha}\left(\frac{c}{2V^*}\right) + C_{m\delta_e}\Delta\delta_e\right] \quad (4.28)$$

其中，

$$\Delta\ddot{\theta} = \Delta\ddot{\alpha} + \Delta\ddot{\gamma}$$

注意，在方程（4.27）和方程（4.28）右端仍有时间尺度因子 T_1 和 T_2，在第 1 章中引入了这些因子，这些尺度因子在自由（"自然"）动态响应中是相关的。当线性动力学系统（如方程（4.27））受到"外部"源（如升降舵偏转 $\Delta\delta_e$）的强迫时，在稳定状态（初始瞬变衰减之后）下，激励频率和系统响应频率是一致的。同样的原理适用于方程（4.28）或其他任何线性动力学系统。

📖 **家庭作业**：现在读者可能会想回顾一下 2.8 节中关于"强迫响应"的讨论。线性动力学系统的时间响应，如方程（4.27）和方程（4.28），由一个自由（"自然"）项和一个强迫项组成。假设系统是稳定的，则自由响应衰减（按照自然时间尺度，在本例中为时间尺度为 T_1 和 T_2），而只要强迫函数存在，则强迫响应持续。

注意：尽管理论上，自由响应衰减时间为无穷大，实际上经过一定时间后，它会衰减到相对初始扰动可以忽略的值。

工程中，当系统受到外部升降舵扰动（$\Delta\delta_e(t)$）时，不能再基于不同时间尺度分开讨论方程（4.27）和方程（4.28）。而是将采用数值模拟进行分析。

◁ **例 4.6** 采用 2.6.1 节中的 F-18/HARV 飞机数据：
平均气动弦长 c = 3.511m；机翼面积 S = 37.16m^2；海平面声速 v_s = 340.0m/s；俯仰惯性矩 I_{yy} = 239720.76kg·m^2；飞机质量 m = 15119.28kg；海平面空气密

度 $\rho = 1.225\text{kg/m}^3$。

飞机在海平面进行马赫数 $Ma = 0.43$ 的水平飞行。在此条件下，飞机的配平迎角和升降舵偏角为 $\alpha^* = 3.5°$，$\delta_e^* = 0°$。

在该配平点，相关的气动数据：

$C_{m\dot{\alpha}} = 0$，$C_{mq1} = -0.084/(°) = -4.183/\text{rad}$，$C_{m\alpha} = -0.003/(°) = -0.17/\text{rad}$，

$C_{m\delta_e} = -0.0075/(°) = -0.43/\text{rad}$，$C_{L\alpha} = 0.1015/(°) = 5.825/\text{rad}$，

$C_{L\delta_e} = 0.006953/(°) = 0.3984/\text{rad}$，$C_{Lq1} = 0.07401/(°) = 4.2406/\text{rad}$，$C_{L\dot{\alpha}} = 0$

时间尺度因子 T_1 和 T_2，以及其他参数计算结果：

$$\frac{g}{V^*} = \frac{9.81}{0.43 \times 340.0} = 0.067/\text{s}$$

$$\frac{\bar{q}Sc}{I_{yy}} = \frac{0.5\rho V^2 Sc}{I_{yy}} = \frac{0.5 \times 1.225 \times (0.43 \times 340.0)^2 \times 37.16 \times 3.511}{239720.76} = 7.1253/\text{s}^2$$

$$\frac{c}{2V^*} = \frac{3.511}{2 \times 0.43 \times 340.0} = 0.012\text{s}$$

$$\frac{\bar{q}S}{W} = \frac{0.5\rho V^2 S}{mg} = \frac{0.5 \times 1.225 \times (0.43 \times 340.0)^2 \times 37.16}{15119.28 \times 9.81} = 3.28$$

使用以上数据，方程（4.27）和式（4.28）的计算结果如下：

$$\Delta\dot{\gamma} = \left(\frac{g}{V^*}\right)\left\{\left(\frac{\bar{q}S}{W}\right)\left[C_{L\alpha}\Delta\alpha + (C_{Lq1} + C_{L\dot{\alpha}})\Delta\dot{\alpha}\left(\frac{c}{2V^*}\right) + C_{L\delta_e}\Delta\delta_e\right]\right\}$$

$$\Delta\ddot{\theta} - \frac{\bar{q}Sc}{I_{yy}}(C_{mq1} + C_{m\dot{\alpha}})\Delta\dot{\alpha}\frac{c}{2V^*} - \frac{\bar{q}Sc}{I_{yy}}C_{m\alpha}\Delta\alpha = \frac{\bar{q}Sc}{I_{yy}}C_{m\delta_e}\Delta\delta_e$$

代入数值，得到

$$\Delta\dot{\gamma} = 0.0667\{3.28[5.815\Delta\alpha + (4.2406 + 0)\Delta\dot{\alpha} \times 0.012 + 0.3984\Delta\delta_e]\}$$

$$\Delta\ddot{\theta} - 7.13(-4.813 + 0)\Delta\dot{\alpha} \times 0.012 - 7.13 \times (-0.17)\Delta\alpha = 7.13 \times (-0.43)\Delta\delta_e$$

最后有

$$\Delta\dot{\gamma} = 1.2768\Delta\alpha + 0.0111\Delta\dot{\alpha} + 0.0874\Delta\delta_e \tag{4.29}$$

$$\Delta\ddot{\theta} + 0.41\Delta\dot{\alpha} + 1.212\Delta\alpha = -3.065\Delta\delta_e \tag{4.30}$$

图 4.13 显示了通过积分方程（4.29）和方程（4.30）得到的升降舵正（下偏）阶跃输入的仿真结果，给出的是最初 1s 的仿真结果。

值得注意和非常有趣的是，仔细观察图 4.13 的实曲线，下偏升降舵后，最初的飞行航迹角为正（也就是爬升），而最终航迹角变为负（也就是下降）。图 4.13 还给出了不考虑 $C_{L\delta_e}$ 项的结果（虚线为 $C_{L\delta_e} = 0$ 响应曲线），此时没有出现初始的相反运动。

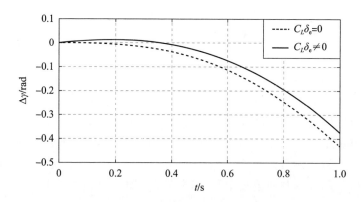

图 4.13 升降舵阶跃输入下的飞行航迹角 $\Delta\gamma$ 响应（式（4.29）和式（4.30））

📖 **家庭作业**：知道这种现象是怎么出现的吗？答案如下：

◁ **例 4.7** 使用升降舵产生飞机的俯仰运动有一个特点——这在控制领域称为非最小相位响应。

想象一架飞机作水平配平飞行。飞行员决定进行拉起机动（如图 1.10(b) 所示）。为此，他需要增加升力，这个额外的升力就产生向上的加速度，从而使得飞行轨迹上弯，进入拉起机动。为了增加升力，就需要增加迎角，也就需要将升降舵从配平状态上偏。这样，飞行员上偏升降舵来增加升力。但是，当升降舵上偏时，最先发生的是在平尾处产生了一个向下的升力，不管它有多小。因此，实际上，飞机净升力会有轻微的减小。尾翼处向下的升力产生绕重心的抬头力矩，从而使得迎角增加。如果速度保持不变，增大迎角产生的升力会抵消最初的升力损失，然后飞机进入拉起状态。然而，飞机最初的响应趋势确实是与期望的机动相反的。

图 4.13 给出了 F-18/HARV 飞机俯仰运动的非最小相位响应。注意，对于所有采用尾部升降舵（甚至包括全动平尾）进行俯仰控制的飞机，这是一个共同的趋势。

📖 **家庭作业**：避免俯仰非最小相位响应的一个方法是，使用靠近机头的控制面进行俯仰控制——这个控制面通常称为鸭翼，如图 4.14 所示。思考鸭翼控制飞机的俯仰运动响应。可上网查找一些采用鸭翼设计的飞机案例。

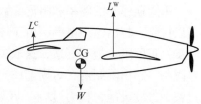

图 4.14 具有鸭翼的推进式飞机

4.8 重心前移的限制

我们知道重心后移的限制是飞机的中立点，重心位于该点，飞机处于中立稳定，或者说恰好失去其俯仰刚度（$C_{m\alpha}=0$）。当重心向前移动时，负值增加，也就意味着纵向稳定性增加或短周期频率更高。这对飞机来说总是有好处吗？其中一个答案来自于操纵品质或飞行品质领域，操纵品质或飞行品质用来体现飞行员驾驶飞机的感受。这个"感受"可能是迟钝、过于敏感等。基于此人们对各种模态的频率和阻尼设置用不同的规范加以限制。图 4.15 给出了短周期模态的一个规范。

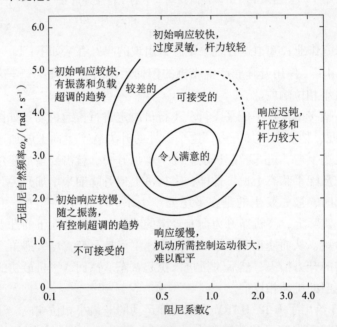

图 4.15 短周期操纵品质规范

短周期模态的频率和阻尼参数需要位于一定范围内，这样飞机的操纵性才可以接受。超出这个范围，由于图 4.15 中列出的原因之一，飞行员会感觉驾驶飞机很困难或是不舒适，这取决于违反了哪个限制。因此，对重心前移有一定限制，超出限制后，短周期模态就会落入图 4.15 中的不可接受"初始响应过快，过度灵敏，杆力过轻"区域。同样，如果短周期频率过低，那么短周期特性就会因"响应过慢，机动控制力过大，难以配平"而不可接受。基于以上原因，操纵品质要求在中立点（重心理论后限）之前规定一个实际的重心后限。

现在,看一下另一个限制重心前移的因素。

4.8.1 升降舵对重心移动的补偿

首先,必须了解如何使用升降舵来恢复重心移动而失去的配平,参考图4.16。

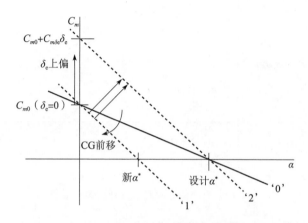

图4.16 重心移动的影响及偏转升降舵恢复配平

标注'0'的实线表示飞机零升降舵偏、重心位于某特定位置的情况下,配平于'设计 α^*'。考虑重心出于某种原因向前移动,那么 $C_{m\alpha}$ 负值更大,如图4.16中的斜率会更陡,但 C_m 轴的截距没有变化。这样,新的配平曲线由虚线给出,标注为'1',并与 α 轴相交于更小的值,称为'新 α^*'。如果飞机维持水平飞行,那么更小的配平迎角意味着更高的配平速度 V^*。在新的重心位置下,怎么才能将配平恢复到原来的'设计 α^*'处?使用升降舵将配平曲线以相同的斜率向上平移(虚线'2'),直到 α 轴的截距回到'设计 α^*'处。这就需要上偏升降舵,如本章之前所描述。

📖 **家庭作业**:对于重心后移的情况,画图,并进行类似分析。

4.8.2 典型的升降舵偏转限制

典型的飞机(如商用客机)升降舵上偏和下偏的限制不同。这是有一定原因的,下面对照图4.17对其进行解释。

典型的巡航配平迎角通常用来作为设计迎角 α^*_{design},如图4.17所标注,大概是 4°~5°。最小配平迎角 $\alpha^*_{\min}$ 对应最大平飞速度,$\alpha^*_{\min}$ 通常为 1°~2°。最大配平迎角要求对应于飞机着陆状态,相应的配平速度大约是失速速度的 1.15~

1.2 倍。这样，α_{max}^* 大约为 $12°\sim15°$。结果，也就是相对于 α_{max}^*，α_{design}^* 更接近于 α_{min}^*。

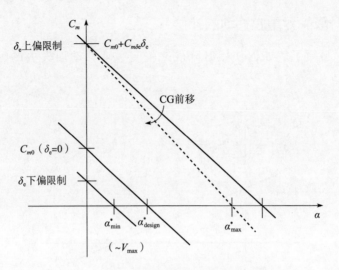

图 4.17　重心前移限制和升降舵偏转限制

在巡航配平状态时，我们希望升降舵偏角为零（$\delta_e=0$）。这主要是由于升降舵偏转会增加阻力，而飞机在大多数时间都处于巡航状态，因此理想情况是，在巡航状态下升降舵不偏转。

根据这些信息，可以对图 4.17 中的实线进行解释。对于给定的重心位置，所有直线斜率都是一样的。通过升降舵偏转，在 C_m 轴的截距发生改变——δ_e 正偏（下偏）会使截距下移，δ_e 负偏（上偏）会使截距上移。升降舵下偏的限制是飞机必须能在 α_{min}^* 配平，升降舵上偏的限制是飞机必须能在略大于 α_{max}^* 处配平（出于安全考虑）。在 α 轴上 α_{max}^* 与 α_{design}^* 之差大于 α_{min}^* 与 α_{design}^* 之差，这一点很清楚地映射到 C_m 轴。因此，δ_e 上偏限制处的 C_m 交点与 $\delta_e=0$ 点的距离，要大于 δ_e 下偏限制处的 C_m 交点与 $\delta_e=0$ 点的距离。换句话说，升降舵达到 δ_e 上偏限制的偏角要大于达到 δ_e 下偏限制的偏角。典型的 $\delta_{e_{DN}}\approx+10°$，$\delta_{e_{UP}}\approx-20°$。

▷ **例 4.8**　飞机以最大升降舵上偏配平在 $C_{L_{max}}$ 处，计算所需的重心变化量。需用数据在图 4.18 中给出，$C_{L_{max}}=0.9$。

从图 4.18 得到

$$\frac{d\delta_e^*}{dC_L^*}=\frac{-20-10}{1.0-0.5}\times\frac{\pi}{180}=-\frac{\pi}{3}\text{rad}$$

同时：

$$\frac{dC_m}{dC_L} = (h_{CG} - h_{NP}) = \frac{0.2 - 0}{0.0 - 1.0} = -0.2$$

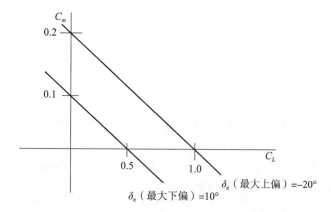

图 4.18 最大升降舵偏角下 $C_m \sim C_L$ 变化图

已知 $C_{L\max} = 0.9$，所需俯仰力矩-升力曲线斜率为

$$\frac{dC_m}{dC_L} = (h_{CGnew} - h_{NP}) = \frac{0.2 - 0}{0.0 - 0.9} = -0.22$$

可计算出 CG 需要移动：

$$\Delta h_{CG} = (h_{CGnew} - h_{NP}) - (h_{CG} - h_{NP}) = -0.22 - (-0.2) = -0.02$$

也就是，重心需要前移 0.02。

利用这个新的稳定裕度，在 $\delta_e = +10°$ 下，新的配平升力 $C_{L\,\text{trim}}$ 可由下式得到：（由图）$C_{m0} = 0.1$；$\frac{0.1 - 0}{0 - C_L} = \frac{0.2 - 0}{0 - 0.9} \Rightarrow C_L = 0.45$

伴随稳定性的变化，在升降舵最大下偏的情况下，飞机将在更大的速度下配平。

4.8.3 升降舵上偏限制对重心前移的影响

从图 4.17 可以看出，升降舵上偏限制也给飞机重心前移施加了限制。假设飞机已经在升降舵最大上偏、通常重心位置下配平，如图 4.17 最上方实线所示。随着重心前移，配平曲线与 C_m 轴的交点不变，并绕该点向左摆动，与 α 轴相交于更小的 α 值。CG 向前移动一段距离后，图 4.17 中的配平线（虚线）与 α 轴相交于 $\alpha_{\max}^*$。飞机着陆时必须能够在 $\alpha_{\max}^*$ 配平。

如果重心继续前移，那么最大配平迎角就会小于 $\alpha_{\max}^*$。重新恢复到 $\alpha_{\max}^*$ 配平迎角，就需要继续上偏升降舵，如图4.16所示。但是，对应于图4.17中虚线，升降舵已经上偏到最大限度，无法继续上偏。因此，就不可能在α_{max}^*处配平。这也就给重心前移施加了限制。

在升降舵上偏限制下，飞机在α_{max}^*处配平的重心位置，就是最大允许的前重心位置。

如果有多个准则约束前重心位置，那么最小（最保守）前重心位置就是限制条件。

4.9 从飞行试验确定中立点

确定中立点的一种方法是，使用本书在第3章中推导出的相关等式

$$h_{NP} = h_{AC}^{wb} + V_H \left(\frac{C_{L\alpha}^t}{C_{L\alpha}^{wb}} \right) (1 - \varepsilon_\alpha) \tag{3.27}$$

$$h_{NP} = h_{AC}^{wb} + V_H' \left(\frac{C_{L\alpha}^t}{C_{L\alpha}} \right) (1 - \varepsilon_\alpha) \tag{3.41}$$

但是，在估算等式（3.27）和式（3.41）右端各项时，总有一定的不确定性。更准确的评估中立点的方法是进行飞行试验。

本质上，需要在不同重心位置下飞行，并评估俯仰刚度。我们知道，当重心位于中立点时，俯仰刚度为零，飞机具有中立稳定性。但是，飞机在重心位于中立点时飞行是非常危险的。因此可以采用在4.6.2节中讨论过的另一种关于稳定性的观点。

考虑等式（4.19），它将配平升降舵偏与配平升力系数联系在一起：

$$\frac{d\delta_e^*}{dC_L^*} = -\frac{C_{m\alpha}}{C_{m\delta_e} C_{L\alpha} - C_{m\alpha} C_{L\delta_e}} \tag{4.19}$$

式（4.19）左端的斜率直接与右侧的$C_{m\alpha}$相关，已知中立点与重心重合时$C_{m\alpha}=0$。因此，在中立点处，斜率$d\delta_e^*/dC_L^*=0$，飞行试验中寻找NP的方法就是对于不同的重心位置来评估斜率$d\delta_e^*/dC_L^*$。这需要进行一系列的飞行试验：

- 固定重心位置，操纵飞机在不同的升降舵偏下作水平配平飞行。返回地面后，需要收集足够多的数据来确定每个配平状态下的配平升力系数C_L^*。
- 重新设定重心位置，并重复上述过程。至少需要再做一次。
- 经过数据处理后，可以得到如图4.19所示的曲线图。

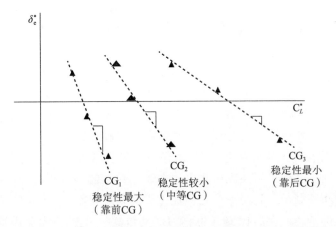

图 4.19　不同重心位置下配平升降舵偏角随配平升力系数的变化

对于每个重心位置，从数据点可以确定式（4.19）左侧的斜率。负值最大的斜率对应重心最靠前的位置；随着重心后移，斜率负值变小。理想状态下，如果可以将重心向后移动到 NP 位置，斜率就会变为零，也就是说，零斜率可以帮我们确定中立点的位置。但是，这在飞行中是不可能的。因此，人们从可利用的斜率数据进行外推至中立点处。

如图 4.19 所示，每条虚线对应一个重心位置，产生一个斜率值。可以画出斜率随重心位置变化的曲线，如图 4.20 所示；对该直线进行拟合，并延伸至 h_{CG} 轴（此处 $d\delta_e^*/dC_L^*$ 和 $C_{m\alpha}$ 值为零）。直线在 h_{CG} 轴的截距就是 NP 位置的估计（图 4.20 中标注为 h_{NP}）。

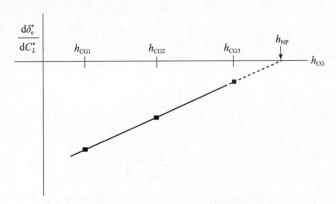

图 4.20　从飞行试验估计中立点

家庭作业：考虑如何对这样的飞行试验过程进行数据收集和分析。

4.10 中立点随马赫数变化的影响

在结束本章讨论之前,还有一个问题必须要进行分析,那就是中立点位置的变化。从式(3.27)和式(3.41)可以看出,中立点的位置与翼-身的气动中心 h_{AC}^{wb} 相关。气动中心位置通常不发生变化,但是在特殊情况也会发生变化。一个例子是亚声速飞行与超声速飞行之间的过渡过程。空气动力学相关理论讲到,理想情况下,亚声速 AC 位置位于机翼弦长 1/4 处,超声速 AC 位置为 1/2 弦长处。这样,当飞机从亚声速加速飞行至超声速时,AC 向后(向尾部)移动约 1/4 弦长。这是所有超声速飞机的共同现象。

另一个例子是,变后掠翼(也称为摆动机翼)飞机从低亚声速到高亚声速再到超声速飞行过程中,机翼后掠角在不断增加。尽管重心位置也会发生相应的变化。

分析式(3.27):

$$h_{NP} = h_{AC}^{wb} + V_H \left(\frac{C_{L\alpha}^t}{C_{L\alpha}^{wb}} \right)(1-\varepsilon_\alpha)$$

如果气动中心向后移动,相应的中立点位置也会后移相同距离。如果重心保持不变,那么在这个过程中,等式右侧第二项也基本保持不变。记住,可以将所有的力都置于 NP,关于重心的力矩平衡写为

$$C_{mCG} = C_{mNP} + C_L(h_{CG} - h_{NP}) \tag{3.47}$$

重心和中立点之间较大的距离意味着飞机升力会在重心处产生额外的低头(稳定)力矩。为了达到平衡,需要升降舵在重心处产生抬头力矩进行补偿,也就需要升降舵上偏一定角度。这个额外的升降舵上偏会产生额外的阻力,有时称为"超声速配平阻力"。即使重新达到配平,它还是会引起 $C_{m\alpha}$ 增加,如式(3.45):

$$C_{m\alpha} = C_{L\alpha}(h_{CG} - h_{NP}) \tag{3.45}$$

这会增加俯仰刚度和短周期频率,而这也是不希望出现的。这种困境如图 4.21 所示,其中实线表示中立点位置(无量纲)随马赫数的变化。如我们预料的一样,随着马赫数增加并通过跨声速区域,中立点后移。传统构型飞机的典型设计重心位置由虚线表示。在亚声速区域,可以给出令人满意的静稳定裕度(SM)。但是,同样的重心位置,在超声速区域则会产生过大的静稳定裕度。一种解决办法是,将重心位置置于图 4.21 中点划线位置。在亚声速区域,CG 位于 NP 之后;这样布置显然是不稳定的——短周期动力学特性会发散。但是,在超声速时,相同的重心位置产生一个合理的稳定裕度。这样布局的飞

机称为"放宽静稳定性"(RSS)飞机,这里的静稳定性就是指静稳定裕度,或是俯仰刚度,亦或 $C_{m\alpha}$ 的值。在亚声速飞行时,一架 RSS 飞机需要主动控制系统来保持飞机稳定飞行,这样来获取较好的超声速飞行特性。

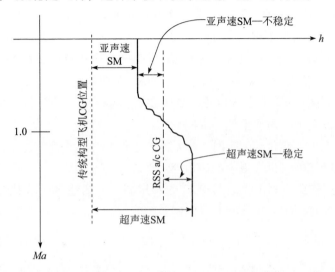

图 4.21 中立点随马赫数的变化以及传统飞机和放宽静稳定性飞机的重心设置

◁ **例 4.9** 为了对从亚声速飞行到超声速飞行过渡时配平和稳定性受到的影响有更清楚的认识,下面,将相关的配平曲线在常用的 C_m-α 平面中画出,见图 4.22。

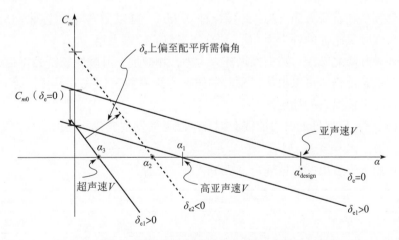

图 4.22 不同飞行速度条件下 C_m 随 α 的变化曲线

假设飞机在 α^*_{design} 处配平,升降舵偏角为零,低亚声速飞行,由图 4.22 中实线表示。若飞机在高亚声速飞行时配平，则需要减小配平迎角，在 α_1 处配平飞行。由于 CG 和 NP 都没有移动，配平曲线斜率也没有改变。这由第二条平行实线给出，与 C_m 轴相交于较低的 C_m 值，这可以由升降舵下偏（正偏）实现，在图 4.22 中标注为 $\delta_{e_1}>0$。因此，为了在更高的速度配平，需要下偏升降舵。

现在，我们希望在超声速配平，配平迎角为 α_2。当飞机速度达到超声速后，配平曲线斜率 $C_{m\alpha}$ 负值会更大。所以，如果不改变舵偏（$\delta_{e_1}>0$），配平曲线就会绕 C_m 轴摆动，与 α 轴相交于 α_3，为了在期望的 α_2 处配平，就需要平移配平曲线至图 4.22 中虚线位置。这需要升降舵明显上偏至 $\delta_{e_2}<0$，也就是说，在超声速配平，需要上偏升降舵。

注意：在更大迎角处配平时，常常需要上偏升降舵，而在这个例子中，则需要上偏升降舵使飞机在更小的迎角处配平。

📖 **家庭作业**：画出类似图 4.22 的示意图，来描述 RSS 飞机马赫数从亚声速到超声速过程中，配平和升降舵偏转的变化。

▷ **练习题**

4.1 升降舵铰链力矩由表达式 $H_e=(1/2)\rho V^2 S_e c_e C_{he}$ 给出，其中 S_e 为铰链后部升降舵平面面积，c_e 是相应的弦长，C_{he} 是铰链力矩系数。这个力矩需要飞行员使用杆力 F_s 和操纵杆力臂 l_s 进行克服。杆力和铰链力矩之间的关系定义为 $F_s=GH_e$，比例因子 $G(=\delta_e/l_s\times\delta_s)$，也称为齿轮比，是升降舵偏角 δ_e、操纵杆臂长 l_s、操纵杆关于自身铰链点的角位移 δ_s 的函数。驾驶员朝自身方向（$\delta_s=5°$）拉杆 0.75m，可以使升降舵上偏 −15°。如果驾驶员施加的杆力为 2N，请确定当前的铰链力矩。

4.2 如果升降舵松浮，那么操纵杆力为零，相应地，升降舵铰链力矩也为零，配平条件仍然可以由关于重心的俯仰力矩系数表达式来定义。请分析松杆配平情况下的稳定性。
【提示：尾翼处的升力曲线会因升降舵运动发生变化。使用铰链力矩系数的表达式 $C_{he}=C_{h0}+C_{h\alpha_t}\alpha_t+C_{h\delta_e}\delta_e$】

4.3 使用下表给出的数据确定飞机中立点的位置：

h_{CG}	$C_L^*(\delta_e^*=10°)$	$C_L^*(\delta_e^*=5°)$	$C_L^*(\delta_e^*=-5°)$
0.10	0.06	0.11	0.15
0.20	0.13	0.28	0.48
0.30	0.20	0.45	0.87

4.4 已给出飞机中立点位置 $h_{NP}=0.9$，其他相关数据为 $\alpha_{design}^*=3.5°(\delta_e=0)$，$\alpha_{min}=-1°$，$C_{m\delta_e}=-0.43/\text{rad}$，$C_{L\alpha}=5.815/\text{rad}$，$\delta_{e最大上偏}=-15°$，若 $C_{m0}=0.02$，$\alpha_{stall}=20°$，请确定前重心最大位置。

4.5 图 4.23 给出了大型喷气运输机（翼-身加尾翼构型）的 C_m-α 曲线。飞机升力系数表达式为 $C_L=0.03+0.08\alpha$，其中 α 为角度。考虑升降舵偏转限制为 $-24°\leqslant\delta_e\leqslant20°$，$l_t=2c$，$\alpha_{stall}=20°$，$h_{CG}=0.29$。分别计算：

(1) 中立点位置；
(2) $C_{m\delta_e}$，$C_{L\delta_e}$，$dC_L^*/d\delta_e^*$；
(3) 最大前 CG 位置；
(4) 配平升力线斜率。

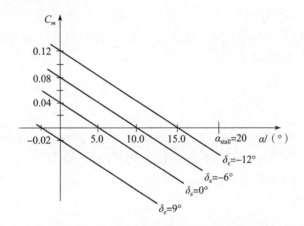

图 4.23 不同升降舵偏角下 C_m-α 曲线

4.6 某飞机具有如下特性：$V_H=0.66$，$S_t/S=0.23$，$C_{m0}=0.085$，$C_{m\delta_e}=-1.03/\text{rad}$，$C_{L\max}=1.4$。升降舵偏转限制为 $(-20°,+10°)$，重心位置为 $0.295c$，$C_{m\alpha}=-1.1/\text{rad}$。确定能够配平飞行的最大前 CG 位置。

4.7 推导在拉起和水平转弯机动中，单位过载（$1g$）所需的升降舵偏角 $d\delta_e/dn$ 的表达式，并研究导数 $C_{m\alpha}$ 对它的影响【提示：初始飞行条件为水平飞行，使用升降舵进行机动】

4.8 某飞机为翼-身加鸭翼构型，采用下列数据（上标 c 表示鸭翼），确定单位过载（$1g$）所需的升降舵偏角：

$S_w=100\text{m}^2$, $b_w=25\text{m}$, $C_{L\alpha}^{wb}=4.4/\text{rad}$, $(W/S)=3500\text{N/m}^2$, $C_{m0}^{wb}=-0.02$,

$S_c=25\text{m}^2$, $b_c=12\text{m}$, $C_{L\alpha}^c=5.3/\text{rad}$, $C_{m0}^c=0$, $C_{m\delta_e}^c=0.49/\text{rad}$,

$h_{AC}^c-h_{AC}^{wb}=-10.7$, $\varepsilon=0.51\theta/(°)$, $h_{CG}-h_{AC}^{wb}=-7.3$

4.9 需要同时进行亚声速和超声速飞行的飞机，在超声速速度下会遇到稳定性和配平阻力过大的问题。除了放宽静稳定性外，请再提出两种解决方案，并说明每种方案如何缓解这两个问题。

4.10 某飞机（翼-身-尾）在水平配平情况下飞行，其短周期动力学不稳定。飞行员要操纵飞机在略大的迎角处配平，请描述升降舵如何偏转，并在 C_m-α 图上进行示意。

4.11 某飞机相关数据为：$C_{m0} = 0.085$，$C_{m\delta_e} = -1.03/\text{rad}$，$C_{L\alpha} = 4.8/\text{rad}$，升降舵偏转限制为（+20°，-10°），最大前 CG 位置为 $h_{CG} = 0.19$，对应配平迎角为 $\alpha^* = 15°$。找出飞机中立点的位置。

4.12 三角翼超声速飞机，如 MiG-21 使用全动平尾来进行纵向控制，请解释原因（考虑纵向控制效率参数 $C_{m\delta_e}$，其中 δ_e 对传统飞机构型来说是升降舵，对于 MiG-21 来说是全动平尾）。在超声速区域，全动平尾是如何帮助飞机纵向配平的呢？

参考文献

1. Hoagg J. B. and Bernstein, D. S., Non-minimum phase zeros: much to do about nothing, *Control Systems Magazine*, June 2007, pp. 45-57.
2. F. O'Hara. Handlingcriteria. *J. Royal Aero. Soc.*, Vol. 71, No. 676, pp. 271-291, 1967.

第5章　长周期模态（沉浮模态）动力学

5.1　沉浮模态动力学方程

返回到第1章，你会发现已经书写了飞机纵向的动力学方程，方程变量包括V、γ（式（1.5a）和式（1.5b））和θ（式（1.6））。因此，纵向动力学包含两个时间尺度，俯仰角对应的快变时间尺度T_1（俯仰时间尺度）以及速度V和航迹倾角γ对应的慢变时间尺度T_2（沉浮时间尺度）。

因此，我们研究快变时间尺度T_1和短周期动力学变量θ（相当于α）时，假定速度V和航迹倾角γ变化足够慢，即当θ变化时，可以认为速度V和航迹倾角γ是常量。这样我们可以研究通过求解俯仰力矩方程得到的平衡状态，短周期模态的稳定性取决于气动导数$C_{m\alpha}$和$C_{mq}+C_{m\dot\alpha}$，以及升降舵的最终控制效果。

本章主要研究以慢变时间尺度T_2变化的变量速度V和航迹倾角γ，通常称为长周期模态变量或沉浮模态变量。因此，我们假定短周期模态变量变化较快且具有较好的阻尼特性。也就是说，当一个在平衡状态飞行的飞机所有状态被扰动后，变量α快速收敛至一常值，而变量V和γ则慢慢变动，是一个典型的欠阻尼状态，并且要持续几个周期，大约几十秒。因此在一个长周期过程中，也可以假定α固定在它的平衡值α^*附近。

因此忽略式（1.6）中的以快变时间尺度T_1变化的变量$\dot\theta$，式（1.5a）和式（1.5b）中以较慢时间尺度T_2变化的沉浮模态动力学方程如下式所示：

$$\frac{\dot V}{V}=\left(\frac{g}{V}\right)\left(\frac{T}{W}-\frac{\bar qS}{W}C_D-\sin\gamma\right) \tag{5.1}$$

$$\dot\gamma=\left(\frac{g}{V}\right)\left(\frac{\bar qS}{W}C_L-\cos\gamma\right) \tag{5.2}$$

5.2　能量方程

首先来分析飞机的动能和势能方程，Lanchester第一次分析沉浮模态运动机理时就是采用这类方程（具体见方框5.1）。

$$E = \frac{1}{2}mV^2 + mgh \tag{5.3}$$

方框 5.1　Lanchester 如何分析沉浮运动

Lanchester 假定飞机沉浮运动是飞机动能和势能的交换过程，其总能量是不变的。基于频域的沉浮振荡推导如下：

假定飞机按照如下平衡条件定制平飞：

$$T - D = 0, \quad W - L = 0$$

因此，$W = \rho V^{*2} S C_L^* / 2$，其中上标"*"表示平衡状态值，Lanchester 假定速度在平衡值附近摄动时引起飞机的法向运动满足下式：

$$m\Delta\ddot{Z} = W - \frac{1}{2}\rho(V^* + \Delta V)^2 S C_L^*$$

其中，Z 表示高度（也可以说是海拔），当飞机的速度和高度相互转换时，涉及动能和势能的交换，反之亦然。整个过程中迎角被认为是不变的，C_L^* 被固定在其平衡值附近，同时推力等于阻力。

由能量守恒的假设可得到下式

$$E = \frac{1}{2}m(V^* + \Delta V)^2 - mg\Delta Z = \frac{1}{2}mV^{*2} = \text{const}$$

因此，可以得到飞机纵平面扰动运动方程（高度）的一种推导形式：

$$m\Delta\ddot{Z} = mg\left[1 - \frac{\frac{1}{2}\rho(V^* + \Delta V)^2 S C_L^*}{\frac{1}{2}\rho V^{*2} S C_L^*}\right] = -mg\frac{2g\Delta Z}{V^{*2}}$$

上式可以简化为

$$\Delta\ddot{Z} + 2\left(\frac{g}{V^*}\right)\Delta Z = 0 \tag{5.a}$$

从式（5.a）可以看出，沉浮模态的自由振荡频率为 $\omega_p = \sqrt{2}g/V^*$。虽然他的沉浮运动频率在很长一段时间内被大家所接受，但由于假定了能量守恒（无阻尼），Lanchester 公式无法描述带阻尼的沉浮运动。

将式（5.3）对时间进行微分可得下式：

$$\frac{dE}{dt} = mV\frac{dV}{dt} + mg\frac{dh}{dt} = mV\frac{dV}{dt} + mgV\sin\gamma$$

两边同时除以 mg 后上式变为

$$\frac{1}{mg}\frac{dE}{dt} = \frac{V}{g}\frac{dV}{dt} + \frac{dh}{dt} = \underbrace{\frac{V}{g}\frac{dV}{dt}}_{\text{前向加速度}} + \underbrace{V\sin\gamma}_{\text{爬升率}} \tag{5.4}$$

上述方程右边函数的第一项视为前向加速度，第二项可视为爬升率，将式（5.1）中的 dV/dt 代入到式（5.4）中，可得：

$$\frac{1}{mg}\frac{dE}{dt} = V\left(\frac{T}{W} - \frac{\bar{q}S}{W}C_D - \sin\gamma\right) + V\sin\gamma = V\left(\frac{T}{W} - \frac{\bar{q}S}{W}C_D\right)$$

进一步可得到下式：

$$\frac{1}{mg}\frac{dE}{dt} = \left(\frac{T}{W} - \frac{\bar{q}S}{W}C_D\right)V = \frac{(T-D)V}{W} \tag{5.5}$$

式（5.5）右边通常称为单位剩余功率（specific excess power），换句话说，由于推力超过阻力产生的剩余功率可以用来增加飞机的能量，可以是动能也可以是势能，可直接产生一个前向加速度也可以让飞机爬升。

当总能量保持不变时会发生什么？这时飞机的动能和势能之间相互转换，也就是说，飞机在加速运动和爬升运动之间切换，具体满足如下关系：

$$\frac{V}{g}\frac{dV}{dt} + \frac{dh}{dt} = \frac{V}{g}\frac{dV}{dt} + V\sin\gamma = 0 \tag{5.6}$$

换句话说，飞机能量的任何改变仅仅是动能和势能的再分配。当飞机高度下降时，它必然要获得速度（动能），当飞机高度增加时，其速度会降低，相应动能也会损失。

在继续进行深入讨论之前，我们需要考虑另外一个因素。

5.2.1 法向加速度

当飞机沿着由 $V\dot\gamma$ 给定的曲线路径飞行时，式（5.2）中的法向加速度可写成如下形式：

$$V\dot\gamma = g\left(\frac{\bar{q}S}{W}C_L - \cos\gamma\right) \tag{5.7}$$

或者是两边同时除以 g，可以得到以 g 为单位的法向加速度：

$$\frac{V\dot\gamma}{g} = \frac{\bar{q}S}{W}C_L - \cos\gamma \tag{5.8}$$

从飞机性能的角度，可以将系数 L/W 或 $\bar{q}SC_L/W$ 称为载荷因子，可以用符号 n 表示，上式可以写为

$$\frac{V\dot\gamma}{g} = n - \cos\gamma \tag{5.9}$$

简单来说，如果飞机升力超过了飞机重力，其飞行路径是一个向上的曲

线,如果飞机升力小于飞机重力,其飞行路径是一个向下的曲线。

式(5.9)可以重写为

$$n = \frac{V\dot{\gamma}}{g} + \cos\gamma \tag{5.10}$$

当 $\gamma=0$ 时,载荷因子可以表示为

$$n = \frac{V\dot{\gamma}}{g} + 1 \tag{5.11}$$

因此当 $n=1(1g)$ 时对应平飞,当 n 略大于 1 时对应一个缓慢向上的曲线路径,当 n 略小于 1 时对应一个缓慢向下的曲线路径(图5.1)。

图 5.1 上升的飞行路径($n>1$ 或 $\dot{\gamma}>0$)

结合式(5.6)的结论,接下来可以描述沉浮(长周期)运动。

5.3 沉浮模态的物理机理

沉浮模态表现为飞机高度在平飞状态附近做正弦振荡,图5.2所示的是两个周期的沉浮运动。

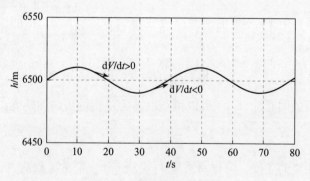

图 5.2 典型的沉浮运动

飞机在下降段获得速度($\dot{V}>0$)而损失高度($\dot{h}<0$,$\gamma<0$),在上升段损失速度($\dot{V}<0$)而换取高度($\dot{h}>0$,$\gamma>0$),这是一个飞机动能和势能的交换过程。

飞行过程中，飞行路径可能向上也可能向下，当 $L>W$ 和 $\dot{\gamma}>0$ 时，飞行路径向上，当 $L<W$ 和 $\dot{\gamma}<0$ 时，飞行路径向下。

现在将两种情况综合在一起，便是一个周期内的沉浮运动时间历程。我们从波谷开始，此时速度要大于平衡状态速度，因此升力（正比于速度平方）也要大于重力（记住，平衡状态升力等于重力），飞机向上爬升，以消耗速度的代价换取高度。半个振荡周期结束时，升力和重力又一次相等，飞机停止向上爬升，此时航迹倾角仍然大于零，且速度等于平衡状态速度。

在惯性的作用下飞机冲过周期中间点，此时速度持续下降到平衡状态速度 V^*，高度增加，较低的速度表明飞机升力会小于重力，此时飞机开始向下飞行。在波峰处，升力小于重力，因此 $\dot{\gamma}<0$，飞机开始下降，以损失高度的代价换取速度。

5.4 沉浮模态的小扰动方程

首先来考虑一个稳定的平飞状态，与前面一样，假定 $V=V^*$ 和 $\gamma=\gamma^*$，在平衡点附近满足如下方程：

$$\frac{T^*}{W}-\frac{\bar{q}^*S}{W}C_D^*=0 \tag{5.12}$$

$$\frac{\bar{q}^*S}{W}C_L^*-1=0 \tag{5.13}$$

式（5.12）表明推力和阻力形成一个平衡，式（5.13）表明升力和重力也形成了一个平衡，其中 T^* 是平衡状态推力，当速度在平衡状态变动时，假定平衡状态推力是不变的（这是一个对涡喷发动机较好的近似）。

现在，考虑一个在平衡状态附近的小扰动，像先前的讨论一样，在扰动过程中，α 被认为以较快的短周期时间尺度 T_1 快速收敛到一个固定值，而 V 和 γ 是可以自由扰动的，如下式所示：

$$V=V^*+\Delta V; \quad \gamma=\gamma^*+\Delta\gamma \tag{5.14}$$

其中 $\gamma^*=0$，$\alpha=\alpha^*$。

首先，分析动压中的扰动项。

$$\begin{aligned}\bar{q}&=\frac{1}{2}\rho V^2=\frac{1}{2}\rho\,(V^*+\Delta V)^2=\frac{1}{2}\rho V^{*2}\left(1+\frac{\Delta V}{V^*}\right)^2\\&=\frac{1}{2}\rho V^{*2}\left[1+2\frac{\Delta V}{V^*}+\left(\frac{\Delta V}{V^*}\right)^2\right]\\&=\bar{q}^*\left(1+2\frac{\Delta V}{V^*}\right)\quad\text{（二次项作为高阶项被忽略掉）}\end{aligned} \tag{5.15}$$

将式 (5.14) 中扰动变量代入到式 (5.1) 和式 (5.2) 中：

$$\underbrace{\dot{V}^*}_{=0}+\Delta\dot{V}=g\left[\frac{T^*}{W}-\frac{\bar{q}^*S}{W}\left(1+2\frac{\Delta V}{V^*}\right)(C_D^*+\Delta C_D)-\sin(\gamma^*+\Delta\gamma)\right]$$

$$=g\left[\frac{T^*}{W}-\frac{\bar{q}^*S}{W}\left(C_D^*+2C_D^*\frac{\Delta V}{V^*}+\Delta C_D+\underbrace{2\Delta C_D\frac{\Delta V}{V^*}}_{\text{高阶项}}\right)\right.$$
$$\left.-\underbrace{(\sin\gamma^*\cos\Delta\gamma+\cos\gamma^*\sin\Delta\gamma)}_{\gamma^*=0}\right]$$

$$=g\left[\underbrace{\left(\frac{T^*}{W}-\frac{\bar{q}^*S}{W}C_D^*\right)}_{\text{平衡状态值}}-\frac{\bar{q}^*S}{W}\left(2C_D^*\frac{\Delta V}{V^*}+\Delta C_D\right)-\Delta\gamma\right] \quad (5.16)$$

$$\Delta\dot{\gamma}(V^*+\Delta V)=g\left[\frac{\bar{q}^*S}{W}\left(1+2\frac{\Delta V}{V^*}\right)(C_L^*+\Delta C_L)-\cos(\gamma^*+\Delta\gamma)\right]$$

$$=g\left[\frac{\bar{q}^*S}{W}\left(1+2\frac{\Delta V}{V^*}\right)(C_L^*+\Delta C_L)-(\cos\gamma^*\cos\Delta\gamma-\sin\Delta\gamma^*\sin\Delta\gamma)\right] \quad (5.17)$$

重排各项，并利用小角度假设和平衡条件（$\cos\Delta\gamma=1$，$\sin\Delta\gamma=\Delta\gamma$，$\gamma^*=0$）

$$\Delta\dot{\gamma}V^*+\underbrace{\Delta\dot{\gamma}\Delta V}_{\text{高阶项}}=g\left[\underbrace{\left(\frac{\bar{q}^*SC_L^*}{W}-1\right)}_{\text{平衡状态值}}+\frac{\bar{q}^*S}{W}\left(\Delta C_L+2C_L^*\frac{\Delta V}{V^*}\right)+\underbrace{2\frac{\bar{q}^*S}{W}\left(\frac{\Delta V\Delta C_L}{V^*}\right)}_{\text{高阶项}}\right] \quad (5.18)$$

参照式 (5.12) 和式 (5.13)，上式中标记为"平衡状态值"项等于零，标记为"高阶项"的项因为是两项小量相乘，所以可以被忽略。

依据上面的结果，可以得到下面的沉浮运动小扰动方程：

$$\frac{\Delta\dot{V}}{V^*}=\left(\frac{g}{V^*}\right)\left[-\frac{\bar{q}^*S}{W}\left(\Delta C_D+2C_D^*\frac{\Delta V}{V^*}\right)-\Delta\gamma\right] \quad (5.19)$$

$$\Delta\dot{\gamma}=\left(\frac{g}{V^*}\right)\left[\frac{\bar{q}^*S}{W}\left(\Delta C_L+2C_L^*\frac{\Delta V}{V^*}\right)\right] \quad (5.20)$$

显然，不管是 ΔV 还是 $\Delta\gamma$ 都是以 g/V^* 的速度在变化，慢变时间尺度 T_2 也是由它定义的。

在进一步讨论之前，我们需要对气动力扰动项 ΔC_D 和 ΔC_L 进行建模。

5.5 带马赫数的气动模型

如第 1 章所示静态气动力是迎角和马赫数的函数，然后在第 2 章中，对短周期模态气动力矩进行建模时，我们发现气动力矩还和体轴系与风轴系下俯仰角速率之差 $\Delta q_b - \Delta q_w$ 产生的动态效应有关。

对于沉浮模态，我们假定迎角是常量，因此由迎角摄动产生的静态气动力为零。同时，如图 5.1 所示，飞机随着速度矢量抬头和低头来保证迎角维持在 α^*，体轴系下的俯仰角速度 Δq_b 与风轴系下的俯仰角速率 Δq_w 相同，因 $\Delta q_b - \Delta q_w$ 产生的气动力矩为零（5.12 节中有更详细的描述），因此只有随马赫数变化的静态气动力需要建模。

阻力和升力系数的扰动项可以写为如下形式：

$$\Delta C_D = C_{DMa} \Delta Ma \tag{5.21}$$

$$\Delta C_L = C_{LMa} \Delta Ma \tag{5.22}$$

其中 C_{DMa} 和 C_{LMa} 分别是阻力系数 C_D 和升力系数 C_L 对马赫数 Ma 的导数（其他变量被认为是常数）。

$$C_{DMa} = \frac{\partial C_D}{\partial Ma}\bigg|_* \tag{5.23}$$

$$C_{LMa} = \frac{\partial C_L}{\partial Ma}\bigg|_* \tag{5.24}$$

马赫数定义为 $Ma = V/a$，平衡状态的马赫数定义为 $Ma^* = V^*/a^*$，其中 a^* 是平衡状态飞行高度对应的声速。

$$\Delta Ma = \frac{\Delta V}{a^*} \tag{5.25}$$

因此

$$\Delta C_D = C_{DMa} \frac{\Delta V}{a^*} = \frac{V^*}{a^*} C_{DMa} \left(\frac{\Delta V}{V^*} \right) = Ma^* C_{DMa} \left(\frac{\Delta V}{V^*} \right) \tag{5.26}$$

以相同的方式可以得到升力系数的扰动项

$$\Delta C_L = Ma^* C_{DMa} \left(\frac{\Delta V}{V^*} \right) \tag{5.27}$$

▷ **例 5.1　典型变量 C_{LMa}。**

飞机的主要升力来自于机翼，且机翼一般都具有尽可能大的展弦比，应用 Prandtl-Glauert 规则有下式成立：

$$C_L(Ma) = \frac{C_{L(Ma=0)}}{\sqrt{1 - Ma^2}} \tag{5.28}$$

在亚声速流动中，$C_{L(Ma=0)}$ 是不可压状态的升力系数，式（5.28）描述了随着马赫数增加可压缩效应对升力系数的影响。

对马赫数进行微分，可以得到下式：

$$C_{LMa} = \frac{\partial C_L}{\partial Ma}\bigg|_* = -\frac{1}{2}C_{L(Ma=0)}(1-Ma^2)^{-\frac{3}{2}}(-2Ma)\bigg|_*$$

$$= \frac{C_{L(Ma=0)}}{\sqrt{1-Ma^{*2}}} \frac{Ma^*}{(1-Ma^{*2})} = C_L(Ma^*)\frac{Ma^*}{(1-Ma^{*2})} \tag{5.29}$$

通常在亚声速流动中有 $C_{LMa}>0$、$C_{DMa}>0$。

📖 **家庭作业**：计算超声速流动中的 C_{LMa} 和 C_{DMa}。

5.6 沉浮模态动力学

我们把气动力系数扰动项代入沉浮模态的小扰动方程中（式（5.19）和式（5.20））：

$$\frac{\Delta\dot{V}}{V^*} = \left(\frac{g}{V^*}\right)\left\{-\frac{\bar{q}^*S}{W}\left(Ma^*C_{DMa}\frac{\Delta V}{V^*} + 2C_D^*\frac{\Delta V}{V^*}\right) - \Delta\gamma\right\}$$

$$= \left(\frac{g}{V^*}\right)\left\{-\frac{\bar{q}^*S}{W}(Ma^*C_{DMa}+2C_D^*)\frac{\Delta V}{V^*} - \Delta\gamma\right\} \tag{5.30}$$

$$\Delta\dot{\gamma} = \left(\frac{g}{V^*}\right)\left\{\frac{\bar{q}^*S}{W}\left(Ma^*C_{LMa}\frac{\Delta V}{V^*} + 2C_L^*\frac{\Delta V}{V^*}\right)\right\}$$

$$= \left(\frac{g}{V^*}\right)\left\{\frac{\bar{q}^*S}{W}(Ma^*C_{LMa}+2C_L^*)\frac{\Delta V}{V^*}\right\} \tag{5.31}$$

下一步，我们对式（5.30）进行微分，并将式（5.31）中的 $\dot{\gamma}$ 代入其中，得到下式：

$$\frac{\Delta\ddot{V}}{V^*} = \left(\frac{g}{V^*}\right)\left[-\frac{\bar{q}^*S}{W}(Ma^*C_{DMa}+2C_D^*)\frac{\Delta\dot{V}}{V^*} - \dot{\gamma}\right]$$

$$= \left(\frac{g}{V^*}\right)\left\{-\frac{\bar{q}^*S}{W}(Ma^*C_{DMa}+2C_D^*)\frac{\Delta\dot{V}}{V^*} - \left(\frac{g}{V^*}\right)\left[\frac{\bar{q}^*S}{W}(Ma^*C_{LMa}+2C_L^*)\frac{\Delta V}{V^*}\right]\right\} \tag{5.32}$$

重新排列各项，可以得到：

$$\frac{\Delta\ddot{V}}{V^*} + \left(\frac{g}{V^*}\right)\left[\frac{\bar{q}^*S}{W}(Ma^*C_{DMa}+2C_D^*)\right]\frac{\Delta\dot{V}}{V^*} + \left(\frac{g}{V^*}\right)^2\left[\frac{\bar{q}^*S}{W}(Ma^*C_{LMa}+2C_L^*)\right]\frac{\Delta V}{V^*} = 0 \tag{5.33}$$

上式是关于 ΔV 的二阶微分方程，假定 $\Delta\alpha=0$，而前面提到的关于迎角扰动项的二阶短周期模态方程中，则有 $\Delta V=0$ 的假定。现在可以采用第 2 章中的思想来分析式（5.33）所示的沉浮模态动力学方程。

▷ **例 5.2** 一商务喷气客机以 60m/s 的速度在海平面条件下飞行，分析一下该飞机平衡条件下的沉浮模态动力学。具体数据如下：

$$W = 171136\text{N}, \quad S = 6027\text{m}^2, \quad C_L^* = 0.737, \quad C_D^* = 0.095$$

忽略当前速度下的可压缩效应的影响，通过代入上述具体参数，式（5.19）和式（5.20）可以写成如下形式：

$$\Delta \dot{V} = -0.0238\Delta V - 9.8\Delta \gamma$$
$$\Delta \dot{\gamma} = -0.003\Delta V \tag{5.34}$$

通过对式（5.34）进行数值积分可以得到速度和航迹倾角的扰动时间响应，具体如图 5.3 所示，速度扰动的初值为 0.2m/s。两个连续的峰值或低谷之间的时间（近似为 36s）是阻尼时间段，阻尼比 $\zeta = 0.068$，可以通过连续峰值或低谷计算得到。

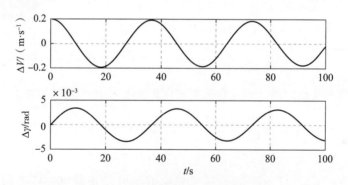

图 5.3 飞机沉浮模态响应的仿真结果

5.7 沉浮模态频率和阻尼

将式（5.33）所示的沉浮模态动力学方程与式（2.4）所示的标准二阶动力学方程相比较，可以得到沉浮模态的频率和阻尼：

$$(\omega_n^2)_p = \left(\frac{g}{V^*}\right)^2 \left[\frac{\bar{q}^* S}{W}(Ma^* C_{LMa} + 2C_L^*)\right] \tag{5.35}$$

$$(2\zeta\omega_n)_p = \left(\frac{g}{V^*}\right) \left[\frac{\bar{q}^* S}{W}(Ma^* C_{DMa} + 2C_D^*)\right] \tag{5.36}$$

当然，通常情况下，假定式（5.35）右端项总是正的。

在低速情况下，$Ma^* C_{LMa}$ 通常较小，如果将其忽略，可以近似得到沉浮模态的自由振荡频率：

$$(\omega_n^2)_p = \left(\frac{g}{V^*}\right)^2 \left[\frac{\bar{q}^* S}{W}(2C_L^*)\right] = 2\left(\frac{g}{V^*}\right)^2 \quad (5.37)$$

水平飞行时，$\bar{q}^* S C_L = L = W$，因此可以得出如下结论：

$$(\omega_n)_p = \left(\frac{g}{V^*}\right)^2 \left[\frac{\bar{q}^* S}{W}(2C_L^*)\right] = \sqrt{2}\left(\frac{g}{V^*}\right) \quad (5.38)$$

上式就是 Lanchester 在 1908 年推导出的结果，令人惊异的是沉浮模态的振荡频率与飞机本体特性和飞行高度无关，其振荡周期与平衡速度成正比。这个公式是式（5.35）的近似形式，对一些机型是适用的，但是对某些其他机型并不适用。

📢 **例 5.3** 在高速飞行时，$Ma^* C_{LMa}$ 可能是负的，并且大小与 $2C_L^*$ 相当，式（5.35）右端项近似为零甚至为负，表明沉浮模态是不稳定的。这种情况对超声速或高超声速飞机完全有可能，如图 5.4 所示的 SR-71 飞机。

图 5.4　SR-71 飞机

式（5.35）右端项不能完全为正来确保沉浮模态的稳定性，因此也需要式（5.36）中的阻尼项为正。

$$\left(\frac{g}{V^*}\right)\left[\frac{\bar{q}^* S}{W}(Ma^* C_{DMa} + 2C_D^*)\right] > 0 \quad (5.39)$$

上式在大多数情况下都是适用的，至少在低速的时候。

如果 $Ma^* C_{DMa}$ 与 $2C_D^*$ 相比是可忽略的，可以获得沉浮模态阻尼的简单近似：

$$(2\zeta\omega_n)_p = \left(\frac{g}{V^*}\right)\left[\frac{\bar{q}^* S}{W}(2C_D^*)\right] = \left(\frac{g}{V^*}\right)\left(\frac{2C_D^*}{C_L^*}\right) \quad (5.40)$$

因此，从式（5.38）~式（5.40）可以得出下式：

$$\zeta = \frac{1}{\sqrt{2}}\frac{C_D^*}{C_L^*} \quad (5.41)$$

对于典型的亚声速飞机，这个值大概是 $\zeta = 0.05$，相对较低。有趣的是，沉浮模态阻尼与升阻比 C_L/C_D 成反比。所以设计师们努力提高现代飞机的升阻比，结果无意中降低了飞机沉浮模态的稳定性。

在飞行过程中，沉浮模态的弱阻尼特性通常不是问题，因为飞机操纵者通常采用马赫数保持模式来抑制沉浮模态的振荡。但是，在近地面，尤其是进场阶段，可能就是潜在的危险。记住，任何速度的改变都会激励沉浮模态，从而出现速度和高度的振荡,而在近地面飞行时高度的振荡是不可接受的。

在着陆进场阶段,通过操纵分段襟翼使飞机升力系数提高,这个过程中阻力系数也会得到提高。进一步偏转襟翼至最大让阻力系数增加,升力系数并没有相应的增加,这样不仅改善了沉浮模态的阻尼特性,同时也进一步为飞机接地后制动阶段增加了额外阻力。在起飞阶段,需要更大的升力,而不需要额外增加的阻力(有时这是不可避免的),因此起飞时襟翼只是部分偏转。

◁ 例 5.4 沉浮模态飞行品质。

不像短周期模态,沉浮模态振荡频率并没有严格的飞行品质要求,这主要是因为沉浮模态发散需要较长时间(时间周期大约为 20~30s),飞行员能够很好地抑制这种发散。然而,沉浮模态通常值得关注,其主要取决于飞行员的经验和飞机本身的飞行品质,飞机阻尼比要求在如下范围内,参照不同的机型和不同的飞行状态各有不同:

一级(足够好的飞行品质):$\zeta_p > 0.04$。

二级(飞行员具有较轻的工作负担):$\zeta_p > 0.0$。

三级(飞行员具有较重的工作负担):倍幅时间 $T_2 > 55s$。

5.8 精确的短周期模态和沉浮模态

从式(2.36)和式(2.37)结果中计算出的短周期频率和阻尼比与实际飞行中的观测结果符合得较好。然而,式(5.36)和式(5.37)所示的一阶近似得到的沉浮模态振荡频率和阻尼比并不能总是和实际飞行中的观测结果相吻合。

Ananthkrishnan 和 Unnikrishnan 揭示了这种差异的原因。本章在推导近似的沉浮模态动力学方程时,假定迎角的变化较快且阻尼特性较好,因此迎角将很快收敛,而让沉浮模态变量 V 和 γ 持续振荡。事实证明,这并不完全正确。迎角扰动项会按照时间尺度 T_1 很快收敛,但并不总是到零,存在残余迎角扰动项,它按照沉浮模态时间尺度 T_2 变化。

换句话说,认为以快速短周期时间尺度变化的迎角和以较慢沉浮模态时间尺度变化的速度与航迹倾角彼此之间完全独立是不完全合适的。相反,迎角可以划分为两部分,与短周期模态一样快速变化部分和与沉浮负模态一样慢变的欠阻尼部分。

修订版的短周期模态和沉浮模态动力学方程的近似形式由 Raghavan 和 Ananthkrishnan 推导完成,这里给出了这个推导的简略版本。

由式(5.19)、式(5.20)和式(2.21)综合而成的平飞状态纵向小扰动方程的完整形式如下：

$$\frac{\Delta \dot{V}}{V^*} = \left(\frac{g}{V^*}\right)\left[-\frac{\bar{q}^* S}{W}\left(\Delta C_D + 2C_D^* \frac{\Delta V}{V^*}\right) - \Delta\gamma\right] \quad (5.42)$$

$$\Delta \dot{\gamma} = \left(\frac{g}{V^*}\right)\left[\frac{\bar{q}^* S}{W}\left(\Delta C_L + 2C_L^* \frac{\Delta V}{V^*}\right)\right] \quad (5.43)$$

$$\Delta \ddot{\theta} = \left(\frac{\bar{q}^* Sc}{I_{yy}}\right)\Delta C_m \quad (5.44)$$

大多数标准气动力系数摄动模型可以写成如表 5.1 所示的情形，为了方便起见不包含升降舵效率，但是考虑了"q_2"引起的力矩，具体内容将在 5.12 节中详细讨论。

表 5.1 纵向小扰动气动模型

$\Delta C_D = C_{DMa}\Delta Ma + C_{D\alpha}\Delta\alpha + C_{Dq1}(\Delta q_b - \Delta q_w)\left(\frac{c}{2V^*}\right) + C_{Dq2}\Delta q_w\left(\frac{c}{2V^*}\right)$
$= Ma^* C_{DMa}\left(\frac{\Delta V}{V^*}\right) + C_{D\alpha}\Delta\alpha + C_{Dq1}\Delta\dot{\alpha}\left(\frac{c}{2V^*}\right) + C_{Dq2}\Delta\dot{\gamma}\left(\frac{c}{2V^*}\right)$
$\Delta C_L = C_{LMa}\Delta Ma + C_{L\alpha}\Delta\alpha + C_{Lq1}(\Delta q_b - \Delta q_w)\left(\frac{c}{2V^*}\right) + C_{Lq2}\Delta q_w\left(\frac{c}{2V^*}\right)$
$= Ma^* C_{LMa}\left(\frac{\Delta V}{V^*}\right) + C_{L\alpha}\Delta\alpha + C_{Lq1}\Delta\dot{\alpha}\left(\frac{c}{2V^*}\right) + C_{Lq2}\Delta\dot{\gamma}\left(\frac{c}{2V^*}\right)$
$\Delta C_m = C_{mMa}\Delta Ma + C_{m\alpha}\Delta\alpha + C_{mq1}(\Delta q_b - \Delta q_w)\left(\frac{c}{2V^*}\right) + C_{mq2}\Delta q_w\left(\frac{c}{2V^*}\right)$
$= Ma^* C_{mMa}\left(\frac{\Delta V}{V^*}\right) + C_{m\alpha}\Delta\alpha + C_{mq1}\Delta\dot{\alpha}\left(\frac{c}{2V^*}\right) + C_{mq2}\Delta\dot{\gamma}\left(\frac{c}{2V^*}\right)$

5.8.1 短周期模态动力学

首先，研究式（5.44）所示的时间尺度为 T_1 快速俯仰动力学，同时假定慢变量 ΔV 和 $\Delta\gamma$ 为常数，因此其时间变化率为常数。可以将扰动俯仰动力学方程写为时间常数：

$$\Delta \ddot{\alpha} = \left(\frac{\bar{q}^* Sc}{I_{yy}}\right)\Delta C_m = \left(\frac{\bar{q}^* Sc}{I_{yy}}\right)\left[Ma^* C_{mMa}\left(\frac{\Delta V}{V^*}\right) + C_{m\alpha}\Delta\alpha + C_{mq1}\Delta\dot{\alpha}\left(\frac{c}{2V^*}\right)\right]$$

$$(5.45)$$

重排各项，可以得到短周期动力学模型如下：

$$\Delta \ddot{\alpha} - \left(\frac{\bar{q}^* Sc}{I_{yy}}\right)\left(\frac{c}{2V^*}\right)(C_{mq1} + C_{m\dot{\alpha}})\Delta\dot{\alpha} - \left(\frac{\bar{q}^* Sc}{I_{yy}}\right)C_{m\alpha}\Delta\alpha = \left(\frac{\bar{q}^* Sc}{I_{yy}}\right)Ma^* C_{mMa}\left(\frac{\Delta V}{V^*}\right)$$

$$(5.46)$$

式（5.46）的左端项与式（2.32）相同，因此式（2.33）和式（2.34）所示的短周期频率和阻尼项保持不变。然而，式（5.46）右端所示的慢变项的存在表明迎角的扰动项不会完全收敛到零，相反，它会保持在一个由下式确定的静态值：

$$-\left(\frac{\bar{q}^*Sc}{I_{yy}}\right)C_{m\alpha}\Delta\alpha_s = \left(\frac{\bar{q}^*Sc}{I_{yy}}\right)Ma^* C_{mMa}\left(\frac{\Delta V}{V^*}\right) \quad (5.47)$$

上述静态值也按照沉浮模态时间尺度 T_2 变化。

5.8.2 沉浮模态动力学

综合式（5.42）、式（5.43）以及表 5.1 所示的气动模型可以推导出如式（5.33）的二阶方程：

$$\frac{\Delta\ddot{V}}{V^*} + \left(\frac{g}{V^*}\right)\left[\frac{\bar{q}^*S}{W}(Ma^* C_{DMa} + 2C_D^*)\right]\frac{\Delta\dot{V}}{V^*} + \left(\frac{g}{V^*}\right)\frac{\bar{q}^*S}{W}C_{D\alpha}\Delta\dot{\alpha}$$

$$+ \left(\frac{g}{V^*}\right)^2\left[\frac{\bar{q}^*S}{W}(Ma^* C_{LMa} + 2C_L^*)\right]\frac{\Delta V}{V^*} + \left(\frac{g}{V^*}\right)^2\frac{\bar{q}^*S}{W}C_{L\alpha}\Delta\alpha = 0 \quad (5.48)$$

如前面一样放弃 q_2 导数项，q_1 导数项——C_{Dq1} 通常不是那么重要，C_{Lq1} 用来修正沉浮模态阻尼，与 g/V^* 相比是高阶项，因此可以被忽略。式（5.48）中的 $\Delta\alpha$ 以较慢的时间尺度变化，其值由式（5.47）决定。$\Delta\dot{\alpha}$ 可以通过式（5.47）微分得到。最后，沉浮模态动力学模型可写成如下形式：

$$\frac{\Delta\ddot{V}}{V^*} + \left(\frac{g}{V^*}\right)\left\{\frac{\bar{q}^*S}{W}\left[Ma^* C_{DMa} + 2C_D^* - Ma^*\left(\frac{C_{mMa}}{C_{m\alpha}}\right)C_{D\alpha}\right]\right\}\frac{\Delta\dot{V}}{V^*}$$

$$+ \left(\frac{g}{V^*}\right)^2\left\{\frac{\bar{q}^*S}{W}\left[Ma^* C_{LMa} + 2C_L^* - Ma^*\left(\frac{C_{mMa}}{C_{m\alpha}}\right)C_{L\alpha}\right]\right\}\frac{\Delta V}{V^*} = 0 \quad (5.49)$$

从式（5.49）中可以得到沉浮模态的频率和阻尼表达式：

$$(\omega_n^2)_p = \left(\frac{g}{V^*}\right)^2\left\{\frac{\bar{q}^*S}{W}\left[Ma^* C_{LMa} + 2C_L^* - Ma^*\left(\frac{C_{mMa}}{C_{m\alpha}}\right)C_{L\alpha}\right]\right\} \quad (5.50)$$

$$(2\zeta\omega_n)_p = \left(\frac{g}{V^*}\right)\left\{\frac{\bar{q}^*S}{W}\left[Ma^* C_{DMa} + 2C_D^* - Ma^*\left(\frac{C_{mMa}}{C_{m\alpha}}\right)C_{D\alpha}\right]\right\} \quad (5.51)$$

式（5.50）和式（5.51）中的沉浮模态频率和阻尼表达式与式（5.35）和式（5.36）中相比更复杂，两组公式右端前两项是相同的，只是修正后的式（5.50）和式（5.51）中包含了导数 C_{mMa} 项——俯仰力矩随马赫数的变化。仅从速度 V 和航迹倾角 γ 动力学方程出发，这一项在本章早期的推导版本中没有出现，同时我们在俯仰动力学方程中忽略 ϑ（或者 α）。

下面将讨论俯仰方向的控制导数。

5.9 导数 C_{mMa}

气动导数 C_{mMa} 由两类因素引起：第一个因素是由升力系数随马赫数变化引起的（主要由平尾影响），满足例 5.1 中的 Prandtl-Glauert 规则，亚声速俯仰力矩随马赫数的变化如下：

$$C_m(Ma) = \frac{C_{m(Ma=0)}}{\sqrt{1-Ma^2}} \tag{5.52}$$

其中 $C_{m(Ma=0)}$ 是不可压流动状态下俯仰力矩系数，本质上，式（5.52）也反映了升力系数随马赫数变化的可压缩效应。

按照式（5.29）中完全一样的方式，对马赫数进行微分，可得导数 C_{mMa}：

$$C_{mMa} = \frac{\partial C_m}{\partial Ma}\bigg|_* = -\frac{1}{2}C_{m(Ma=0)}(1-Ma^2)^{\frac{3}{2}}(-2Ma)\bigg|_*$$

$$= \frac{C_{m(Ma=0)}}{\sqrt{1-Ma^{*2}}}\frac{Ma^*}{(1-Ma^{*2})} = C_m(Ma^*)\frac{Ma^*}{(1-Ma^{*2})} \tag{5.53}$$

第二个因素是压心和飞机跨声速时的中立点的改变。4.10 节已经讨论过了，在超声速飞行时中立点后移，因此，作用在飞机中立点处静升力产生一个较大的向下俯仰力矩。当飞机作跨声速飞行时，向下的俯仰力矩会逐渐让飞机低头，这个同差叫做自动俯冲效应。

5.10 气动导数 C_{mq1}

在第 2 章中定义如下气动导数 C_{mq1}：

$$C_{mq1} = \frac{\partial C_m}{\partial\left[(q_b-q_w)\left(\dfrac{c}{2V}\right)\right]}\bigg|_* \tag{2.25}$$

该项气动导数反映了由体轴系俯仰角速度和风轴系俯仰角速度之差导致的俯仰力矩。已经发现，这项气动导数是产生短周期模态阻尼部分因素。

首先评估一个翼-身的 C_{mq1} 导数，为简单起见，像第 2 章中推导短周期模态动力学方程时一样，假定飞机作定速平飞，速度 V^* 为常值，航迹倾角 γ^* 为常值。在这种情况下，风轴系是固定的，因此自始至终都有 $q_w = 0$。考虑如图 5.5 所示的体轴系下一个小的俯仰角速率扰动 Δq_b，飞机质心

CG 到气动中心 AC 的距离为 l_t，Δq_b 飞机平尾处产生一个向下的速度 $\Delta q_b l_t$，从平尾压心的视角看，就是平尾压心处有一个向上的诱导流动速度 $\Delta q_b l_t$。由于风轴系是固定的，自由来流速度 V^* 不变，因此有 $q_w = 0$，诱导速度可以写为 $(\Delta q_b - \Delta q_w) l_t$。

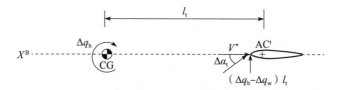

图 5.5　质心处的俯仰角速率扰动

综合考虑图 5.5 所示的速度 V^* 和 $(\Delta q_b - \Delta q_w) l_t$，很明显在平尾处存在如下诱导附加迎角：

$$\Delta \alpha_t = (\Delta q_b - \Delta q_w) \frac{l_t}{V^*} \tag{5.54}$$

这个附加迎角将会在飞机平尾处产生一个诱导升力，具体形式为

$$\Delta C_L^t = C_{L\alpha}^t \Delta \alpha_t = C_{L\alpha}^t (\Delta q_b - \Delta q_w) \frac{l_t}{V^*}$$

$$\Delta C_D^t = C_{D\alpha}^t \Delta \alpha_t = C_{D\alpha}^t (\Delta q_b - \Delta q_w) \frac{l_t}{V^*}$$

$$\Delta l_t = \bar{q} S_t \Delta C_L^t = \bar{q} S_t \cdot C_{L\alpha}^t (\Delta q_b - \Delta q_w) \frac{l_t}{V^*}$$

飞机的额外升力等同于平尾的诱导升力：

$$\Delta L = \Delta L_t = \bar{q} S_t C_{L\alpha}^t (\Delta q_b - \Delta q_w) \frac{l_t}{V^*}$$

飞机的额外升力系数为

$$\Delta C_L = \frac{\Delta L}{\bar{q} S} = \Delta L_t = \left(\frac{S_t}{S}\right) C_{L\alpha}^t (\Delta q_b - \Delta q_w) \frac{l_t}{V^*} \tag{5.55}$$

进一步，附加升力会产生如下附加俯仰力矩：

$$\Delta M_{CG} = -\Delta L_t l_t = -\bar{q} S_t C_{L\alpha}^t (\Delta q_b - \Delta q_w) \frac{l_t}{V^*} l_t \tag{5.56}$$

$$\Delta C_{mCG} = \frac{\Delta M_{CG}}{\bar{q} S c} = -\left(\frac{S_t}{S}\right) C_{L\alpha}^t (\Delta q_b - \Delta q_w) \frac{l_t}{V^*} \frac{l_t}{c}$$

从式（5.55）和式（5.56）可以得到气动导数 C_{Lq1} 和 C_{mq1} 的具体形式：

$$C_{Lq1} = \frac{\partial C_L}{\partial \left[(q_b - q_w)\left(\dfrac{c}{2V^*}\right)\right]}\bigg|_*$$

结合式（5.55）可以得到

$$C_{Lq1} = 2\left[\left(\frac{S_t}{S}\right)\frac{l_t}{c}\right]C_{L\alpha}^t = 2V_H C_{L\alpha}^t \tag{5.57}$$

同理，力矩导数为

$$C_{mq1} = \frac{\partial C_L}{\partial \left[(q_b - q_w)\left(\dfrac{c}{2V}\right)\right]}\bigg|_*$$

从式（5.56），可以得到力矩导数为

$$C_{mq1} = -2\left[\left(\frac{S_t}{S}\right)\frac{l_t}{c}\right]C_{L\alpha}^t \frac{l_t}{c} = -2V_H C_{L\alpha}^t \left(\frac{l_t}{c}\right) \tag{5.58}$$

平尾容积比（HTVR）V_H 用来调整飞机静稳定性的参数，同样可以用来调节 C_{mq1}。通常较大的 V_H 可以增加俯仰方向的刚度和阻尼。参照 $V_{H'}$、C_{mq1} 具体形式如附录 3.1 中式（3A.12）所示。

对于翼身融合体构形而言，C_{mq1} 符号是负的，也就是说可以增加短周期模态阻尼。

📖 **家庭作业**：一般情况下，采用 $\Delta q_b - \Delta q_w$ 推导式（5.57）和式（5.58）中的 C_{Lq1} 和 C_{mq1} 时，会发现不管是本节中特殊的俯仰运动产生的 $\Delta q_b - \Delta q_w$，还是以其他方式产生的，上述表达式都是正确的。本质上，式（5.57）和式（5.58）中的气动导数 C_{Lq1} 和 C_{mq1} 反映了由 $\Delta q_b - \Delta q_w$ 在平尾处产生的附加垂直速度的诱导效应。

5.11　沉浮运动中的气动导数 C_{mq1}

我们发现一个非常有趣的现象是式（5.50）和式（5.51）所示的沉浮模态动力学方程中并没有出现气动导数 C_{mq1}，为什么会这样？

考虑一条一小段波谷附近的沉浮模态轨迹，如图 5.6 所示，飞机在三个瞬间的姿态也显示在图中。三个时间点的迎角相同，并且每个时间点都在飞行路径上。很明显，飞机体轴系与飞机本体固连在一起，风轴系的 X^W 轴沿着速度矢量，并且在每一点的 X^W 与 X^B 的夹角维持不变。这说明，体轴系下俯仰角速率和风轴系下的俯仰角速率是相等的，即对沉浮模态来说 $\Delta q_b - \Delta q_w = 0$，且式（5.55）和式（5.56）中的附加升力系数和俯仰力矩系数为零。

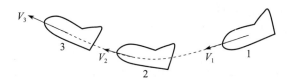

图 5.6 波谷附近的沉浮运动轨迹

📖 **家庭作业**：准确地画出由体轴系俯仰角速率和风轴系俯仰角速率在飞机尾部产生的速度矢量，并证明这两个矢量可以精确的抵消。因此，飞机尾部并不会出现垂直的速度矢量，附加的升力和阻力也不会出现。

如果气动导数 C_{Lq1} 和 C_{mq1} 不是参照式（5.59）所示的 $(q_b - q_w)$ 来定义的，将会发生什么？

$$C_{Lq1} = \frac{\partial C_L}{\partial [(q_b - q_w)(c/2V)]}\bigg|_*, \quad C_{mq1} = \frac{\partial C_m}{\partial [(q_b - q_w)(c/2V)]}\bigg|_* \quad (5.59)$$

但是单独考虑 q_b 呢？这是附加升力系数为 $\Delta C_L = C_{Lq1}\Delta q_b(c/2V^*)$，附加俯仰力矩系数 $\Delta C_m = C_{mq1}\Delta q_b(c/2V^*)$，其中 Δq_b 在整个沉浮运动中不为零。表明由于飞机运动而产生的升力和俯仰力矩实际上是不存在的。

从 5.10 节中俯仰运动和 5.11 节中沉浮运动来看，很明显如果要正确地反映物理机理，气动导数 C_{Lq1} 和 C_{mq1}，应该以式（5.59）中的方式来定义。

5.12 流动曲率效应

以下标"1"定义了气动导数 C_{Lq1} 和 C_{mq1}，是否还有标注为 C_{Lq2} 和 C_{mq2} 其他形式的气动导数，如果有该如何表述？为什么至今还没有使用它们？

答案是肯定的，气动导数 C_{Lq2} 和 C_{mq2} 就是用来描述流动曲率效应。

考虑飞机沿着如图 5.6 所示的曲线路径，为方便起见，可以把这条弯曲的路径想象成一个垂直的圆形环路的一部分，如图 5.7 所示。

飞机绕质心旋转的俯仰角速率与航迹倾角的变化率是一样的，等于风轴系下的俯仰角速率。航迹倾角的变化率在飞机所有的路径点上都一样，因此，靠近环路中心点的相对风速一定比远离环路的点的相对风速要小。

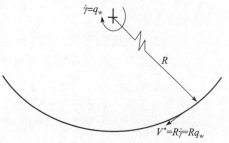

图 5.7 航迹倾角为常值时的曲线路径

速度随距离环中心的距离而变化，只有在如图5.7所示的质心线上的速度才等于 V^*。

由于气动力和力矩取决于局部相对风速，这种速度上的差异是由飞机飞行路径的曲率引起的，它会对飞行动力学产生影响，产生这种气动效应的两项气动导数定义如下：

$$C_{Lq1} = \frac{\partial C_L}{\partial \left[(q_b - q_w)\left(\frac{c}{2V}\right)\right]}\bigg|_*, \quad C_{mq1} = \frac{\partial C_m}{\partial \left[(q_b - q_w)\left(\frac{c}{2V}\right)\right]}\bigg|_* \quad (5.60)$$

上述气动导数包含在升力和俯仰力矩的气动模型中，具体如下式所示：

$$\Delta C_L = C_{Lq2}(\Delta q_w)\left(\frac{c}{2V^*}\right) \quad (5.61)$$

$$\Delta C_m = C_{mq2}(\Delta q_w)\left(\frac{c}{2V^*}\right) \quad (5.62)$$

对于大多数传统飞机，飞机质心与垂直方向最远点（垂尾顶部）的距离相对回路中心到质心的距离而言是一个小量，所以观测到的速度差通常很小，可以忽略不计。同时，对大多数传统飞机而言，机翼、鸭翼和平尾等升力面离飞机质心线非常近，因此很少受到由流动曲率引起的速度差的影响，不需要担心导数 C_{Lq2} 和 C_{mq2} 表示的流动曲率效应。

📖 **家庭作业**：考虑平尾置于垂尾顶端的T形尾翼，如果水平尾翼的相对速度因为带有风轴俯仰角速率的弯曲飞行路径造成的流动曲率效应而发生显著变化，会产生什么影响。

这就完成了对常规飞机纵向动力学模态和气动导数的讨论。

🔊 **练习题**

5.1 一架飞机以最小阻力速度60m/s在海平面巡航飞行，给定零升阻力系数 $C_{D0} = 0.015$，展弦比 $AR = 7$，奥斯瓦尔德因子 $e = 0.95$，计算其沉浮模态频率和阻尼。

5.2 对于水平飞行的飞机，沉浮模态响应如图5.8所示，确定飞机的频率和阻尼比以及飞机飞行的平衡速度。另外，采用海平面飞机数据来确定飞机配平阻力系数，其中翼载为 $W/S = 3000\text{N/m}^2$。

5.3 本章分析集中在水平飞行条件 $\gamma = 0$ 线性化飞机纵向平面的方程，推导出近似的沉浮模态动力学方程。开展 $\gamma \neq 0$ 条件下的飞机起飞和着陆情况下的沉浮模态动力学特性。

第5章 长周期模态（沉浮模态）动力学

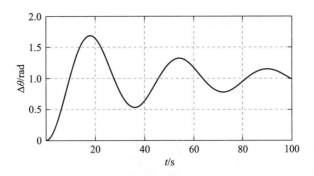

图 5.8 某型飞机沉浮模态响应

5.4 一架飞机从一个低亚声速的巡航状态加速到另一个高亚声速的巡航状态，包括由于速度的这种转变而产生的压缩效应，研究速度对飞机沉浮运动的影响。

5.5 采用下列数据求取某型飞机的短周期频率：

　　飞机本体数据：$S = 94.5\text{m}^2$，$b = 32\text{m}$，$c = 3.4\text{m}$，$\text{AR} = 9.75$，$C_{L\alpha}^{\text{wb}} = 5.2/\text{rad}$，$C_L^* = 0.77$，$W = 177928.86\text{N}$，$I_{yy} = 291500.86\text{kg} \cdot \text{m}^2$，$e = 0.75$，$l_\text{f} = 23.16\text{m}$，$h_{\text{CG}} = 40\%$ 平均气动弦长（从机翼前缘），$1/4 c_{\text{root}} = 31.6\% l_\text{f}$，$C_{m\alpha}^\text{f} = 0.93/\text{rad}$（机身和发动机的贡献）。

　　平尾数据：$S_\text{t} = 21.64\text{m}^2$，$b_\text{t} = 9.75\text{m}$，$c_\text{t} = 2.13\text{m}$，$\text{AR}_\text{t} = 4.4$，$l_\text{t} = 14.02\text{m}$（从质心算起），$C_{L\alpha}^\text{t} = 3.5/\text{rad}$。

5.6 从位置 $(X^\text{E}, Z^\text{E}) = (0, -H)$，一架飞机沿着图 5.2 所示的正弦路径飞行，其幅值为 δh，具体由下列数学公式描述：

$$Z^\text{E} = -H - \delta h \sin(2\pi X^\text{E}/X)$$
$$\gamma = \gamma_0 \cos(2\pi X^\text{E}/X)$$

　　找出在机动过程中，升力系数 C_L 的变化与 X^E 的函数关系。

5.7 推力系数随马赫数的变化通过导数 C_{TMa} 来表示（参照方框5.2），讨论该气动导数对沉浮模态可能的影响。

方框 5.2　气动导数 C_{TMa}

这一导数表示推力随马赫数的变化。一个典型的航空发动机的推力主要是下面三个因素的函数：①飞行高度 h；②飞行马赫数 Ma；③油门杆位置 η。假定推力随高度的变化与相应高度的大气密度变化率成正比，因此，给定高度、马赫数和油门杆位置的推力可以用参考推力表示如下：

$$T(h, Ma, \eta) = \sigma C_T(Ma) T_{ref}(h_{SL}, Ma \to 0, \eta) \qquad (5.b)$$

式中：参考推力 T_{ref} 为海平面、不可压以及相同油门杆位置 η 的推力；σ 为当前高度大气密度与海平面大气密度之比，$\sigma = \rho/\rho_{SL}$；$C_T(Ma)$ 为推力系数，反映了飞行马赫数对飞机推力的影响。

气动导数 C_{TMa} 的定义为

$$C_{TMa} = \frac{\partial C_T}{\partial Ma}\bigg|_* \qquad (5.c)$$

式中："*"号表示平衡状态，对于涡轮喷气发动机，这个导数值通常接近于零。

参考文献

1. Pradeep, S., A century of phugoid approximations, *Aircraft Design*, 1(2), 89-104, 1998.
2. Ananthkrishnan, N. and Unnikrishnan, S., Literal approximations to aircraft dynamic modes, *Journal of Guidance, Control, and Dynamics*, 24(6), 1196-1203, 2001.
3. Raghavan, B. and Ananthkrishnan, N., Small-perturbation analysis of airplane dynamics with dynamic stability derivatives redefined, *Journal of Aerospace Sciences and Technologies*, 61(3), 365-380, 2009.

第6章 横航向运动

6.1 回顾

到目前为止，一直在讨论飞机纵向平面的运动，第1章中定义在 X^B-Z^B 轴确定的平面内的运动，对于大多数飞机都存在一个对称面，也就是说，它把飞机分成互为镜像的左右两边。飞机大多数时间在对称面内飞行，也就是说速度矢量在 X^B-Z^B 轴确定的平面内。当飞机沿着一条直线飞行，可以是平飞（$\gamma=0$）、爬升（$\gamma>0$）或下滑（$\gamma<0$）。飞机也可能沿着向上（$\dot{\gamma}>0$）或向下（$\dot{\gamma}<0$）的曲线飞行。任何这些运动可能都是依靠推力和升降舵偏的组合，飞行员可以借助这两个控制面来操纵飞机在纵向平面内机动。

即使它沿直线飞行，飞机的飞行轨迹也可能由于扰动而改变，而这种扰动的来源可以是各种形式。正如前面提到的那样，纵向有两个不同的运动模态：一个是快变的短周期模态，主要描述迎角和俯仰角的变化，具体表现为机头上下摆动；另一个是较慢的沉浮模态运动，主要描述速度和航迹倾角的变化，具体表现为飞机轨迹的上下波动，伴随着动能和势能的交换。当然，这些运动叠加在飞机的平均前向运动之上。只要短周期模态和沉浮模态稳定，扰动就会随时间消失，飞机就会恢复到原来的飞行状态，扰动的衰减速度取决于各模态的阻尼。已经根据飞行条件、气动系数及气动导数推导出各模态的频率和阻尼表达式。

同时，飞机也可能因为受到扰动偏离出纵向平面，本章的目的是研究这些干扰和飞机对它们的响应。稍后，将采用人工方式操纵飞机偏离纵向平面，也就是测试飞机对方向舵和副翼偏转的响应。

6.2 航向有关的角度

首先定义飞机偏离纵向平面和航向相关的角度，它们定义方式应该与纵向飞行状态下的俯仰角、迎角和航迹倾角一样。

考虑一架以速度 V 向北飞行的飞机，与飞机本体固连的坐标轴 X^B-Y^B，如

图 6.1 所示。经过 Δt 时间后,飞机产生了一个向右的角度 ψ,也就是说,飞机本体固连坐标轴 X^B-Y^B 同时向右偏转一个角度 ψ,称为偏航角。速度矢量的大小保持不变,但是方向调整了一个角度 χ,如图 6.1 所示,调整的方向是飞机新的飞行方向,χ 称为航向角。航向角和偏航角之差称为侧滑角,用符号 β 表示。也就是说,飞机不是沿着机头指向的方向飞行,而是滑向一侧。

图 6.1 所示的侧滑角是正的。从飞机的角度看,相对风速可以分为两部分,沿着 X^B 的 $V\cos\beta$ 和沿着 Y^B 的 $V\sin\beta$。当 $V\sin\beta$ 部分显示气流从右边机翼流过来(轴 Y^B 为正的方向)时,侧滑角为正。

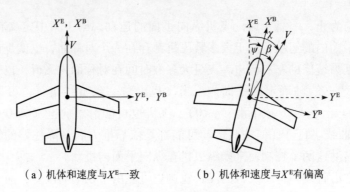

(a)机体和速度与 X^E 一致　　(b)机体和速度与 X^E 有偏离

图 6.1　与航向有关的角度

比较纵向和航向变量,得出如下关联关系:

ψ 和 θ 是体轴系下的姿态角,它们表示飞机本体方向,也就是飞机机头在地轴系中的方位。

χ 和 γ 是表示运动方向的角度,它们表示飞机向哪个方向飞行,也就是气流方向矢量在地轴系中的方位。

β 和 α 是表示气流方向的角度,因此它们决定了飞机的静态气动力和力矩,它们的变化率可产生飞机的动态气动力和力矩。

参照图 6.2,可以想象三种特殊的方向扰动:

第一种情况如图 6.2(a)所示,飞机向右偏航,偏航角为 ψ,但是飞机速度矢量方向不变。在这种情况下,飞机向左侧滑,侧滑角为负,并且有 $\beta=-\psi$。

第二种情况如图 6.2(b)所示,飞机的飞行方向改变一个角度 χ,但是机头指向不变,也就是说,X^B 轴仍然指向原来的方向。此时飞机向右侧滑,侧滑角为正,并且有 $\beta=\chi$。

第三种情况如图 6.2(c)所示,飞机本体旋转了一个 ψ 角,同时,飞行方向也改变了一个 χ 角,同样有 $\chi=\psi$ 成立。因此,速度矢量和飞机机头指向一致，无侧滑，也就是 $\beta=0$。

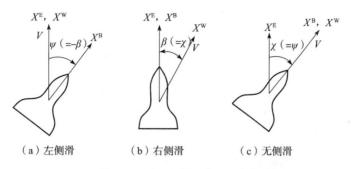

（a）左侧滑　　　　（b）右侧滑　　　　（c）无侧滑

图 6.2　水平面内飞机不同的扰动方式

▷ **例 6.1**　一架飞机在 10km 高度以 200m/s 的速度平飞，相对地球固连惯性坐标系，飞机航向为北偏东 45°。由于有一个 40m/s 的侧风，飞机在当地水平面内开始侧滑飞行，计算出航向角 χ。

解：侧滑角为

$$\beta=\arctan\left(\frac{v}{V^*}\right)=\arctan\left(\frac{40}{200}\right)=11.31°$$

飞机机头指向在地轴系中 X^E–Y^E 平面中的方位，即偏航角 $\psi=45°$，则飞机航向角为

$$\chi=\beta+\psi=11.31°+45°=56.3°$$

6.3　航向与纵向飞行

似乎航向动力学应该与纵向动力学特性非常相似，在刚才提到的角度之间也存在一一对应关系，但是对于大多数飞机来说情况并非如此。

传统飞机有一个较大的气动面——机翼，它给飞机带来较大的气动力——升力。纵平面内的升力决定着飞机动力学特性，飞机的机动性能主要取决于升力，同时，升力可能会造成力矩不平衡，这可能需要另一个升力面来提供平衡，前面已经提到如何用水平尾翼做到这一点。为了使飞机离开纵平面，飞机根本就没有相应的操纵面产生如此大的侧向力。相反，首选的离开纵平面的方法是，比如做一个协调转弯机动，先滚转形成一个倾斜角，让升力提供一个侧向的分量，从而形成一个侧向加速度。图 6.3 显示了两种可以实现机动转弯方法，都是通过产生侧向力来实现这一目的，第一种方法是通过使方向舵偏转来产生侧向力，第二种方法是通过使飞机倾斜让升力的分量产生侧向力。飞机转

弯过程的首选方法为第二种方法,这意味着,由于没有像升力这样重要的侧力来源,只要飞机不倾斜,航向动力学就不那么复杂了。

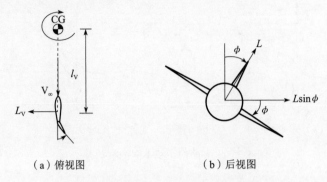

（a）俯视图　　　　　　　　　（b）后视图

图6.3　两种水平面内改变飞行轨迹的方法

相反,由于与横向运动的耦合,在航向动力学中还是非常复杂的。这是因为任何航向运动通常会造成左右翼之间的升力不对称(在纵向飞行的情况下,左右翼的升力总是对称的)。因此,任何航向运动都会导致左右操纵面的差动。这就意味着飞机也会沿着一个方向滚动,滚动运动通常称为横向动力学,稍后也会研究由航向运动引起的滚转运动。

因此,横向和航向运动是密不可分的,必须放在一起考虑。单独研究其中一种运动,通常只会出现在教科书中,是出于学术目的,传统飞机在飞行过程中横向和航向运动都是耦合在一起的。

▷ **例6.2**　一架飞机以 $V^* = 100 \text{m/s}$ 速度进行定直平飞,保持这个速度,进入一个半径为500m的圆作协调转弯运动,计算飞机的航迹偏角变化率和偏航角变化率。

假定在协调转弯过程中飞机速度矢量始终与机头指向一致或是相差一个定值,此时侧滑角不变,即 $\dot{\beta} = 0$,因此有

$$\dot{\chi} = \dot{\beta} + \dot{\psi} = 0 + \dot{\psi} \Rightarrow \dot{\psi} = \dot{\chi} = \frac{V^*}{R} = \frac{100}{500} = 0.2(\text{rad/s})$$

6.4　横向相关的角度

如图6.4(a)所示,一架飞机以迎角 α^* 作定直平飞,这里有两个比较感兴趣的坐标轴:一个是飞机纵轴 X^B,一个是沿着速度矢量的风轴 X^W。图6.4(b)表示飞机有绕 X^B 向右的滚转角 ϕ,图6.4(c)表示飞机有绕速度矢量 V^* 倾斜角 μ。

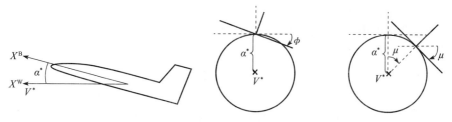

(a) 以正迎角平飞的飞机　　(b) 具有滚转角 ϕ 的后视图　(c) 具有速度倾斜角 μ 后视图

图 6.4　横向相关的角度

描述横向运动的角度通常称为滚转角或是倾斜角,通常滚转角速率不为零,还在滚动的情况下称为滚转角,而当滚转角速率为零,无滚动的情况下称为倾斜角。向右倾斜为正,如图 6.4 所示。同样的,图 6.4 中绕速度轴 V^* 旋转一个角度 μ 是一个正的倾斜角。

当滚转角或倾斜角较大时,绕速度矢量滚转和绕体轴滚转是有很大差异的。考虑如图 6.4 中所示的飞机,当滚转角为 90°,如图 6.5(a) 所示,这是绕体轴 X^B 旋转,在这种情况下,经 90°旋转,初始的迎角 α^* 通过旋转变成了相同大小的侧滑角 β。相反,如图 6.5(b) 所示的绕速度轴旋转,飞机机头作了一个圆锥运动,经 90°旋转迎角迎角 α^* 保持不变,侧滑角依然为零。

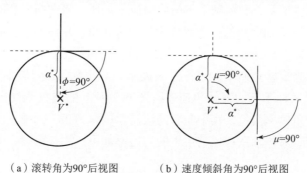

(a) 滚转角为90°后视图　　(b) 速度倾斜角为90°后视图

图 6.5　滚转角和速度倾斜角的差异

在平衡迎角 α^* 附近引入一个扰动后,短周期模态会逐渐恢复到当前迎角,但是飞机内部稳定机制决定了快速滚转机动通常都是绕体轴旋转,因此这一恢复过程可能来不及完成。事实上,滚转收敛时间远小于典型的短周期模态振荡周期,滚转收敛时间通常为 1s。相反,在慢滚转情况下,短周期模态可以重新稳定到平衡迎角附近。

当滚动运动的时间常数接近短周期时,就会发生这种情况,这时,滚转和重新恢复到平衡迎角这两个动作会同时发生，飞机会很自然地绕着风轴滚转。

滚转方向的小扰动可以用 $\Delta\phi$ 或 μ 表示，当平衡迎角 α^* 比较小时，绕体轴系滚转和绕风轴系滚转并无太大区别。因此，在这种条件下，我们可以认为 $\Delta\phi \approx \Delta\mu$，可以相互替换，但是当扰动量较大或是平衡迎角较大时，这种替换是不正确的。

航向的扰动不可避免地会引起横向扰动，下面说明横向运动是如何产生航向扰动的。一架飞机作滚转机动，滚转角为 ϕ，飞机的重力和升力如图6.6所示。将重力进行分解，沿着升力方向的为 $W\cos\phi$，沿着机翼方向的为 $W\sin\phi$。

如果滚转角较小，分量 $W\cos\phi \approx W$，升力可以将这个分量平衡掉，但是 $W\sin\phi$ 并没有一个与之平衡的力，因此飞机会沿着 $W\sin\phi$ 的方向产生侧滑，这正是之前定义的侧滑。实际上，如图6.6所示，当侧风顺着飞机右侧机翼吹过来时，侧滑角是正的。同理，当飞机向左倾斜时，侧滑角是负的。

需要注意的是，横向扰动和航向扰动之间的关联是由重力引起的，在没有重力的情况下，这种效应是不存在的，写方程时一定要注意这种联系。

6.5 航向与横向角速率

正如定义体轴系下和风轴系下俯仰角速率一样，将在横向和航向上定义相应的角速率。绕 Z 轴旋转的角速率称为偏航角速率，用符号 r 表示，其中 r_b 表示体轴系下的偏航角速率，r_w 表示风轴系下的偏航角速率。同样，绕 X 轴旋转的角速率称为滚转角速率，用符号 p 表示，其中 p_b 表示体轴系下的滚转角速率，p_w 表示风轴系下的滚转角速率。图6.7所示的飞机侧视图显示了坐标轴以及相应的角速率变量，其中向右的滚转角速率为正，同样，向右的偏航角速率为正。每一对体轴系和风轴系下的角速率都可以用气流角来关联起来，直

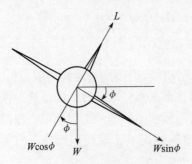

图6.6 滚转机动飞机升力和重力分量（后视图）

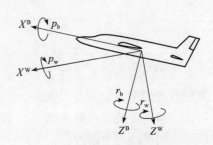

图6.7 体轴系和风轴系下的角速率（横向和航向）

接引用下面的关系（它们将在第 8 章中推导），对于俯仰角速率而言，已经在第 2 章中对上述关联关系进行了推导。

$$\begin{cases} q_b - q_w = \dot{\alpha} \\ p_b - p_w = \dot{\beta}\sin\alpha \\ r_b - r_w = -\dot{\beta}\cos\alpha \end{cases} \tag{6.1}$$

6.6 横航向小扰动方程

与纵向动力学方程不同，如果不首先推导出完整的六自由度飞机运动方程（将在第 8 章中进行推导），就很难写出横向动力学方程。然而，目前我们可以更快地写出小扰动条件下的侧向动力方程，并利用它们进行分析。

从一个定直平飞状态开始，图 6.8 中给出了飞机的俯视图和后视图，并在涂上标注了飞机所受的各种力和力矩。L 表示滚转力矩，N 表示偏航力矩，Y 表示侧向力，图 6.8 中箭头所指的方向都表示力和力矩为正。

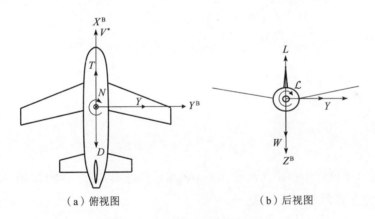

(a) 俯视图　　　　　　　　(b) 后视图

图 6.8 飞机所受力和力矩的方向定义

配平条件由配平速度 V^* 和配平迎角 α^* 决定，其他状态变量的配平值如下：
$$\gamma^* = 0, \quad \theta^* = \alpha^*, \quad \beta^* = 0, \quad \mu^* = \phi^* = 0$$

配平点的平衡力和力矩如下：
$$\begin{cases} T = D, & \mathcal{L} = 0 \\ Y = 0, & M = 0 \\ L = W, & N = 0 \end{cases}$$

现在不改变纵向变量的值，而让它们保持在配平值，因此纵向变量的值如下：
$$V^*, \alpha^*, \gamma^* = 0, \quad \theta^* = \alpha^*$$

体轴系和风轴系下的俯仰角速率为零，即
$$q_b = 0, \quad q_w = 0$$

这里有一个小问题，就是横航向机动往往伴随着高度损失，意味着飞机可能会下滑，航迹倾角 $\gamma^* = 0$ 的假设可能不成立。然而，当考虑横航向小扰动变量时，还将认为航迹倾角是零。

图 6.9 中给出了横航向的小扰动变量，其中航向小扰动变量采用俯视图表示，而横向小扰动变量采用后视图表示。

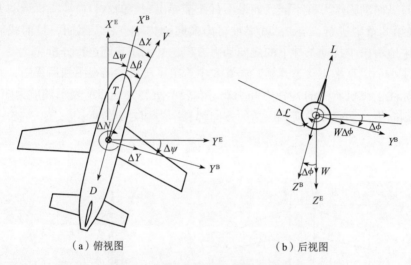

（a）俯视图　　　　　　　　　　（b）后视图

图 6.9　飞机横向小扰动变量的方向定义

图 6.9 中俯视图显示飞机有一个小的偏航角 $\Delta\psi$，速度矢量 V^* 有一个小的偏航角 $\Delta\chi$，显然有下式成立：

$$\Delta\chi = \Delta\beta + \Delta\psi \tag{6.2}$$

但是这个并不能推出横向扰动量 $\Delta\phi \approx \Delta\mu$，在 $\Delta\phi \neq 0$ 情况下，对式（6.2）必须做修正，当 α^* 较小且扰动也比较小时，式（6.2）是较好一阶近似。Δr_b 和 Δr_w 分别是体轴系偏航角速率扰动量和风轴系偏航角速率扰动量，风轴系偏航角速率扰动量 Δr_w 与水平面内飞行路径的曲率对应。推力和阻力保持在配平状态不变，横航向扰动产生了相应的侧向力 ΔY 和偏航力矩 ΔN。

图 6.9 中的后视图显示飞机有一个倾斜角扰动，$\Delta\phi \approx \Delta\mu$。$\Delta p_b$ 和 Δp_w 分别是体轴系滚转角速率扰动量和风轴系滚转角速率扰动量，升力 L 保持在配平状态不变，但是由于飞机倾斜角 $\Delta\phi$ 的存在，其方向由原来的垂直方向倾转了

$\Delta\phi$。沿着升力及其法向取重力的分量，存在一个沿着 Y^B 没有平衡的重力分量，可以表示为 $W\sin\Delta\phi \approx mg\Delta\phi \approx mg\Delta\mu$，这就是俯视图中所指的沿着 Y^B 侧向力 ΔY，同时在质心处也有一个扰动的滚转力矩 ΔL。

值得注意的是，迎角被限制为常量，因此滚转运动是绕着风轴系进行的，也可以称为绕速度矢量滚转。同时由于在扰动量和迎角同时都很小的情况下，可以假定 $\Delta\phi \approx \Delta\mu$。

气动力的说明：总的气动力可以分解成沿着 Y^B 轴的分量 ΔY 和 X^B-Z^B 平面内的合力，速度矢量也可以分解为 Y^B 轴的分量 V_{xz} 和 X^B-Z^B 平面内的合速度。X^B-Z^B 平面内的合力可以分解成两部分：与速度 V_{xz} 垂直的升力分量和与速度 V_{xz} 平行的阻力分量。通过与第 2 章中的纵向小扰动动力学方程的比较，可以得到横航向小扰动动力学方程。

向心加速度等于沿着 Y^B 轴方向的全部非平衡力矩：

$$mV^*\Delta\dot{\chi} = \Delta Y + mg\Delta\mu \tag{6.3}$$

绕 X^B 和 Z^B 轴旋转力矩方程与式（2.21）所示的俯仰动力学方程基本相同：

$$I_{xx}\Delta\ddot{\phi} = \Delta\mathcal{L} \tag{6.4}$$

$$I_{zz}\Delta\ddot{\psi} = \Delta N \tag{6.5}$$

因此，式（6.3）~式（6.5）组成了横航向小扰动方程。还可以引入描述飞机纵向距离和横向距离动力学方程：

$$\dot{x} = V\cos\chi \tag{6.6}$$

$$\dot{y} = V\sin\chi \tag{6.7}$$

对上式沿着 X^E 和 Y^E 方向进行积分，可以得到飞机纵向和横向距离。

6.7 横航向运动的时间常数

首先，把侧向力、滚转力矩和偏航力矩用其各自的气动系数来表示，就像前面书写纵向气动力和力矩一样：

$$\begin{cases} Y = \bar{q}SC_Y \\ \mathcal{L} = \bar{q}SbC_l \\ N = \bar{q}SbC_n \end{cases} \tag{6.8}$$

与纵向情况的唯一区别是在力矩系数的定义中使用了翼跨 b 作为长度因子，而不是定义俯仰力矩系数时使用的平均气动弦 c。

力和力矩系数的扰动可通过式（6.8）得到：

$$\begin{cases} \Delta Y = \bar{q}^* S \Delta C_Y \\ \Delta L = \bar{q}^* S b \Delta C_l \\ \Delta N = \bar{q}^* S b \Delta C_n \end{cases} \quad (6.9)$$

利用式（6.9）中的形式，将式（6.3）~式（6.5）改写成下式：

$$\Delta \dot{\chi} = \left(\frac{1}{mV^*}\right) \bar{q}^* S \Delta C_Y + \left(\frac{g}{V^*}\right) \Delta \mu = \left(\frac{g}{V^*}\right) \left[\left(\frac{\bar{q}^* S}{W}\right) \Delta C_Y + \Delta \mu\right] \quad (6.10)$$

$$\Delta \ddot{\mu} = \left(\frac{\bar{q}^* S b}{I_{xx}}\right) \Delta C_l = \left(\frac{I_{zz}}{I_{xx}}\right) \left(\frac{\bar{q}^* S b}{I_{zz}}\right) \Delta C_l \quad (6.11)$$

$$\Delta \ddot{\psi} = \left(\frac{\bar{q}^* S b}{I_{zz}}\right) \Delta C_n \quad (6.12)$$

其中，采用 $\Delta \ddot{\mu}$ 代替 $\Delta \ddot{\phi}$，且从式（6.6）和式（6.7）可以得到沿地轴系的速度方程如下：

$$\frac{\dot{x}}{H} = \left(\frac{V}{H}\right) \cos \chi \quad (6.6')$$

$$\frac{\dot{y}}{H} = \left(\frac{V}{H}\right) \sin \chi \quad (6.7')$$

式中：H 为飞机高度的测量值（同第1章）。

从方程（6.10）~方程（6.12），可以很容易地看到有两个与第1章纵向情况相似的时间常数。

慢时间常数

$$T_s = \left(\frac{V^*}{g}\right) \approx 10 \text{s} \quad (6.13)$$

快时间常数

$$T_f = \sqrt{\frac{I_{zz}}{\bar{q}^* S b}} \approx 1 \text{s} \quad (6.14)$$

从式（6.6'）和式（6.7'）可以发现有第三种时间常数：

$$T_3 = \left(\frac{H}{V^*}\right) \approx 100 \text{s} \quad (6.15)$$

然而，从上述这些时间常数看，横航向模态并不像纵向模态那样容易分类，因此需要引入一个更快的时间常数：

$$T_r = \left(\frac{b}{2V^*}\right) \approx 0.1 \text{s} \quad (6.16)$$

第三个也是最慢的时间常数 T_3 可以放在一边，因为它涉及飞机性能问题，比如从一个点到另一个点的时间，在水平面上完成 360°转弯的时间等。

对于传统飞机，有三种横航向运动模态对应到三种时间常数，具体如下：
- 快速的滚转收敛模态，时间常数为 T_r。
- 中等速度的荷兰滚模态，时间常数为 T_f。
- 较慢的螺旋模态，时间常数为 T_s。

在研究这些模态之前，需要用气动导数的形式写出扰动后的气动力和力矩系数。

6.8 横航向气动导数

像纵向模态的情况一样，横航向扰动气动力和力矩系数，比如 ΔC_Y，ΔC_l，ΔC_n 都是采用扰动气动变量来表示。之前已经有四种不同的空气动力效应需要建模。

- 静态气动力：与马赫数、表征飞机本体和气流相对方向的气流角（迎角和侧滑角）相关。
- 动态气动力：与体轴系下的角速率和风轴系下角速率之差相关。
- 流动曲率效应：与风轴系下的角速率相关，这个主要是随着飞行的曲线路径变化。
- 下洗滞后效应：与翼尖尾涡对后升力表面的影响导致的时间之后相关。

现在，分析过程中把速度和所有的纵向变量都固定下来，横航向扰动气动力和力矩系数只能是横航向变量的函数。因此可以忽略迎角、体轴系和风轴系俯仰角速率的影响，同时，横航向动力学中由于翼尖尾涡对后升力面影响产生的下洗滞后效应，通常不是主导因素。如有必要，下述变量的影响将被建模：

- 静态：$\Delta \beta$。
- 动态：$\Delta p_b - \Delta p_w$，$\Delta r_b - \Delta r_w$。
- 流动曲率：Δp_w，Δr_w。

除此之外，还有操纵面偏转引起的效应，通常有副翼和升降舵两种横航向操纵面，将在下面的章节中详细介绍。

横航向扰动气动力和力矩系数的模型如下：

$$\Delta C_Y = C_{Y\beta}\Delta\beta + C_{Yp1}(\Delta p_b - \Delta p_w)\left(\frac{b}{2V^*}\right) + C_{Yp2}\Delta p_w\left(\frac{b}{2V^*}\right) +$$
$$C_{Yr1}(\Delta r_b - \Delta r_w)(b/2V^*) + C_{Yr2}\Delta r_w(b/2V^*) \tag{6.17}$$

$$\Delta C_l = C_{l\beta}\Delta\beta + C_{lp1}(\Delta p_b - \Delta p_w)\left(\frac{b}{2V^*}\right) + C_{lp2}\Delta p_w\left(\frac{b}{2V^*}\right) +$$
$$C_{lr1}(\Delta r_b - \Delta r_w)(b/2V^*) + C_{lr2}\Delta r_w(b/2V^*) \tag{6.18}$$

$$\Delta C_n = C_{n\beta}\Delta\beta + C_{np1}(\Delta p_b - \Delta p_w)\left(\frac{b}{2V^*}\right) + C_{np2}\Delta p_w\left(\frac{b}{2V^*}\right) +$$
$$C_{nr1}(\Delta r_b - \Delta r_w)(b/2V^*) + C_{nr2}\Delta r_w(b/2V^*) \tag{6.19}$$

其中时间常数 $b/2V^*$ 在式（6.16）中已经出现过。

式（6.17）~式（6.19）中的气动导数定义如下：

$$C_{Y\beta} = \frac{\partial C_Y}{\partial \beta}\bigg|_*, \quad C_{l\beta} = \frac{\partial C_l}{\partial \beta}\bigg|_*, \quad C_{n\beta} = \frac{\partial C_n}{\partial \beta}\bigg|_*$$

$$C_{Yp1} = \frac{\partial C_Y}{\partial (p_b - p_w)\left(\frac{b}{2V}\right)}\bigg|_*, \quad C_{lp1} = \frac{\partial C_l}{\partial (p_b - p_w)\left(\frac{b}{2V}\right)}\bigg|_*, \quad C_{np1} = \frac{\partial C_n}{\partial (p_b - p_w)\left(\frac{b}{2V}\right)}\bigg|_*$$

$$C_{Yp2} = \frac{\partial C_Y}{\partial p_w\left(\frac{b}{2V}\right)}\bigg|_*, \quad C_{lp2} = \frac{\partial C_l}{\partial p_w\left(\frac{b}{2V}\right)}\bigg|_*, \quad C_{np2} = \frac{\partial C_n}{\partial p_w\left(\frac{b}{2V}\right)}\bigg|_*$$

$$C_{Yr1} = \frac{\partial C_Y}{\partial (r_b - r_w)\left(\frac{b}{2V}\right)}\bigg|_*, \quad C_{lr1} = \frac{\partial C_l}{\partial (r_b - r_w)\left(\frac{b}{2V}\right)}\bigg|_*, \quad C_{nr1} = \frac{\partial C_n}{\partial (r_b - r_w)\left(\frac{b}{2V}\right)}\bigg|_*$$

$$C_{Yr2} = \frac{\partial C_Y}{\partial r_w\left(\frac{b}{2V}\right)}\bigg|_*, \quad C_{lr2} = \frac{\partial C_l}{\partial r_w\left(\frac{b}{2V}\right)}\bigg|_*, \quad C_{nr2} = \frac{\partial C_n}{\partial r_w\left(\frac{b}{2V}\right)}\bigg|_* \tag{6.20}$$

其中：" $*$ " 表示平衡状态。

我们将在第7章讨论这些推导的物理机理和重要性。

6.9 横航向小扰动方程

从式（6.1）可以得出下式：

$$\Delta p_b - \Delta p_w = \Delta\dot\beta\sin\alpha^*, \quad \Delta r_b - \Delta r_w = -\Delta\dot\beta\cos\alpha^* \tag{6.21}$$

当 α^* 较小时，式（6.21）中 $\Delta p_b - \Delta p_w$ 可以看成是两个小量的乘积，因此可以被认为等于零，同时由 $\cos\alpha^* = 1$，因此式（6.21）可以变为

$$\Delta p_b - \Delta p_w = 0, \quad \Delta r_b - \Delta r_w = -\Delta\dot\beta \tag{6.22}$$

也就是说，在处理小扰动时，不需要区分体轴系下的滚转角速率还是风轴

系下的滚转角速率。

风轴系下的角速率可以用风轴系下的欧拉角来表示如下（详细情况见第8章）：

$$p_w = \dot{\mu} - \dot{\chi}\sin\gamma$$
$$r_w = -\dot{\gamma}\sin\mu - \dot{\chi}\cos\gamma\cos\mu \tag{6.23}$$

式（6.23）可以被线性化后（习题）得到下式：

$$\Delta p_w = \Delta\dot{\mu} - \Delta\dot{\chi}\sin\gamma, \quad \Delta r_w = \Delta\dot{\chi}\cos\gamma^*\cos\Delta\mu \tag{6.24}$$

假定飞机作水平飞行（$\gamma^* = 0$），且因 $\Delta\mu$ 较小，故有 $\cos\Delta\mu = 1$ 成立。上式可以变为

$$\Delta p_w = \Delta\dot{\mu}, \quad \Delta r_w = \Delta\dot{\chi} \tag{6.25}$$

根据式（6.22）和式（6.25）的关系，式（6.17）和式（6.19）中的扰动气动力和力矩系数可以更新为

$$\Delta C_Y = C_{Y\beta}\Delta\beta + C_{Yp2}\Delta\dot{\mu}(b/2V^*) + C_{Yr1}(-\Delta\dot{\beta})(b/2V^*) + C_{Yr2}\Delta\dot{\chi}(b/2V^*)$$

$$\Delta C_l = C_{l\beta}\Delta\beta + C_{lp2}\Delta\dot{\mu}(b/2V^*) + C_{lr1}(-\Delta\dot{\beta})(b/2V^*) + C_{lr2}\Delta\dot{\chi}(b/2V^*)$$

$$\Delta C_n = C_{n\beta}\Delta\beta + C_{np2}\Delta\dot{\mu}(b/2V^*) + C_{nr1}(-\Delta\dot{\beta})(b/2V^*) + C_{nr2}\Delta\dot{\chi}(b/2V^*)$$

由于 $\Delta p_b - \Delta p_w \approx 0$，"$p_1$" 的导数项可以被忽略掉。现在可以将小扰动气动模型代入式（6.10）和式（6.12）所示的横航向动力学方程中，得到下式：

$$\Delta\dot{\chi} = \left(\frac{g}{V^*}\right)\left\{\left(\frac{\bar{q}^*S}{W}\right)\begin{bmatrix}C_{Y\beta}\Delta\beta + C_{Yp2}\Delta\dot{\mu}(b/2V^*) + C_{Yr1}(-\Delta\dot{\beta})\times \\ (b/2V^*) + C_{Yr2}\Delta\dot{\chi}(b/2V^*)\end{bmatrix} + \Delta\mu\right\} \tag{6.26}$$

$$\Delta\ddot{\mu} = \left(\frac{\bar{q}^*Sb}{I_{xx}}\right)\left[C_{l\beta}\Delta\beta + C_{lp2}\Delta\dot{\mu}(b/2V^*) + C_{lr1}(-\Delta\dot{\beta})(b/2V^*) + C_{lr2}\Delta\dot{\chi}(b/2V^*)\right] \tag{6.27}$$

$$\Delta\ddot{\psi} = \left(\frac{\bar{q}^*Sb}{I_{zz}}\right)\left[C_{n\beta}\Delta\beta + C_{np2}\Delta\dot{\mu}(b/2V^*) + C_{nr1}(-\Delta\dot{\beta})(b/2V^*) + C_{nr2}\Delta\dot{\chi}(b/2V^*)\right] \tag{6.28}$$

虽然这组方程看起来十分复杂，但是可以做几个合理假设来降低它们的复杂性，得到一阶近似的横航向动力学方程。

第一步：C_{Yp2}、C_{Yr1} 和 C_{Yr2} 等侧向力动导数都不是太重要，可以被忽略，因此式（6.26）可以简写为

$$\Delta\dot{\chi} = \left(\frac{g}{V^*}\right)\left\{\left(\frac{\bar{q}^*S}{W}\right)C_{Y\beta}\Delta\beta + \Delta\mu\right\} \tag{6.29}$$

在进一步讨论之前,为了便于代数运算,先定义一些简短的符号:

$$\left(\frac{\bar{q}^* S}{W}\right) C_{Y\beta} \equiv Y_\beta$$

因此,式(6.29)可以简写为

$$\Delta \dot{\chi} = \left(\frac{g}{V^*}\right)\{Y_\beta \Delta\beta + \Delta\mu\} \tag{6.30}$$

第二步:采用下列简短的符号:

$$\left(\frac{\bar{q}^* Sb}{I_{zz}}\right) C_{n\beta} \equiv N_\beta, \quad \left(\frac{\bar{q}^* Sb}{I_{zz}}\right) C_{np2}\left(\frac{b}{2V^*}\right) \equiv N_{p2}$$

$$\left(\frac{\bar{q}^* Sb}{I_{zz}}\right) C_{nr1}\left(\frac{b}{2V^*}\right) \equiv N_{r1}, \quad \left(\frac{\bar{q}^* Sb}{I_{zz}}\right) C_{nr2}\left(\frac{b}{2V^*}\right) \equiv N_{r2}$$

式(6.28)可以被转换为

$$\Delta \dot{\psi} = N_\beta \Delta\beta + N_{p2}\Delta\dot{\mu} + N_{r1}(-\Delta\dot{\beta}) + N_{r2}\Delta\dot{\chi} \tag{6.31}$$

对式(6.2)进行两次微分,有下式成立:

$$\Delta \ddot{\psi} = \Delta \ddot{\chi} - \Delta \ddot{\beta} \tag{6.32}$$

对式(6.30)进行一次微分,可以得到

$$\Delta \ddot{\chi} = \left(\frac{g}{V^*}\right)\{Y_\beta \Delta\dot{\beta} + \Delta\dot{\mu}\} \tag{6.33}$$

将式(6.32)代入式(6.31)中,并对各项进行重排可得到:

$$\Delta \ddot{\beta} + \left[-N_{r1} - \left(\frac{g}{V^*}\right)Y_\beta\right]\Delta\dot{\beta} + N_\beta\Delta\beta + \left[-N_{p2} - \left(\frac{g}{V^*}\right)\right]\Delta\dot{\mu} + N_{r2}\Delta\dot{\chi} = 0 \tag{6.34}$$

将式中的 $\Delta\dot{\chi}$ 用式(6.30)代替,最后可以得到

$$\Delta \ddot{\beta} + \left[-N_{r1} - \left(\frac{g}{V^*}\right)Y_\beta\right]\Delta\dot{\beta} + \left[N_\beta + \left(\frac{g}{V^*}\right)Y_\beta N_{r2}\right]\Delta\beta +$$

$$\left[-N_{p2} - \left(\frac{g}{V^*}\right)\right]\Delta\dot{\mu} + \left(\frac{g}{V^*}\right)N_{r2}\Delta\mu = 0 \tag{6.35}$$

通常,气动导数 N_{p2} 影响较小可以被忽略,因此,偏航力矩方程为

$$\Delta \ddot{\beta} + \left[-N_{r1} - \left(\frac{g}{V^*}\right)Y_\beta\right]\Delta\dot{\beta} + \left[N_\beta + \left(\frac{g}{V^*}\right)Y_\beta N_{r2}\right]\Delta\beta +$$

$$\left[-\left(\frac{g}{V^*}\right)\right]\Delta\dot{\mu} + \left(\frac{g}{V^*}\right)N_{r2}\Delta\mu = 0 \tag{6.36}$$

第三步:将注意力转到式(6.27),首先定义如下简短符号:

$$\left(\frac{\bar{q}Sb}{I_{xx}}\right) C_{l\beta} \equiv L_\beta, \quad \left(\frac{\bar{q}Sb}{I_{xx}}\right) C_{lp2}\left(\frac{b}{2V^*}\right) \equiv L_{p2},$$

$$\left(\frac{\bar{q}Sb}{I_{xx}}\right)C_{lr1}\left(\frac{b}{2V^*}\right)\equiv L_{r1}, \quad \left(\frac{\bar{q}Sb}{I_{xx}}\right)C_{lr2}\left(\frac{b}{2V^*}\right)\equiv L_{r2}$$

可以将式（6.27）写为

$$\Delta\ddot{\mu}=L_\beta\Delta\beta+L_{p2}\Delta\dot{\mu}+L_{r1}(-\Delta\dot{\beta})+L_{r2}\Delta\dot{\chi} \tag{6.37}$$

再一次将式（6.30）中的 $\Delta\dot{\chi}$ 代入式（6.37）中，可以重写为

$$\Delta\ddot{\mu}=\left[L_\beta+\left(\frac{g}{V^*}\right)Y_\beta L_{r2}\right]\Delta\beta+L_{p2}\Delta\dot{\mu}+L_{r1}(-\Delta\dot{\beta})+\left(\frac{g}{V^*}\right)L_{r2}\Delta\mu \tag{6.38}$$

总之，我们整合了最终的横航向小扰动方程组，具体见表6.1。表中包含了两个二阶方程，变量为 $\Delta\mu$ 和 $\Delta\beta$，由于 $\Delta\beta$ 的微分项中包含 $\Delta\mu$，$\Delta\mu$ 微分项中包含 $\Delta\beta$，因此这些方程是相互耦合的。

表6.1 横航向小扰动方程

扰动源	方程	模态名称和时间尺度
滚转力矩和侧向力	$\Delta\ddot{\mu}=-L_{r1}\Delta\dot{\beta}+\left[L_\beta+\left(\frac{g}{V^*}\right)Y_\beta L_{r2}\right]\Delta\beta+L_{p2}\Delta\dot{\mu}+\left(\frac{g}{V^*}\right)L_{r2}\Delta\mu$	滚转收敛模态（T_r）和螺旋模态（T_s）
偏航力矩和侧向力	$\Delta\ddot{\beta}+\left[-N_{r1}-\left(\frac{g}{V^*}\right)Y_\beta\right]\Delta\dot{\beta}+\left[N_\beta+\left(\frac{g}{V^*}\right)Y_\beta N_{r2}\right]\Delta\beta+\left[-\left(\frac{g}{V^*}\right)\right]\Delta\dot{\mu}+\left(\frac{g}{V^*}\right)N_{r2}\Delta\mu=0$	荷兰滚模态（T_f）

注意，上述两个方程中包含 $\Delta\chi$（侧向力）方程，因此没有单独的 $\Delta\chi$ 方程。实际上，变量 $\Delta\chi$ 对消掉了。从某种程度上，表6.1中的横航向动力学方程与纵向的 ΔV 和 $\Delta\alpha$ 方程基本相同。

然而，这两个纵向动力学方程能够很容易地按照时间常数分开，ΔV 方程（对应沉浮模态）在较慢时间常数 T_2 上运行，$\Delta\alpha$ 方程（对应短周期模态）在较快时间常数 T_1 上运行。但是，对于大多数传统飞机而言，基于时间常数来划分横航向动力学方程不是太容易。需要注意的是表6.1中最后一列，$\Delta\mu$（滚转力矩）方程包含最慢时间常数 T_s 和最快时间常数 T_r，$\Delta\beta$ 方程（偏航力矩）则以中间时间常数 T_f 运行，这大大增加了问题的复杂性。从运动模态的角度看，$\Delta\beta$ 方程（偏航力矩）是荷兰滚模态的二阶动力学方程，$\Delta\mu$（滚转力矩）方程一定是分为两个一阶模态，一个是快变的时间常数为 T_r 滚转收敛模态，另一个是慢变的时间常数为 T_s 螺旋模态。

接下来推导这三种模态的一阶近似动力学方程。

6.10 横航向动力学模型

由于表 6.1 中的横航向动力学方程涉及三个时间常数,从这些方程中单独提取某个模态的动力学方程可能有点复杂。我们将遵循一种简单的,最基本、快捷的,但仍然正确的方法。文献 [1] 中给出了详细的解法。

6.10.1 滚转模态

从表 6.1 中 $\Delta\mu$ 方程提取最快时间常数 T_r 的滚转收敛模态,需要重点考虑的变量是 $\Delta\dot{\mu}$。

$\Delta\dot{\mu}$ 可以分为两部分,一部分对应快变时间常数 T_r,另一部分则对应中等快速的时间常数 T_f。将 $\Delta\dot{\mu}$ 分成两部分并重排各项可以得到关于 $\Delta\mu$ 方程如下:

$$\underbrace{\{\Delta\ddot{\mu}_r = L_{p2}\Delta\dot{\mu}_r\}}_{\text{滚转收敛模态}} + \underbrace{\left\{-L_{r1}\Delta\dot{\beta} + \left[L_\beta + \left(\frac{g}{V^*}\right)Y_\beta L_{r2}\right]\Delta\beta + L_{p2}\Delta\dot{\mu}_f + \left(\frac{g}{V^*}\right)L_{r2}\Delta\mu_f\right\}}_{\text{近似等于零}} \quad (6.39)$$

其中,$\Delta\dot{\mu}_r$ 包含了最快时间常数 T_r 的部分,$\Delta\dot{\mu}_f$ 则包含了最慢时间常数。

第一组大括号内包含最快时间常数模态,时间常数为 T_r,第二个大括号内所有项之和等于零,因此这个一阶方程就是滚转收敛模态动力学方程(这里下标"r"可以省掉)。

$$\Delta\ddot{\mu} = L_{p2}\Delta\dot{\mu} \quad (6.40)$$

可以按照第 2 章中的方法来分析它。特别是,滚转收敛模态的稳定性由气动导数 L_{p2} 决定,与之对应的就是式 (2.1) 中系数"a",可以称为滚转收敛模态的特征值 λ_r。因此,滚转收敛模态的稳定性要求为

$$\lambda_r = L_{p2} < 0 \quad (6.41)$$

将在第 7 章中讨论气动导数 L_{p2} 的物理机理,L_{p2} 一般是负的,因此滚转收敛模态基本都能保证稳定。

▷ **例 6.3** 一架飞机的滚转角速率响应如图 6.10 所示,从响应结果计算出滚转收敛模态的特征值 λ_r。

从图 6.10 中的时间历程看,其半衰期为 $t_{1/2} = 1.7\text{s}$,因此 $\lambda_r = L_{p2} = -0.408/\text{s}$。
式 (6.39) 中第二个大括号内可以写为

$$\Delta\dot{\mu}_f = \left(\frac{1}{L_{p2}}\right)\left\{L_{r1}\Delta\dot{\beta} - \left[L_\beta + \left(\frac{g}{V^*}\right)Y_\beta L_{r2}\right]\Delta\beta - \left(\frac{g}{V^*}\right)L_{r2}\Delta\mu\right\} \quad (6.42)$$

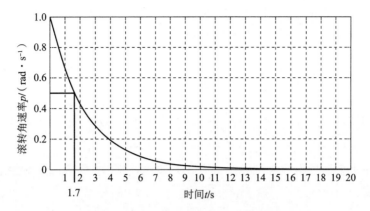

图 6.10 例 6.3 中的滚转角速率响应

技术上讲，这可以称为残差，它是 $\Delta\dot{\mu}$ 的一部分，通常在快速动态收敛后还在振荡，其变化速度为中等时间常数 T_f。

6.10.2 荷兰滚模态

下面将考虑响应速度中等的荷兰滚模态，其时间常数为 T_f。这个模态的主导变量为 $\Delta\beta$，研究表 6.1 中偏航动力学方程中的 $\Delta\beta$：

$$\Delta\ddot{\beta} + \left[-N_{r1} - \left(\frac{g}{V^*}\right)Y_\beta\right]\Delta\dot{\beta} + \left[N_\beta + \left(\frac{g}{V^*}\right)Y_\beta N_{r2}\right]\Delta\beta +$$

$$\left[-\left(\frac{g}{V^*}\right)\right]\Delta\dot{\mu}_f + \left(\frac{g}{V^*}\right)N_{r2}\Delta\mu = 0 \qquad (6.43)$$

式中：$\Delta\dot{\mu}$ 是滚转模态中的残差项 $\Delta\dot{\mu}_f$。

因此将式 (6.42) 中的 $\Delta\dot{\mu}_f$ 代入式 (6.43) 中可以得到：

$$\Delta\ddot{\beta} + \left[-N_{r1} - \left(\frac{g}{V^*}\right)Y_\beta\right]\Delta\dot{\beta} + \left[N_\beta + \left(\frac{g}{V^*}\right)Y_\beta N_{r2}\right]\Delta\beta +$$

$$\left[-\left(\frac{g}{V^*}\right)\right]\left(\frac{1}{L_{p2}}\right)\left\{L_{r1}\Delta\dot{\beta} - \left[L_\beta + \left(\frac{g}{V^*}\right)Y_\beta L_{r2}\right]\Delta\beta - \left(\frac{g}{V^*}\right)L_{r2}\Delta\mu\right\} +$$

$$\left(\frac{g}{V^*}\right)N_{r2}\Delta\mu = 0 \qquad (6.44)$$

重排各项，并省掉包含 g/V^* 的高阶项，有下式成立：

$$\Delta\ddot{\beta} + \left[-N_{r1} - \left(\frac{g}{V^*}\right)Y_\beta - \left(\frac{g}{V^*}\right)\left(\frac{L_{r1}}{L_{p2}}\right)\right]\Delta\dot{\beta} +$$

$$\left[N_\beta + \left(\frac{g}{V^*}\right)Y_\beta N_{r2} + \left(\frac{g}{V^*}\right)\left(\frac{L_\beta}{L_{p2}}\right)\right]\Delta\beta + \left(\frac{g}{V^*}\right)N_{r2}\Delta\mu = 0 \qquad (6.45)$$

将 $\Delta\beta$ 分成两部分，快变的时间常数为 T_f 的 $\Delta\beta_f$ 和慢变的时间常数为 T_s 的 $\Delta\beta_s$，重排式（6.45）中各项，可以得到：

$$\underbrace{\left\{\Delta\ddot{\beta}_f+\left[-N_{r1}-\left(\frac{g}{V^*}\right)Y_\beta-\left(\frac{g}{V^*}\right)\left(\frac{L_{r1}}{L_{p2}}\right)\right]\Delta\dot{\beta}_f+\left[N_\beta+\left(\frac{g}{V^*}\right)Y_\beta N_{r2}+\left(\frac{g}{V^*}\right)\left(\frac{L_\beta}{L_{p2}}\right)\right]\Delta\beta_f\right\}}_{\text{荷兰滚模态}}+$$

$$\underbrace{\left\{\left[N_\beta+\left(\frac{g}{V^*}\right)Y_\beta N_{r2}+\left(\frac{g}{V^*}\right)\left(\frac{L_\beta}{L_{p2}}\right)\right]\Delta\beta_s+\left(\frac{g}{V^*}\right)N_{r2}\Delta\mu\right\}}_{\text{近似等于零}}=0 \quad (6.46)$$

第一个大括号内包含主导变量为 $\Delta\beta$，时间常数为 T_f 的二阶荷兰滚模态动力学方程：

$$\Delta\ddot{\beta}+\left[-N_{r1}-\left(\frac{g}{V^*}\right)Y_\beta-\left(\frac{g}{V^*}\right)\left(\frac{L_{r1}}{L_{p2}}\right)\right]\Delta\dot{\beta}+$$

$$\left[N_\beta+\left(\frac{g}{V^*}\right)Y_\beta N_{r2}+\left(\frac{g}{V^*}\right)\left(\frac{L_\beta}{L_{p2}}\right)\right]\Delta\beta=0 \quad (6.47)$$

参照第 2 章中的讨论，对照式（6.47），可以写出荷兰滚模态阻尼和振荡频率的表达式为

$$\omega_{\text{nDR}}^2=N_\beta+\left(\frac{g}{V^*}\right)\left[Y_\beta N_{r2}+\left(\frac{L_\beta}{L_{p2}}\right)\right] \quad (6.48)$$

$$2\zeta_{\text{DR}}\omega_{\text{nDR}}=-N_{r1}-\left(\frac{g}{V^*}\right)\left[Y_\beta+\left(\frac{L_{r1}}{L_{p2}}\right)\right] \quad (6.49)$$

很明显，式（6.48）右边是正的。值得注意的是荷兰滚模态刚度（自由振荡频率）在大迎角和高马赫数状态可能有些问题，这个问题将在第 7 章中详细讨论。

从式（6.46）中第二个大括号中的内容看，有下式成立：

$$\Delta\beta_s=\frac{\left(\frac{g}{V^*}\right)N_{r2}}{\left[N_\beta+\left(\frac{g}{V^*}\right)Y_\beta N_{r2}+\left(\frac{g}{V^*}\right)\left(\frac{L_\beta}{L_{p2}}\right)\right]}\Delta\mu=-\frac{\left(\frac{g}{V^*}\right)N_{r2}}{\omega_{\text{nDR}}^2}\Delta\mu \quad (6.50)$$

这一项是荷兰滚模态减弱后的剩余部分，其变化最慢，时间常数为 T_s。

◆ **例 6.4** 一架商务喷气客机的几何和惯矩参数如下：
$W=169921.24\text{N}$，$I_{xx}=161032.43\text{kg}\cdot\text{m}^2$，$I_{zz}=330142.72\text{kg}\cdot\text{m}^2$，
$S=50.4\text{m}^2$，$b=16.38\text{m}$

飞机在海平面以 260m/s 的速度巡航，巡航迎角为 5°，各气动导数值如下：

$C_{nr1} = -0.0809/\text{rad}$, $C_{nr2} = -0.0092/\text{rad}$, $C_{lp2} = -0.430/\text{rad}$,
$C_{lr1} = 0.1747/\text{rad}$, $C_{l\beta} = -0.0303/\text{rad}$

通过式（6.47）进行仿真，确定荷兰滚模态特性参数：自由振荡频率 $\omega_{nDR} = 2.3468\text{rad/s}$，阻尼比 $\zeta_{DR} = 0.2043$，计算气动参数 $C_{Y\beta}$ 和 $C_{n\beta}$。

$$\bar{q} = \frac{1}{2}\rho V^2 = \frac{1}{2} \times 1.2256 \times 260^2 = 41425.28\text{N/m}^2$$

$$\left(\frac{\bar{q}Sb}{I_{xx}}\right) = \frac{41425.28 \times 50.4 \times 16.38}{161032.43} = 212.37/\text{s}^2$$

$$\left(\frac{\bar{q}Sb}{I_{zz}}\right) = \frac{41425.28 \times 50.4 \times 16.38}{330142.72} = 103.588/\text{s}^2$$

$$\left(\frac{L_{r1}}{L_{p2}}\right) = \left(\frac{C_{lr1}}{C_{l2}}\right) = -\frac{0.1747}{0.43} = -0.4063$$

$$N_{r1} = \left(\frac{\bar{q}Sb}{I_{zz}}\right)C_{nr1}\frac{b}{2V^*} = 103.588 \times (-0.0809) \times \left(\frac{16.38}{2 \times 260}\right) = -0.264/\text{s}$$

$$N_{r2} = \left(\frac{\bar{q}Sb}{I_{zz}}\right)C_{nr2}\frac{b}{2V^*} = 103.588 \times (-0.0092) \times \left(\frac{16.38}{2 \times 260}\right) = -0.03/\text{s}$$

$$\left(\frac{g}{V^*}\right) = \frac{9.81}{260} = 0.038/\text{s}$$

采用式（6.49）

$$2\zeta_{DR}\omega_{nDR} = -N_{r1} - \left(\frac{g}{V^*}\right)\left[Y_\beta + \left(\frac{L_{r1}}{L_{p2}}\right)\right]$$

$$2 \times 0.2043 \times 2.3468 = 0.264 - 0.038 \times [Y_\beta - 0.4063]$$

$$Y_\beta = \left(\frac{\bar{q}S}{W}\right)C_{Y\beta} = -17.880 \Rightarrow \left(\frac{41425.28 \times 50.4}{169921.24}\right)C_{Y\beta} = -17.880 \Rightarrow C_{Y\beta} = -1.455/\text{rad}$$

进一步，采用式（6.48）

$$\frac{L_\beta}{L_{p2}} = \frac{\left(\frac{\bar{q}Sb}{I_{xx}}\right)C_{l\beta}}{\left(\frac{\bar{q}Sb}{I_{xx}}\right)C_{lp2}\left(\frac{b}{2V^*}\right)} = \left(\frac{C_{l\beta}}{C_{lp2}}\right)\left(\frac{2V^*}{b}\right) = \left(\frac{-0.0303}{-0.430}\right)\left(\frac{2 \times 260}{16.38}\right) = 2.237/\text{s}$$

$$\omega_{nDR}^2 = N_\beta + \left(\frac{g}{V^*}\right)\left[Y_\beta N_{r2} + \left(\frac{L_\beta}{L_{p2}}\right)\right]$$

$$2.3468^2 = N_\beta + 0.038 \times [(-17.880 \times -0.03) + 2.37]$$

$$N_\beta = \left(\frac{\bar{q}Sb}{I_{zz}}\right)C_{n\beta} = 5.402 \Rightarrow 103.587 C_{n\beta} = 5.402 \Rightarrow C_{n\beta} = 0.052/\text{rad}$$

出于好奇，我们可以计算除开荷兰滚模态之外的剩余侧滑角扰动量：

$$\Delta\beta_s = -\frac{\left(\frac{g}{V^*}\right)N_{r2}}{\omega_{nDR}^2}\Delta\mu = -\frac{0.038\times -0.03}{2.3468^2}\Delta\mu = 2.067\times 10^{-4}\Delta\mu$$

6.10.3 螺旋模态

为了推导近似的螺旋模态动力学方程，先返回到式（6.39），并仔细研究第二个大括号中的各项：

$$\underbrace{\left\{-L_{r1}\Delta\dot{\beta} + \left[L_\beta + \left(\frac{g}{V^*}\right)Y_\beta L_{r2}\right]\Delta\beta + L_{p2}\Delta\dot{\mu} + \left(\frac{g}{V^*}\right)L_{r2}\Delta\mu\right\}}_{\text{近似等于零}} \quad (6.51)$$

当表示滚转收敛模态被分离出来后，滚转动力学方程剩下的部分可以写成：

$$\Delta\dot{\mu}_s = \left(\frac{1}{L_{p2}}\right)\left\{L_{r1}\Delta\dot{\beta}_s - \left[L_\beta + \left(\frac{g}{V^*}\right)Y_\beta L_{r2}\right]\Delta\beta_s - \left(\frac{g}{V^*}\right)L_{r2}\Delta\mu_s\right\} \quad (6.52)$$

上式中所有项变化的时间常数为 T_s，可以忽略掉上式中 $\Delta\dot{\beta}_s$ 项，除式（6.50）中的荷兰滚模态项，剩下的部分为 $\Delta\beta_s$ 项，将该项代入上式可以得到下式（忽略下标"s"）

$$\Delta\dot{\mu} = \left(\frac{1}{L_{p2}}\right)\left\{\frac{\left[L_\beta + \left(\frac{g}{V^*}\right)Y_\beta L_{r2}\right]N_{r2}}{\left[N_\beta + \left(\frac{g}{V^*}\right)Y_\beta N_{r2} + \left(\frac{g}{V^*}\right)(L_\beta/L_{p2})\right]} - L_{r2}\right\}\left(\frac{g}{V^*}\right)\Delta\mu \quad (6.53)$$

$$\Delta\dot{\mu} = \left(\frac{1}{L_{p2}}\right)\left\{\frac{\left[L_\beta + \left(\frac{g}{V^*}\right)Y_\beta L_{r2}\right]N_{r2}}{\omega_{nDR}^2} - L_{r2}\right\}\left(\frac{g}{V^*}\right)\Delta\mu \quad (6.54)$$

重新排列各项，并省掉包含 g/V^* 的高阶项可以得到下式：

$$\Delta\dot{\mu} = \underbrace{\left(\frac{1}{L_{p2}}\right)}_{1/\lambda_r}\left(\frac{L_\beta N_{r2} - N_\beta L_{r2}}{\omega_{nDR}^2}\right)\left(\frac{g}{V^*}\right)\Delta\mu \quad (6.54)$$

当 $\lambda_r = L_{p2}$ 时，代入上式可得

$$\Delta\dot{\mu} = \left(\frac{g}{V^*}\right)\left(\frac{L_\beta N_{r2} - N_\beta L_{r2}}{\lambda_r \omega_{nDR}^2}\right)\Delta\mu \quad (6.55)$$

参照式（2.1）中参数 a 稳定性条件，假定 $\lambda_r < 0$，则螺旋模态稳定，则有下式成立：

$$(L_\beta N_{r2} - N_\beta L_{r2}) > 0 \tag{6.56}$$

这个条件有时能满足,但有时不能,我们会发现螺旋模态的稳定性不是太值得关心。将在第 7 章中对这些横航向模态开展深入的研究。

▷ **例 6.5** 给出关于气动导数 L_{r2} 的稳定性条件,使得飞机螺旋模态是稳定的,飞机气动数据如例 6.4 中所示。

采用式(6.56)中的螺旋模态稳定性条件,有如下条件成立:

$$L_{r2} < \left[\left(\frac{L_\beta N_{r2}}{N_\beta}\right) = \left(\frac{C_{l\beta}/I_{xx}}{C_{n\beta}/I_{zz}} N_{r2}\right)\right]$$

代入实际参数:

$$L_{r2} < \left(\frac{-0.0303 \times 330142.72 \times -0.03}{0.052 \times 161032.43}\right) \Rightarrow L_{r2} < 0.0358$$

$$\left(\frac{\bar{q}Sb}{I_{xx}}\right) C_{lr2} \left(\frac{b}{2V^*}\right) < 0.0358 \Rightarrow (212.37) C_{lr2} \left(\frac{16.38}{2 \times 260}\right) < 0.0358 \Rightarrow C_{lr2} < 0.0053/\text{rad}$$

▷ **练习题**

6.1 在航向平面上构造一些曲线路径,使得飞行期间侧滑角为零。

6.2 一架飞机以 260m/s 的速度巡航,巡航高度为 11km,其顺着地球固连惯性坐标系的 X^E 轴作直线飞行。飞机顺着 X^E 轴飞行时有速度 20m/s 的侧风。试计算其侧滑角和航向角。

6.3 在本章中,我们已经看到包括最快时间尺度 $b/2V^*$ 在内的四种时间尺度,相对应的纵向时间尺度 $c/2V^*$ 是否具有同样重要的意义。(提示:考虑一个信号从 1/4 平均气动弦长传播到 3/4 平均气动弦长所花的时间)

6.4 针对例 6.4 中提供的飞机数据,采用 MATLAB 写一段荷兰滚和螺旋模态仿真代码,通过仿真验证例 6.4 中的荷兰滚模态频率和阻尼比。

▷ **参考文献**

1. Raghavan, B. and Ananthkrishnan, N., Small-perturbation analysis of airplane dynamics with dynamic stability derivatives redefined, *Journal of Aerospace Sciences and Technologies*, 61(3), 2009, 365-380.

第7章 横航向运动模态

通过在第 6 章中对横航向运动方程进行小扰动分析,获得了横航向运动的三种模态,本章将对这三种模态进行细致分析。

7.1 滚转模态

三种模态中时间尺度最快的是滚转模态,该模态通常可用以下一阶动力学方程进行描述:

$$\Delta \ddot{\mu} = L_{p2} \Delta \dot{\mu} \tag{7.1}$$

从形式上看,方程(7.1)是以 $\Delta \dot{\mu}$ 的形式展现的,因此,该模态命名为滚转速率模态更加准确,但习惯上还是使用滚转模态。

方程(7.1)中系数 L_{p2} 是以下组合的缩写形式:

$$L_{p2} \equiv \left(\frac{\bar{q}Sb}{I_{xx}}\right) C_{lp2} \left(\frac{b}{2V^*}\right)$$

其中包含了快速时间刻度 $b/2V*$ 和空气动力学导数 C_{lp2},从形式上看,只要满足 $C_{lp2}<0$,滚转模态就是稳定的,C_{lp2} 通常称为滚转阻尼导数。

需要特别注意的是,虽然滚转角速率扰动 $\Delta \dot{\mu}$ 可能会逐渐衰减消失,但滚转速率扰动产生的滚转角 $\Delta \mu$ 却不会立即消失,一个正(负)滚转角速率扰动会留下一个正(负)的滚转角,从后面的章节可以看到,这个遗留下的滚转角进而会诱发荷兰滚模态以及螺旋模态。

7.2 滚转阻尼导数 C_{lp2}

对于大多数传统布局飞机来说,滚转阻尼导数 C_{lp2} 的主要贡献者是机翼。在本节里,将分析机翼对滚转阻尼导数的影响。以下推导过程基于一架常见的大展弦比民航飞机。

考虑图 7.1 所示的飞机,X^B 轴向前,Y^B 轴向右,Z^B 轴向下,坐标轴原点位于飞机对称面上,右翼尖端在 $y=b/2$,左翼尖端在 $y=-b/2$,其中 b 是机翼展长，飞机速度 V^* 垂直于纸面向外。

叠加一个如图 7.1 中的正滚转角速率扰动 $\Delta\dot{\mu}$，机翼上的每个点都会获得一个向下（右翼）或向上（左翼）的速度增量，y 站位处（对应的左翼对称位置为 $-y$）的速度增量为

$$\Delta\omega(y) = \Delta\dot{\mu} \cdot y$$

其中右翼为正，左翼为负。那么 $y(-y)$ 站位处迎角将会发生变化：

$$\Delta\alpha(y) = \Delta\omega(y)/V^* = \pm\Delta\dot{\mu} \cdot y/V^*$$

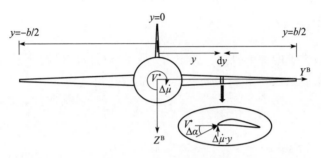

图 7.1　民航飞机后视图

对于右机翼，迎角增大，升力系数增大；对于左机翼，迎角减小，升力系数减小。升力系数的改变量为

$$\Delta C_l(y) = C_{l\alpha} \cdot \Delta\alpha(y) = \pm C_{l\alpha} \cdot \Delta\dot{\mu} \cdot y/V^*$$

其中：C_l 为截面升力系数（不要误认为是滚转力矩系数）；$C_{l\alpha}$ 为截面升力曲线随迎角变化的导数。

假定所有站位处的 $C_{l\alpha}$ 都是相同的，那么 $y(-y)$ 站位处微段 $\mathrm{d}y$ 上的附加升力如下：

$$l(y) = \bar{q} \cdot c(y) \cdot \mathrm{d}y \cdot \Delta C_l(y) = \pm\bar{q} \cdot c(y) \cdot \mathrm{d}y \cdot C_{l\alpha} \cdot \Delta\dot{\mu} \cdot y/V^*$$

式中：$c(y)$ 是 y 站位处的弦长。

$\pm y$ 站位处的升力差异形成一个滚转力矩：

$$\Delta\mathcal{L}(\pm y) = -2l(y) \cdot y = -2\bar{q} \cdot c(y) \cdot \mathrm{d}y \cdot C_{l\alpha} \cdot \Delta\dot{\mu}/V^* \cdot y^2$$

对机翼上的滚转力矩积分得到：

$$\Delta\mathcal{L} = -2\bar{q} \cdot C_{l\alpha} \cdot \Delta\dot{\mu}/V^* \int_0^{b/2} c(y) \cdot y^2 \mathrm{d}y$$

可以得到等效的滚转力矩系数：

$$\Delta C_l = \frac{\Delta\mathcal{L}}{\bar{q}Sb} = -2\left(\frac{C_{l\alpha}}{Sb}\right)\left(\frac{\Delta\dot{\mu}}{V^*}\right)\int_0^{b/2} c(y) \cdot y^2 \mathrm{d}y$$

$$= -4\left(\frac{C_{l\alpha}}{Sb^2}\right)\left(\frac{\Delta\dot{\mu}b}{2V^*}\right)\int_0^{b/2} c(y) \cdot y^2 \mathrm{d}y$$

由于滚转阻尼导数的定义为（方程（6.20））

$$C_{lp2} = \frac{\partial C_l}{\partial p_\omega(b/2V)}\bigg|_*$$

令 $p_\omega = \Delta\dot{\mu}$，则有

$$C_{lp2} = \frac{\Delta C_l}{(\Delta\dot{\mu}b/2V^*)} = \left(\frac{-4C_{l\alpha}}{Sb^2}\right)\int_0^{b/2} c(y)\cdot y^2 \mathrm{d}y \tag{7.2}$$

它对于一般的大展弦比机翼都是通用的。

7.2.1 梯形机翼

对于比较常见的梯形机翼，如图 7.2 所示，可以准确地计算出式（7.2）。给定翼根处弦长 c_r 和翼尖处弦长 c_t，梢根比定义为

$$\lambda = \frac{c_t}{c_r}$$

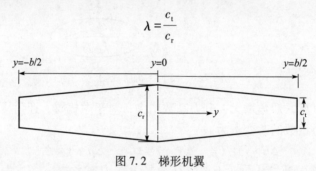

图 7.2　梯形机翼

那么 y 站位处的弦长可表示为

$$c(y) = c_r + \frac{2}{b}(c_t - c_r)y$$

机翼面积可表示为

$$S = \frac{b}{2}(c_t + c_r)$$

因此，对于梯形机翼，式（7.2）可以写为

$$C_{lp2} = \left(\frac{-4C_{l\alpha}}{Sb^2}\right)\int_0^{b/2}\left\{c_r + \frac{2}{b}(c_t - c_r)y\right\}y^2 \mathrm{d}y$$

$$= -\frac{8C_{l\alpha}}{(c_t + c_r)b^3}\int_0^{b/2}\left\{c_r y^2 \mathrm{d}y + \frac{2}{b}(c_t - c_r)y^3 \mathrm{d}y\right\}$$

$$= -\frac{8C_{l\alpha}}{(c_t + c_r)b^3}\left[c_r\frac{y^3}{3} + \frac{2}{b}(c_t - c_r)\frac{y^4}{4}\right]\bigg|_0^{b/2}$$

$$= -\frac{C_{l\alpha}}{(c_t + c_r)(b^3/8)} \left[\frac{c_r}{3}\left(\frac{b}{2}\right)^3 + \frac{(c_t - c_r)}{4}\left(\frac{b}{2}\right)^3 \right]$$

$$= -\frac{C_{l\alpha}}{(c_t + c_r)} \left[\frac{c_r}{3} + \frac{(c_t - c_r)}{4} \right]$$

$$= -\frac{C_{l\alpha}}{12} \cdot \frac{(4c_r + 3c_t - 3c_r)}{c_t + c_r}$$

$$= -\frac{C_{l\alpha}}{12} \cdot \frac{3c_t + c_r}{c_t + c_r}$$

$$= -\frac{C_{l\alpha}}{12} \cdot \frac{1 + 3\lambda}{1 + \lambda} \tag{7.3}$$

📖 **家庭作业**：许多飞机机翼梢根比 λ 接近 0.4，试估计 $\lambda = 0.4$ 和 $C_{l\alpha} \approx 2\pi$ 时的 C_{lp2}（大约为 $-0.82/s$）。如果没有传统飞机的数据，下面的值是 C_{lp2} 的一个很好的粗估值。特定情况：

矩形机翼，$\lambda = 1$：$C_{lp2} = -C_{l\alpha}/6$

三角翼，$\lambda = 0$：$C_{lp2} = -C_{l\alpha}/12$

显然，机翼的展弦比越大，机翼上的流场越接近于二维，以上的推导过程越接近于实际；展弦比越小，流场越接近于三维，以上的推导与真实情况的符合度逐渐降低，推导结果的准确性也逐渐降低，但滚转阻尼效应始终存在。

7.2.2 垂尾影响

飞机滚转阻尼的第二个来源是垂尾，它通常比机身高出许多。垂尾对滚转阻尼的影响机理与机翼类似。

考虑一个正的滚转速率扰动（右滚），在垂尾离机身中心线高度 h 处的垂尾截取一段，长度为 dh，如图 7.3 所示。

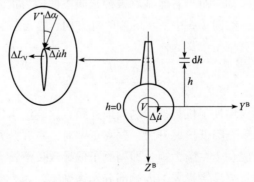

图 7.3 一架带垂尾飞机的后视图

来流速度为 V^*，由于右滚引起的附加速度为 $\Delta\dot{\mu}h$，引起的迎角变化量为

$$\Delta\alpha = \frac{\Delta\dot{\mu}h}{V^*}$$

垂尾的"升力"实际上是飞机的一个侧力，它与来流垂直，但对于小角度 $\Delta\alpha$，可以认为这个"升力"近似地沿着负 Y^B 轴方向，如图7.3所示。因为这个侧力作用线高于机身中心线（或者 X^B 轴），它产生负的滚转力矩，也就是说，与滚转角速率扰动方向相反。因此，垂尾会导致飞机的滚转阻尼增大（C_{lp2} 符号不变，绝对值增大）。

民航飞机垂尾展弦比的典型值约为 1.5，7.2 节中的计算可能不完全适合于估计垂尾产生的 C_{lp2}，但原理是一样的。

例7.1　十字翼导弹的滚转阻尼。

如图 7.4 所示，假设一枚导弹没有机翼，但尾部有四个鳍（称为十字翼）。在这种情况下，滚转阻尼的主要来源是鳍。在这种情况下，因为没有机翼，不能使用机翼展长 b 作为参考长度，必须修改导数 L_{p2} 的估算方法，通常使用机身（机身）直径 D：

图 7.4　带十字翼的导弹

$$L_{p2} \equiv \left(\frac{\bar{q}SD}{I_{xx}}\right) C_{lp2}\left(\frac{D}{2V^*}\right)$$

7.3　滚转操纵

对于大多数常规布局飞机来说，通常采用小角度偏转机翼后缘外侧的襟翼（通常称为副翼）来实现滚转操纵，如第 1 章所示。

副翼通常左右差动，对于右侧副翼来说，向下偏转为正，对于左侧副翼来说，向上偏转为正，如图 7.5 中所示的顺时针方向，这与前文中滚转角速率正负的定义一致。副翼偏角定义为

$$\delta_a = \frac{\delta_{a_R} + \delta_{a_L}}{2}$$

向下偏转的副翼增加了机翼外段的当地迎角，这会产生额外的升力，同样的，向上偏转的副翼会降低机翼升力。副翼正偏时，右翼升力增大，左翼升力减小，两者之差形成一个左滚力矩，即副翼正偏导致负滚转力矩，反之亦然。

通常不会采用机翼后缘襟翼的内侧部分作为副翼，因为力臂较短。

第 7 章　横航向运动模态

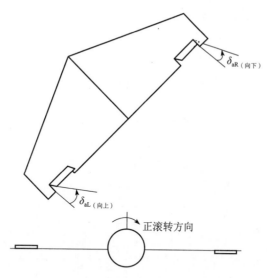

图 7.5　副翼偏转方向的定义（后视图）

副翼小角度偏转 $\Delta\delta_a$ 对滚转力矩的影响分析如下。由 $\Delta\delta_a$ 产生的滚转力矩系数为

$$\Delta C_l = C_{l\delta_a} \Delta\delta_a$$

式中：$C_{l\delta_a}$ 为滚转操纵导数。形式上，滚转操纵导数定义为

$$C_{l\delta_a} = \left.\frac{\partial C_l}{\partial \delta_a}\right|_*$$

其中："$*$" 指的是配平状态。

如上所述，$C_{l\delta_a}$ 必定为负，因为正的 $\Delta\delta_a$ 产生负的 ΔC_l，进而导致一个负的滚转角速率，产生的滚转力矩为

$$\Delta \mathcal{L} = (\bar{q}Sb)\Delta C_l = [(\bar{q}Sb)C_{l\delta_a}]\Delta\delta_a = L_{\delta_a}\Delta\delta_a \cdot I_{xx}$$

式中：$L_{\delta_a} = (\bar{q}Sb)C_{l\delta_a}/I_{xx}$。

叠加本部分内容，动力学方程（7.1）可以改写为

$$\Delta\ddot{\mu} = L_{p2}\Delta\dot{\mu} + L_{\delta_a}\Delta\delta_a \tag{7.4}$$

它仍然是一阶动力系统，但多了一个强迫项 $L_{\delta_a}\Delta\delta_a$。

◁ **例 7.2**　副翼阶跃信号的滚转响应。

图 7.6 中的实线是飞机对副翼阶跃信号的响应，滚转角速率逐渐增大并最终保持为一个稳定值，飞机则以稳定的滚转角速率持续滚转。这就是副翼称为滚转速率操纵部件而不是滚转角操纵部件的原因。

然而，实际上一旦飞机由于滚转速率开始向一侧倾斜，重力会促使飞机向

较低机翼的一侧侧滑,并诱发荷兰滚和螺旋模态。因此,严格意义上讲,方程(7.4)只对小扰动滚转角 $\Delta\mu$ 是准确的。尽管如此,方程(7.4)还是提供了一些有用的信息,对它进行研究仍然是有意义的。但由于在研究过程中忽略了重力的影响,方程(7.4)达到的稳态状态称为拟稳态,以区别于实际飞行过程中的稳定状态。

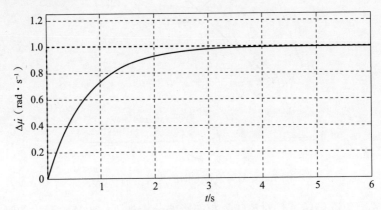

图 7.6 副翼阶跃信号的滚转角速率响应

如第 2 章所述,方程(7.4)的拟稳态是通过将时间导数项设置为零得到的,即

$$L_{p2}\Delta\dot{\mu}^{*} + L_{\delta_a}\Delta\delta_a = 0 \tag{7.5}$$

其中,* 指的是拟稳态值。代入导数 L_{p2} 和 L_{δ_a} 的具体形式,得到了副翼阶跃偏转 $\Delta\delta_a$ 的无量纲拟稳态滚转角速率为

$$\Delta\dot{\mu}^{*}(b/2V^{*}) = -(C_{l\delta_a}/C_{lp2})\Delta\delta_a \tag{7.6}$$

$\Delta\dot{\mu}^{*}(b/2V^{*})$ 是一个衡量飞机滚转性能很有价值的指标。对于战斗机而言,通常会要求 $\Delta\dot{\mu}^{*}(b/2V^{*})|_{max} > 0.09$。

◁ **例 7.3 F-104A 在海平面高度上的滚转性能。**

使用以下数据,评估飞机对 $-5°$ 副翼阶跃信号的响应。

$$V^{*} = 87\text{m/s}, \quad S = 18\text{m}^2, \quad b = 6.7\text{m}, \quad I_{xx} = 4676\text{kg}\cdot\text{m}^2,$$
$$C_{lp2} = -0.285/\text{rad}, \quad C_{l\delta_a} = -0.039/\text{rad}$$

无量纲拟稳态滚转角速率为

$$\Delta\dot{\mu}^{*}(b/2V^{*}) = -(C_{l\delta_a}/C_{lp2})\Delta\delta_a = -(-0.039/-0.285)\times -5 = 0.684° = 0.012\text{rad}$$

时间响应过程如图 7.7 所示,滚转角速率稳步增加到拟稳态值。时间常数为

$$\frac{1}{\tau} = -(\bar{q}Sb)C_{lp2}/I_{xx}(b/2V^{*}) = 1.329$$

进而有 $\tau=0.752\mathrm{s}$，这是滚转角速率增大到 63% 拟稳态值所需的时间。约 $5\tau=3.76\mathrm{s}$ 时，可认为滚转角速率已经达到拟稳态值。滚转角速率的终值为

$$\Delta\dot{\mu}^*(b/2V^*) = -(C_{l\delta_\mathrm{a}}/C_{lp2})\Delta\delta_\mathrm{a}, \quad \Delta\dot{\mu} = \frac{0.684°}{b/2V^*} = 17.8°/\mathrm{s}$$

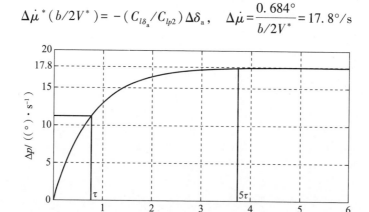

图 7.7　副翼 -5° 阶跃信号的滚转响应

7.4　副翼操纵导数 $C_{l\delta_\mathrm{a}}$

本节中针对常规飞机，对副翼操纵导数 $C_{l\delta_\mathrm{a}}$ 做出一个合理的估计。

考虑图 7.8 所示的机翼，沿翼展方向，副翼位于站位 y_1 和 y_2 之间，右上角的局部放大图显示了机翼弦向截面与后缘襟副翼的关系。

副翼效率是用参数 τ 来度量的：

$$\tau = \frac{\Delta\alpha}{\Delta\delta_\mathrm{a}} = \frac{\mathrm{d}\alpha}{\mathrm{d}\delta_\mathrm{a}} \tag{7.7}$$

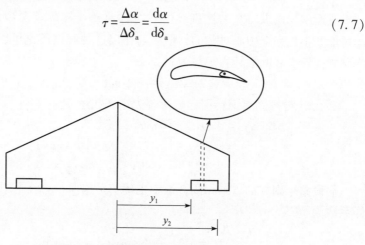

图 7.8　副翼在机翼上的位置

τ 代表当襟副翼后缘偏转 $\Delta\delta_a$ 时机翼截面迎角 $\Delta\alpha$ 的有效变化量，通常称为襟翼效率参数，主要受翼型和襟副翼几何形状影响，通常是襟副翼面积与机翼面积之比或者襟副翼弦长与机翼弦长之比的函数。在图 7.9 中，τ 表示面积之比的函数。

由式（7.7）可知：

$$\Delta\alpha(y)=\tau \cdot \Delta\delta_a(y)$$

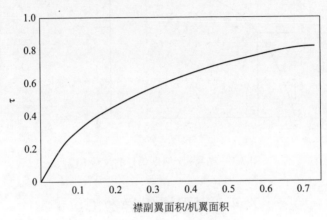

图 7.9 襟翼效率参数

y 站位处升力系数的变化量为

$$\Delta C_l(y)=C_{l\alpha}\Delta\alpha(y)=C_{l\alpha}\tau \cdot \Delta\delta_a(y)$$

y 站位处微段 dy 上的升力系数变化量为

$$\Delta l(y)=\bar{q}c(y) \cdot dy \Delta C_l(y)=\bar{q}c(y)C_{l\alpha}\tau \cdot \Delta\delta_a(y)dy$$

假设副翼操纵时左右襟副翼中心对称差动（实际情况中，左右襟副翼差动可能并不是完全中心对称的，但目前作出这种假设还是可以接受的），可以将副翼偏转引起的滚转力矩写为

$$\Delta \mathcal{L}(\pm y) = -2y\Delta l(y) = -2y\bar{q}c(y)C_{l\alpha}\tau \cdot \Delta\delta_a(y)dy$$

那么 $\pm y$ 处襟副翼偏转引起的滚转力矩系数是

$$\begin{aligned}\Delta C_l(\pm y) &= \Delta \mathcal{L}(\pm y)/(\bar{q}Sb) \\ &= -2C_{l\alpha} \cdot (\tau/Sb) \cdot \Delta\delta_a(y) \cdot c(y) \cdot y \cdot dy \\ &= -2C_{l\alpha} \cdot (\tau/Sb) \cdot \Delta\delta_a \cdot c(y) \cdot y \cdot dy\end{aligned}$$

假设整个副翼的 $\Delta\delta_a$ 相同，通常也确实是这样。对整个副翼积分，滚转力矩系数为

$$\Delta C_l = -2\frac{C_{l\alpha}\tau}{Sb} \cdot \Delta\delta_a \cdot \int_{y_1}^{y_2}c(y)ydy$$

滚转操纵导数为

$$C_{l\delta_a} = \frac{\Delta C_l}{\Delta \delta_a} = -2\left(\frac{C_{l\alpha}\tau}{Sb}\right)\int_{y_1}^{y_2} c(y)y\,dy \tag{7.8}$$

◁) **例 7.4** 梯形机翼滚转操纵导数。

考虑一个后缘不弯曲的梯形机翼，如图 7.10 所示，半展长 $b/2 = 16.7\text{m}$。翼梢和翼根处的弦长分别为 $c_t = 3.9\text{m}$ 和 $c_r = 7.2\text{m}$，梢根比 $\lambda = c_t/c_r = 0.54$。

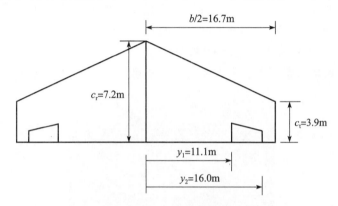

图 7.10　例 7.4 中的梯形机翼几何尺寸

副翼位于站位 $y_1 = 11.1\text{m}$ 和站位 $y_2 = 16.0\text{m}$ 之间，副翼和机翼弦长之比 $c_a/c = 0.18$，此时从图 7.9 可以得到襟翼效率参数 $\tau = 0.36$。

机翼截面的升力线斜率 $C_{l\alpha} = 4.44/\text{rad}$。

机翼面积（包括左右两翼）为

$$S = 2 \times (1/2) \times 16.7 \times (7.2 + 3.9) = 185.4\text{m}^2$$

y 站位处的弦长为

$$c(y) = c_r\left[1 + \frac{2y}{b}(\lambda - 1)\right]$$

代入式 (7.8)，可得

$$C_{l\delta_a} = -2\left(\frac{4.44 \times 0.36}{185.4 \times 16.7 \times 2}\right)\int_{11.1}^{16.0} 7.2\left[1 + 2 \times \frac{0.54-1}{16.7}y\right]y\,dy$$

$$= -0.155/\text{rad}$$

7.4.1　其他滚转操纵装置

从上面的分析结果来看，副翼是通过改变后缘偏角进而改变机翼升力来进行滚转操纵的，在下面几种飞行条件下，副翼偏转不会显著改变机翼升力，因此不能提供有效的滚转操纵能力：

(1) 在（高）超声速条件下——由于超声速流动，副翼后缘偏转不能有效地改变上游机翼上的流动特性。通常的解决方案是使用不对称偏转全动平尾来进行滚转操纵。

(2) 在某些大迎角飞行条件下，副翼处于机翼失速段的分离流中，其偏转不能影响来流上游的压力分布，对升力也就不会有影响。大后掠角机翼更容易发生翼尖失速，而副翼一般也布置在翼尖附近，这种效果尤其明显。

(3) 在低动压飞行条件下，如着陆进近，副翼偏转带来的滚转力矩很小，如有必要，则需引入其他部件进行滚转操纵，如扰流板。

7.4.1.1 采用扰流板进行滚转操纵

扰流板通常布置于机翼上表面，可以升起展开，如图 7.11 所示。

图 7.11 机翼上工作状态的扰流板

扰流板也被称为升力卸载器，通过破坏其所处位置的升力进行工作，通常只展开一侧的扰流板进行滚转操纵，如需要左滚时，张开左侧的阻力板，此时左翼升力降低，左右翼升力之差引入一个负的滚转力矩。

除此之外，扰流板展开会产生巨大的阻力。例如，当使用左翼的扰流器，由于左翼的阻力急剧增加，造成左右翼之间的阻力差，进而促使飞机向左偏航。需要特别注意的是，阻力会导致飞机减速，这通常不是我们希望看到的，因此只有在少数场景下，如着陆进近，才会使用阻力板辅助滚转操纵。

7.4.1.2 采用平尾差动进行滚转操纵

许多军用飞机在超声速飞行时会使用平尾差动来提供额外的滚转力矩进行滚转操纵。

不对称地偏转平尾会形成一个升力差，进而产生滚转力矩。虽然平尾的跨度有限，力臂通常不是很大，但超声速飞行时来流动压很大，平尾差动还是能够提供可观的滚转力矩。左右平尾差动引入的阻力大致相当，因此形成的偏航力矩相对较小。

7.4.1.3 采用方向舵进行滚转操纵

正如在 7.2.2 节中讨论的垂尾对滚转运动的影响,方向舵也能用于滚转操纵。

首先,来说明与方向舵相关的一些惯用符号。如图 7.12 的飞机俯视图所示,按照顺时针方向,飞机向右偏航为正,方向舵向左偏转为正。正方向舵偏转产生正侧力,如图 7.12 中的向右箭头。这个力作用在机身中心线上方,会导致向右的正侧滚力矩。可以将方向舵偏转引起的滚转力矩导数定义为

$$C_{l\delta_r} = \left.\frac{\partial C_l}{\partial \delta_r}\right|_*$$

通常情况下,$C_{l\delta_r} > 0$。一般不选方向舵作为滚转操纵装置,原因是:方向舵距飞机中心线的高度差有限(力臂较短),产生的滚转力矩相对较小;方向舵偏转会增加阻力;低速飞行或者立尾表面有气流分离时,方向舵效率较差;大迎角飞行时,方向舵可能会被淹没在机身尾流中。

▷ **例 7.5** 通过十字翼进行滚转操纵。

导弹通常只使用一组十字翼作为其升力面。在不同的组合中,四个舵面进行俯仰、偏航、滚转操纵。图 7.13 为四个舵面后缘同时逆时针偏转进行滚转操纵的示意图。在该种工况下,升力增量和侧力增量均为 0,也不会产生额外的俯仰力矩和偏航力矩。

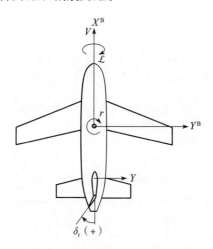

图 7.12 与方向舵相关的一些惯用符号

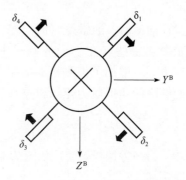

图 7.13 导弹十字翼偏转后视图

▷ **例 7.6** 带升降副翼的滚转操纵。

对于无尾飞机,副翼必须同时起到滚转操纵和俯仰操纵的作用,它们被称为升降副翼。如图 1.26 所示,在"协和"飞机上,升降副翼对称偏转时,它

们充当升降舵，反向对称偏转时，它们充当副翼。通过左右升降副翼不同角度偏转可以组合出需要的升降舵和副翼。

📖 **家庭作业**：推导升降舵和副翼与左右升降副翼的表达式。

7.5 滚转操纵对偏航的影响

在使用任何装置进行滚转操纵时通常会引入一定的偏航力矩，本节将对引入的偏航力矩开展研究。

7.5.1 副翼产生的偏航

考虑一对副翼，如图 7.5 所示，右副翼向下偏转，左副翼向上偏转，这个组合会提供一个负的滚转力矩。同时副翼偏转也增加了阻力，包括两个方面：一个是升致阻力，与升力有关，大致与 C_L^2 成正比，由于右副翼增大了 C_L，而左副翼减小了 C_L，右翼的升致阻力增量为正，而左翼的升致阻力增量为负；另一个是形状阻力，两侧机翼上的阻力都增大了。将这两方面阻力叠加，通常右翼（副翼向下的那一个）增加得更多，这种阻力差会促使飞机向右偏航。当飞机左滚转时，右偏航称为反偏航，左偏航称为正偏航；反之亦然。

从驾驶员的角度讲，轻微的反偏航是有利的，例如，飞行员左压杆进入左滚，同时为了抵消反向偏航，向左蹬方向舵，这种左压杆-左蹬舵（或右压杆-右蹬舵）的操纵组合更加自然。

副翼操纵通常会产生较大的反偏航，尽管准确的偏航量取决于机翼和副翼的设计以及飞行条件。为了克服这一点，减少反偏航，通常是将向上偏转的副翼偏得稍微多一些（在上面的例子中是左副翼），这进一步增加了该侧机翼的阻力增量，进而能够降低净偏航力矩。根据一般经验，大约可取

$$|\delta_{a\text{上偏}}| = 1.5 |\delta_{a\text{下偏}}|$$

另一种选择是使用如图 7.14 所示的弗里斯副翼。

尾部向上偏转时弗里斯副翼的下端会突入到机翼下表面的气流中，从而增加了阻力。采用弗里斯副翼的主要目的是避免操纵副翼引入过度的反偏航。

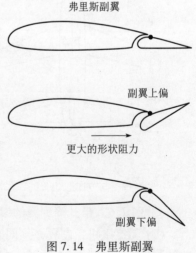

图 7.14 弗里斯副翼

7.5.2 扰流板产生的偏航

考虑如图 7.15 所示的状态，右侧机翼上的扰流板向上展开，这会导致右侧机翼升力降低，进而促使飞机向右滚转。在这个过程中，扰流板也增大了右翼上的阻力，这会导致飞机向右偏航，因此操纵扰流板引入的偏航是正偏航，该偏航也需要通过偏转方向舵来抑制。

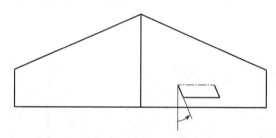

图 7.15　右翼上张开的扰流板

另外一种选择是副翼和扰流器组合偏转，尽量减小净偏航力矩，因为副翼通常会产生反偏航，而阻力板通常产生正偏航。

7.5.3 差动平尾产生的偏航

对于如图 7.16 所示的常规布局飞机，左平尾下偏，升力增大，右平尾上偏，升力减小，促使飞机右转。注意垂尾位于两个平尾上方中间。对于左平尾，较高的升力意味着其上表面压力较低，而右平尾上表面的压力则较高。这个压差作用在垂尾两侧，形成一个指向左侧的"升力"，如图 7.16 所示，这个侧向力产生的力矩会促使飞机右偏航，因此，差动平尾引入的是正偏航。

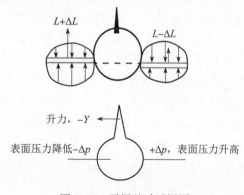

图 7.16　平尾差动后视图

7.5.4 方向舵产生的偏航

方向舵的主要作用是提供偏航力矩，如图 7.17 所示方向舵左偏（正偏）的情况，这将产生一个向右的侧向力（正）。这个侧向力产生正（向右）滚转力矩，同时会导致飞机向左（负）偏航，即右滚转的同时向左偏航，因此方向舵引入的是反偏航。

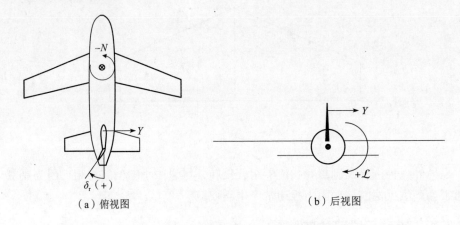

图 7.17 方向舵正舵引起的偏航和滚转

7.6 副翼偏转导致的滚转角

如图 7.6 和方程（7.4）所示，一个副翼阶跃信号会形成一个稳定的滚转角速率，然而，除了特技飞行和战斗机，飞机通常不需要做连续的滚转。一般情况下，飞行员会操纵副翼进行转弯，当转弯完成后退回水平飞行。为此，首先需要向左/向右压杆，形成坡度后副翼回中保持滚转角，等待转弯完成后，反向压杆，直到滚转角归零，然后副翼回中保持水平飞行。

下面做一个示例模拟，副翼"双输入"信号及飞机滚转响应如图 7.18 所示。首先副翼正偏促使飞机产生负滚转，2s 后副翼回中，飞机以稳定的滚转角飞行，20s 时副翼负偏，飞机正滚转，2s 后，滚转角归零，副翼回中，飞机回归水平飞行。

📖 **家庭作业**：建立一个仿真模型，来研究副翼"双输入"信号下飞机的滚转响应，特别是副翼两个输入的时间间隔的影响。

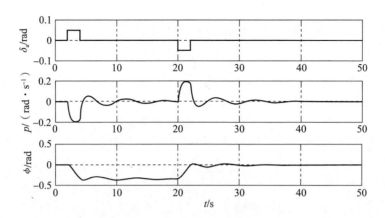

图 7.18 对副翼输入的滚转响应

7.7 荷兰滚模态

本节中研究荷兰滚模态，它比滚转模态慢，但比螺旋模态要快。我们已经在第 6 章中看到，荷兰滚模态由侧滑角 $\Delta\beta$ 的二阶小扰动方程描述：

$$\Delta\ddot{\beta} + [-N_{r1} - (g/V^*)Y_\beta - (g/V^*)L_{r1}/L_{p2}]\Delta\dot{\beta} + $$
$$[N_\beta + (g/V^*)Y_\beta N_{r2} + (g/V^*)L_\beta/L_{p2}]\Delta\beta = 0 \quad (7.9)$$

荷兰滚模态通常是振荡的，阻尼和频率通常由以下表达式给出（见第6章）：

$$\omega_{nDR}^2 = N_\beta + \left(\frac{g}{V^*}\right)[Y_\beta N_{r2} + (L_\beta/L_{p2})]$$

$$= \left[N_\beta + \left(\frac{g}{V^*}\right)(L_\beta/L_{p2})\right] + \left(\frac{g}{V^*}\right)Y_\beta N_{r2} \quad (6.48)$$

$$2\zeta_{DR}\omega_{nDR} = -N_{r1} - \left(\frac{g}{V^*}\right)[Y_\beta + (L_{r1}/L_{p2})]$$

$$= \left[-N_{r1} - \left(\frac{g}{V^*}\right)(L_{r1}/L_{p2})\right] - \left(\frac{g}{V^*}\right)Y_\beta \quad (6.49)$$

为了简单起见，省略影响较小的 Y_β 项。然后，从式（6.48）和式（6.49）可以看到：

- 荷兰滚模态频率大体上是 N_β 和 L_β 的函数。
- 荷兰滚模态阻尼主要取决于 N_{r1} 和 L_{r1}。

根据 6.9 节中的定义，我们知道：

$$N_\beta = \left(\frac{\bar{q}Sb}{I_{zz}}\right)C_{n\beta}, \quad N_{r1} = \left(\frac{\bar{q}Sb}{I_{zz}}\right)C_{nr1}\left(\frac{b}{2V^*}\right), \quad L_\beta = \left(\frac{\bar{q}Sb}{I_{xx}}\right)C_{l\beta},$$

$$L_{r1} = \left(\frac{\bar{q}Sb}{I_{xx}}\right) C_{lr1} \left(\frac{b}{2V^*}\right), \quad L_{p2} = \left(\frac{\bar{q}Sb}{I_{xx}}\right) C_{lp2} \left(\frac{b}{2V^*}\right)$$

因此，荷兰滚频率大体是 $C_{n\beta}$ 和 $C_{l\beta}$ 的函数，而阻尼是 C_{nr1} 和 C_{lr1} 的函数。

第一印象，我们可能倾向于将荷兰滚模态与纵向短周期模态进行比较，认为它们是相似的，例如，气动导数 $C_{n\beta}$ 和 C_{nr1} 对荷兰滚模态的影响与 $C_{m\alpha}$ 和 C_{mq1} 对纵向短周期模态的影响，是有一些相似之处的，$C_{n\beta}$ 和 $C_{m\alpha}$ 都影响无阻尼振荡频率，C_{nr1} 和 C_{mq1} 都影响阻尼特性，但荷兰滚模态的特征参数还受其他附加项的影响，如系数 g/V^*，这是因为航向和横向运动耦合（侧滑会促使飞机倾斜，主要是由于 $C_{l\beta}$，本节中将详细研究）和机身倾斜后重力又会促使飞机侧滑（我们已经在第 6 章中讨论过）。因此，为了理解和分析荷兰滚模态的动力学特性，需要综合考虑航向和横向运动，这使得它比纵向短周期运动要复杂一些。

应用二阶系统的稳定性原理，偏航刚度（ω_{nDR}^2 项）必须为正，忽略 Y_β 项，则需要：

$$N_\beta + \left(\frac{g}{V^*}\right)\left(\frac{L_\beta}{L_{p2}}\right) > 0$$

以气动导数形式展开：

$$C_{n\beta} + \left\{ \frac{\left(\frac{g}{V^*}\right)\left(\frac{2V^*}{b}\right)}{\left(\frac{\bar{q}Sb}{I_{zz}}\right)} \right\} (C_{l\beta}/C_{lp2}) > 0 \tag{7.10}$$

上式中的组合项 {·} 项为无量纲项，因为分子和分母的量纲是相同的，事实上，这种组合包括所有的横向运动时间尺度：$T_f^2/T_s T_r$，其中 T_s 为 10s 量级，T_f 为 1s 量级，T_r 为 0.1s 量级。为了书写方便，令

$$\varepsilon = \frac{T_f^2}{T_s T_r} \tag{7.11}$$

式（7.10）可以简写为

$$C_{n\beta} + \varepsilon (C_{l\beta}/C_{lp2}) > 0 \tag{7.12}$$

$C_{n\beta} > 0$ 以及 $C_{l\beta} < 0$（因为通常 $C_{lp2} < 0$）有助于偏航刚度为正。

类似地，为了保障荷兰滚模态的稳定性，偏航阻尼项（$2\zeta_{DR}\omega_{nDR}$）也必须为正，这需要满足：

$$C_{nr1} + \varepsilon (C_{lr1}/C_{lp2}) < 0 \tag{7.13}$$

$C_{nr1} < 0$ 以及 $C_{lr1} > 0$（因为通常 $C_{lp2} < 0$）有助于偏航阻尼为正。

至此，获得横航向运动模态的稳定性要求，如表 7.1 所示。

第7章 横航向运动模态

表 7.1 横航向模态稳定性要求

模态	稳定性要求
滚转模态	$C_{lp2}<0$
荷兰滚模态	$C_{n\beta}+\varepsilon(C_{l\beta}/C_{lp2})>0$ $C_{nr1}+\varepsilon(C_{lr1}/C_{lp2})<0$

我们将在本章中更仔细地研究这些导数,首先看看荷兰滚运动的外在特性。

荷兰滚运动可以由滚转角扰动或侧滑角扰动触发,因为滚转会导致侧滑而侧滑也会导致滚转,不管最初的扰动项是哪一个,很快就会演化成侧滑和滚转的耦合。一架飞机的荷兰滚运动左右摇摆(甚至优雅),有点像滑冰运动员,参见图 7.19。

图 7.19 荷兰滚运动

方框 7.1 横向操纵或飞行品质

飞机的飞行品质是指其稳定性和操纵性。参考 Cooper-Harper[1] 标准(1分为最佳,10分为最差),按照三种飞行阶段(A、B 和 C)和四种飞机等级或类型(I~IV),基于飞机运动模态特性参数,将飞行品质分为三个等级,这些重要的模态特性参数包括频率、阻尼、稳定模态的半幅时间、不稳定模态的倍幅时间等。对于 I 类飞机(小型轻型)和 IV 类(高操纵性,如战斗机)飞机,在 A 种飞行阶段(非终端、快速操纵、精确跟踪和精确飞行轨迹控制),横航向飞行品质要求如表 7.2 所示。

表 7.2 横航向飞行品质

	螺旋模态	滚转模态	荷兰滚模态		
	$T_{2,\min}/s$	$\tau_{\max}$	$\min\zeta\omega_n/(\text{rad}/s)$	$\min\zeta$	$\min\omega_n/(\text{rad}/s)$
1 级	12	1.0	0.35	0.19	1.0
2 级	12	1.4	0.05	0.02	0.4
3 级	4	10.0	—	0.02	0.4

注:1 级:飞行品质明显适合完成飞行任务。

2 级:飞行品质足以满足飞行任务需要,但飞行员工作负担有所增加或任务效果下降,或二者兼有。

3 级:飞行品质满足安全控制的需要,但是飞行员工作负担过重或任务效力不够,或二者兼有。

当飞机向右侧滑时，飞机向左滚转（受 $C_{l\beta}$ 影响），机头右偏（受 $C_{n\beta}$ 影响），接着它又开始向左侧滑，此时飞机出现右滚转，右翼下降（受 $C_{l\beta}$ 影响），机头左偏（受 $C_{n\beta}$ 影响），周而复始。只要荷兰滚模态是稳定的，在阻尼作用下，其运动振幅会逐渐衰减。横航向模态特性参数的典型要求如方框 7.1 所示。

◁ **例 7.7** 一个不稳定的荷兰滚模态可能导致一个极限环振荡，称为机翼摇滚。图 7.20 通过数值模拟给出了一个飞机机翼摇滚的例子。

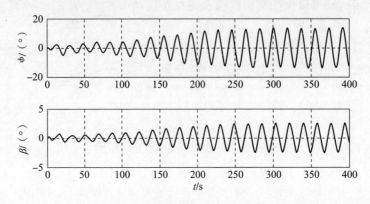

图 7.20　机翼摇滚时滚转角和侧滑角随时间的变化

如图 7.20 所示，初始阶段，滚转角 ϕ 和侧滑角 β 呈现出以某个纵向平衡点（$\phi^*=0$，$\beta^*=0$）为中心且振荡幅值逐渐增大的振荡运动，这表明振荡运动中心点的平衡是不稳定的，随着时间延长，最终发展成为一个时间周期约 18s，振幅分别为 $\pm15°(\phi)$ 和 $\pm2.5°(\beta)$ 的周期性运动。飞机的运动表现为按时序从左翼向下（右翼向上）到左翼向上（右翼向下）再回到左翼向下（右翼向上），周而复始，因此称为机翼摇滚运动。

7.8　航向气动导数 $C_{Y\beta}$ 和 $C_{n\beta}$

本节将对影响航向运动特性的气动导数 $C_{Y\beta}$ 和 $C_{n\beta}$ 开展研究，导数 $C_{l\beta}$ 的研究工作在 7.9 节中进行。

常规飞机 $C_{Y\beta}$ 和 $C_{n\beta}$ 的主要贡献者是垂尾。参考如图 7.21 所示的飞机尾部俯视图，垂直尾翼的截面为对称翼型。正侧滑时，垂尾承受了一个垂直向左的来流分量 v，叠加自由来流速度 V^*，合成有效来流 V_∞，侧滑角不大时满足：

$$\Delta\beta \approx v/V^* \qquad (7.14)$$

侧滑角对于垂尾的作用,类似于迎角对于机翼,使得垂尾上产生了一个垂直于来流方向的升力和沿来流方向的阻力,如图 7.21 所示。

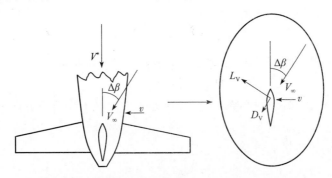

图 7.21 侧滑给垂尾带来的升力和阻力示意图

对于较小的侧滑角,假设垂直尾翼上的升力和阻力分别作用于机身 Y^B 和 X^B 轴的方向,如图 7.22 所示,做出这种假设的误差通常很小,研究飞机在小扰动运动特性时,这是完全合理的。在这种假设下,垂直尾翼的"升力"实际上是飞机的侧向力,而垂直尾翼上的阻力(成为飞机的阻力的一部分)与本节的讨论无关。下面对该侧向力进行分析:

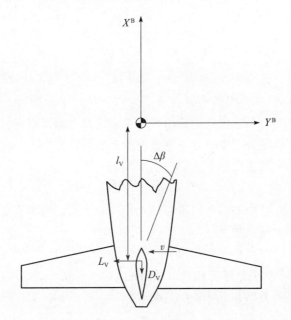

图 7.22 侧风(小侧滑)导致的垂尾升力、阻力方向示意图

首先,垂直尾翼的"升力"系数,取决于垂尾的升力线斜率 $C_{L\alpha_V}$ 和侧滑角(相当于垂尾的迎角):

$$C_{LV} = C_{L\alpha_V}\Delta\beta$$

那么垂直尾翼上的"升力"为

$$L_V = \bar{q}S_V C_{LV} = \bar{q}S_V C_{L\alpha_V}\Delta\beta$$

式中:S_V 为垂尾的参考面积(初步可考虑其轮廓投影面积);$\bar{q}$ 表示垂尾处的动压,正如第 3 章中对平尾所做的那样。

从图 7.22 看到,小侧滑时,侧风导致的垂尾升力、阻力方向与机体坐标轴大体重合。

这个升力是飞机的负侧向力,所以

$$Y = -\bar{q}S_V C_{L\alpha_V}\Delta\beta \tag{7.15}$$

垂尾引起的飞机侧向力系数为

$$C_Y = Y/(\bar{q}S)$$

式中:S 为该飞机的参考面积。

因此:

$$C_Y = -(S_V/S)C_{L\alpha_V}\Delta\beta$$

根据第 6 章中对 $C_{Y\beta}$ 的定义:

$$C_{Y\beta} = \left.\frac{\partial C_Y}{\partial\beta}\right|_*$$

可知

$$C_{Y\beta} = -(S_V/S)C_{L\alpha_V} \tag{7.16}$$

常规飞机 S_V/S 的典型值通常在 0.2 左右。从这个角度讲,侧滑角扰动量给垂尾带来的侧向力与迎角扰动量给平尾带来的升力幅值相当。在第 3 章中已经看到,平尾产生的升力本身并不重要,重要的是该升力产生的俯仰力矩。同样,垂尾的侧向力的重要性在于它产生的偏航力矩:

$$N = \bar{q}S_V l_V C_{L\alpha_V}\Delta\beta$$

式中:l_V 为垂尾气动中心到飞机重心的水平投影距离,当 Y 为负时,N 为正。

等效的偏航力矩系数为

$$C_n = N/(\bar{q}Sb) = (S_V l_V/Sb)C_{L\alpha_V}\Delta\beta$$

因子 $S_V l_V/Sb$ 称为垂尾容积比(vertical tail volume ratio,VTVR),类似于我们为平尾定义的 HTVR。根据 $C_{n\beta}$ 的定义:

$$C_{n\beta} = \left.\frac{\partial C_n}{\partial\beta}\right|_*$$

可知

$$C_{n\beta} = (S_V l_V / Sb) C_{L\alpha_V} = \text{VTVR} \times C_{L\alpha_V} \qquad (7.17)$$

因此，对于垂尾布置在重心后面的飞机，一般情况下满足：

$$C_{Y\beta} < 0, \quad C_{n\beta} > 0$$

正的 $C_{n\beta}$ 将有助于保持航向运动刚度（保持 $\omega_{n\text{DR}}^2$ 为正）。

📖 **家庭作业**：为什么垂直尾翼放在飞机重心前不会提供偏航刚度，而在俯仰运动（短周期模态）中却可以定位将平尾布置在飞机重心前面（称为鸭翼）。

7.8.1 对偏航刚度有影响的其他因素

飞机的任何一部分，如果能够为横向来流（相对速度的 v 分量）提供迎风面积，都有可能引起侧向力和附带的偏航力矩，翼-身（机翼-中央体）及其附件（发动机、导弹、油箱等）都可能成为侧向力和偏航力矩的来源。通常来讲，机身对偏航力矩的贡献为负值，需要从垂尾提供的偏航刚度中减去一部分，这与在第 3 章中翼-身对俯仰刚度的贡献相似。

📢 **例 7.8** "美洲虎"战斗机。

图 7.23 为"美洲虎"的侧视图。当有横向来流时，机身前部的大面积区域会受到很大影响。另一个显著的特点是机身下的油箱，它大部分在重心之前，也会对偏航刚度带来不利影响。如果负 $C_{n\beta}$ 源太多，垂尾需要提供足够的正 $C_{n\beta}$ 来补偿这些不利影响，这意味着一个足够大的垂尾容积比，要么是更大的垂尾面积 S_V，要么是更大的尾翼力臂 l_V，而一个更大的 l_V 意味着一个更长的机身，这牵扯太多，所以更容易考虑一个更大的 S_V。

图 7.23 "美洲虎"战斗机

为垂尾增加额外的面积可以增大弦长或展长（高度）。在增加弦长的情况下，附加面积更接近飞机重心，它比增加展长（高度）效果要差。然而，这仍然是当前一种常见的解决方案，在许多飞机上都采用了如图 7.24 所示的背鳍。

增大展长，必须注意气动弹性效应，垂尾在飞行中可能会弯曲或扭转，有

效 $C_{L\alpha_V}$ 可能会降低，增加垂尾容积比的效果可能大打折扣。另一种方法是使用双垂尾。

图 7.24 某型飞机的背鳍

📖 **家庭作业**：在网上或图书馆里搜索双垂尾飞机，并试图解释为什么要采用这种设计。

另一种增大垂尾面积的方法是在机身下面增加一个垂尾，称为腹鳍。图 7.23 中"美洲虎"战机有一个小腹鳍，图 7.25 中米格-23/27 战机则有一个更大的腹鳍。当然，腹鳍的问题是它在起飞和着陆时会刮到地面，所以只要起落架放下，腹鳍就需要收起来。

图 7.25 米格-23/27 战机上的腹鳍

一般情况下，只有军用飞机才会采用腹鳍，这表明，至少在某些飞行条件下，垂尾提供的偏航刚度是不够的。

从方程（7.12）可以看出，并非所有偏航刚度的贡献都来自 $C_{n\beta}$，负的 $C_{l\beta}$ 也可以提供相似的效果。以前，横航向动力学要求满足两个独立的稳定性条件：正 $C_{n\beta}$（以前称为"航向稳定性"）和负 $C_{l\beta}$（以前称为"横向稳定性"）。后来，人们认识到，偏航刚度可以通过正 $C_{n\beta}$ 和负 $C_{l\beta}$ 的组合来实现。为此，提出了一种称为 $C_{n\beta,\mathrm{dyn}}$ 的特殊组合（见方框 7.2）。现在又认识到，独立的"航向稳定性"和"横向稳定性"要求是多余的，$C_{n\beta,\mathrm{dyn}}$ 准则也不适合偏航刚度。正确的偏航刚度条件如式（7.12）所示。

方框 7.2　$C_{n\beta,\mathrm{dyn}}$ 准则

$C_{l\beta}$ 在对偏航刚度的贡献很早就被发现，当时偏航刚度为正值的条件是 $C_{n\beta}$ 和 $C_{l\beta}$ 同时具备某些特征，式（7.12）中的准则尚未被推导出。相反，出现了一个新的准则，称为 $C_{n\beta,\mathrm{dyn}}$（其中 dyn 代表动态），其表达式中包含 $C_{n\beta}$ 和 $C_{l\beta}$：

$$C_{n\beta,\mathrm{dyn}} = C_{n\beta}\cos\alpha - (I_{zz}/I_{xx})C_{l\beta}\sin\alpha \tag{7.18}$$

$C_{n\beta,\mathrm{dyn}}$ 准则最初是因为其他目的而被提出的，但它后来开始被用作偏航刚度的条件。例如，图 7.26 中还将 $C_{n\beta,\mathrm{dyn}}$ 和 $C_{n\beta}$ 绘制在一起。作为 $C_{n\beta}$ 和负 $C_{l\beta}$ 的组合，其表现形式类似于式（7.12）中的偏航刚度条件。但是经验表明，$C_{n\beta,\mathrm{dyn}}$ 准则能够为某些飞机提供一个近似的偏航刚度损失点，但对于其他飞机，它失效了。式（7.12）是对应偏航刚度的正确准则。但 $C_{n\beta,\mathrm{dyn}}$ 仍然是有用的，它是机翼摇滚特性的一个重要标示，这也是最初提出它的目的。关于 $C_{n\beta,\mathrm{dyn}}$ 和机翼摇滚触发条件的更多信息可以见文献 [2]。

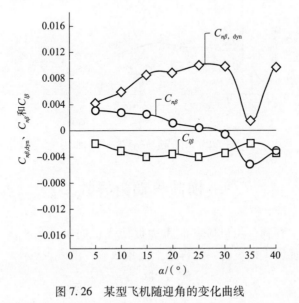

图 7.26　某型飞机随迎角的变化曲线

7.8.2 垂尾效率损失

垂尾效率降低甚至完全丧失的情况主要有两种：第一种是在大迎角飞行时，机身尾流可能覆盖部分垂尾（甚至全部），被尾流淹没的部分效率降低，导致垂尾操纵时的有效面积减小（垂尾容积比降低），最终影响 $C_{n\beta}$。这是大多数飞机的一个共同特点，其 $C_{n\beta}$ 随迎角的增大而逐渐降低，最终在 25°~35° 迎角附近降至零。某型飞机 $C_{n\beta}$ 随迎角变化的趋势曲线如图 7.26 所示，迎角 30°附近，$C_{n\beta}$ 降至零。

在早期，人们担心 $C_{n\beta}$ 变为零意味着失去航向刚度（当时称为"航向静稳定性"）。但是，正偏航刚度的条件（忽略 Y_β）为

$$C_{n\beta} + \varepsilon(C_{l\beta}/C_{lp2}) > 0 \tag{7.12}$$

因此，即使 $C_{n\beta}=0$，式（7.12）中的偏航刚度条件也可以通过负的 $C_{l\beta}$ 来满足（这将在下一节讨论）。

对于图 7.26 中的飞机数据，$C_{l\beta}$ 在给定的迎角范围内保持为负值。因此，式（7.12）即使在 $C_{n\beta}=0$ 的点上也成立。

垂尾对 $C_{n\beta}$ 贡献降低的另一种情况是超声速飞行。

在超声速气流中，升力曲线斜率随着马赫数的增大而减小（垂尾只是垂直放置的机翼）。$C_{n\beta}$ 随马赫数的典型变化曲线如图 7.27 所示。

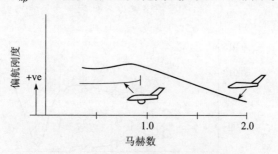

图 7.27 $C_{n\beta}$ 随马赫数的变化曲线

7.9 横向气动力导数 $C_{l\beta}$

在 6.4 节中看到，飞机倾斜时重力促使飞机向较低的机翼方向侧滑，同样，侧滑也会促使飞机滚转。这称为上反角效应，由 $C_{l\beta}$ 表示，其定义为

$$C_{l\beta} = \frac{\partial C_l}{\partial \beta}\bigg|_* \tag{7.19}$$

代表每度侧滑角产生的滚转力矩系数。

🗨 **例 7.9** 一架多发客机外侧的发动机在飞行中停车，推力差导致飞机偏航进而产生了侧滑。上反角效应促使飞机滚转，但它一直没有被注意到，滚转角持续增大，直到飞机从天上掉下来。

上反角效应的主要来源是机翼上反角，但也有其他来源，下面我们将展开研究。

7.9.1 机翼上反角

图 7.28 中包含三种机翼形态：①机翼向上倾斜，带正的上反角；②机翼上反角为零；③机翼向下倾斜、带负的上反角（下反角）。下面推导了由机翼上反角引起的滚转力矩的表达式，并由此导出 $C_{l\beta}$ 的表达式。

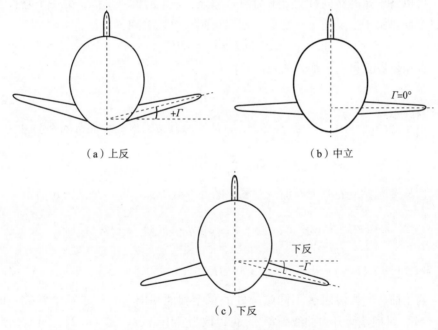

（a）上反　　　　　　　　（b）中立

（c）下反

图 7.28　机翼上反角

以上反角为 Γ 的机翼为例，如图 7.29 所示（在飞机的后视图中），正侧滑意味着风从右侧吹向机翼。假设侧滑角很小，速度的这个侧分量是

$$v = V\sin\beta \approx V\beta$$

机翼截面上的气流如图 7.29 所示。每个翼型截面上来流的前向分量是相同的：

$$u = V\cos\beta \approx V$$

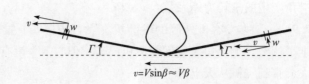

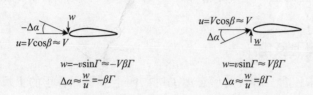

图 7.29 横风条件下上反机翼表面气流示意图

可以将来流的侧向分量分解为两个部分，一个沿机翼平面，另一个垂直于机翼平面。由于上反角 Γ，右翼（迎风一侧）可以看到：

$$w = v\sin\Gamma \approx v\Gamma = V\beta\Gamma$$

翼型可以获得一个额外的正迎角增量：

$$\Delta\alpha = \frac{w}{u} = \beta\Gamma \tag{7.20}$$

出于相同的原因，左翼（背风一侧）可以获得一个额外的负迎角增量：

$$\Delta\alpha = \frac{w}{u} = -\beta\Gamma$$

这导致右翼上的升力增加，左翼上的升力减少，形成一个负滚转力矩：

$$\mathcal{L} = -2\int_0^{\frac{b}{2}} \bar{q} \cdot (c(y) \cdot \mathrm{d}y) \cdot c_l(y) \cdot y = -2\int_0^{\frac{b}{2}} \bar{q} \cdot (c(y) \cdot \mathrm{d}y) \cdot (c_{l\alpha}(y) \cdot \Delta\alpha) \cdot y$$

$$= -2\int_0^{\frac{b}{2}} \bar{q} \cdot (c(y) \cdot \mathrm{d}y) \cdot (c_{l\alpha}(y) \cdot \beta\Gamma) \cdot y \tag{7.21}$$

为了简化，假设机翼不同站位处的翼型截面相同，弦长是一个常数，即 $c(y) = c$，翼型截面升力曲线斜率 $c_{l\alpha}$ 可以取为一个常数。式（7.21）可简化为

$$\bar{q}SbC_l = -2\bar{q}c \cdot c_{l\alpha} \cdot \beta\Gamma \int_0^{\frac{b}{2}} y\mathrm{d}y = -2\bar{q}c \cdot c_{l\alpha} \cdot \beta\Gamma \cdot \frac{b^2}{8} \tag{7.22}$$

其中，$S = c \cdot b$。

由式（7.22）可得

$$C_l = -\frac{1}{4}c_{l\alpha} \cdot \beta\Gamma$$

由机翼上反角 Γ 引起的导数为

$$C_{l\beta} = \frac{\partial C_l}{\partial \beta} = -\frac{c_{l\alpha}\Gamma}{4} \qquad (7.23)$$

📖 **家庭作业**：（1）推导梯形翼上反角 Γ 与 $C_{l\beta}$ 的关系。

对于下反角机翼，可以使用负的 Γ，一个负的上反角，式（7.23）仍然有效，对于下反机翼飞机，$C_{l\beta}$ 为正。参考式（7.12），下反角会降低偏航刚度。

（2）谈谈图 7.30 所示的极端上反角机翼。

（3）机翼上反角对 $C_{n\beta}$ 有贡献吗？

图 7.30 上反飞翼布局案例

7.9.2 $C_{l\beta}$ 的其他来源

除了上述由机翼上反角引起的直接影响外，还有其他几个因素对上反角效应 $C_{l\beta}$ 有影响，其中重要的是机翼后掠角、机翼机身干涉和垂尾。

7.9.2.1 机翼后掠角

图 7.31 考虑一个后掠角为正的机翼，后掠角幅值为 Λ。没有提供上反角。这个机翼在带侧滑飞行，侧滑角为 β。由气动理论可知，对于升力和阻力来说，垂直于机翼前缘的相对速度分量才是最重要的。由于 Λ 和 β 的耦合作用，右翼承受来流的法向分量为

$$u_1 = V\cos(\beta - \Lambda) = V\cos(\Lambda - \beta)$$

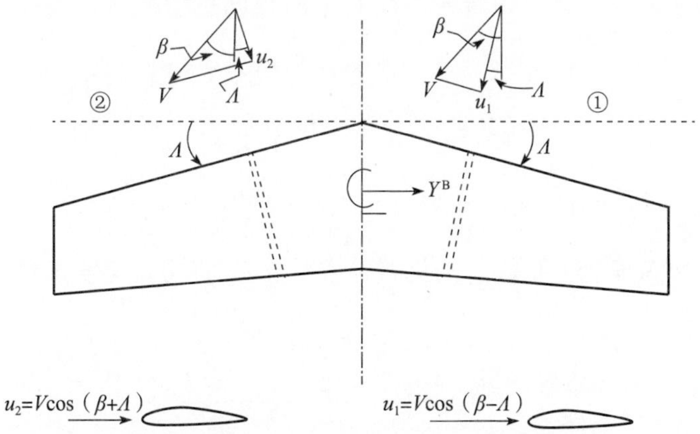

图 7.31 横风条件下的相对风速分量示意图

而左翼承受来流的法向分量为

$$u_2 = V\cos(\beta + \Lambda)$$

一般情况下，Λ 在 $25°\sim 60°$，在大多数情况下 β 应小于 $5°$。因此，u_1 通常比 u_2 大，所以右翼承受一个更大的相对（正常）速度，意味着比左翼有更大的升力和阻力。这将导致负滚转力矩（由差异升力产生的）和正偏航力矩（由差异阻力产生的）。由于侧滑，在距右翼参考中心线（图 7.31）y 处弦长为 $c(y)$ 的翼型截面上的升力变化引起的滚转力矩为

$$\Delta \mathcal{L}_R = -\Delta L_R \cdot y = -\left\{\left(\frac{1}{2}\rho u_1^2\right) \cdot (c(y) \cdot \mathrm{d}y) \cdot c_l\right\} \cdot y$$

$$= -\left(\frac{1}{2}\rho V^2\right)\cos^2(\beta - \Lambda) \cdot c(y) \cdot \mathrm{d}y \cdot c_l \cdot y$$

$$= -\bar{q}\cos^2(\beta - \Lambda) \cdot c(y) \cdot \mathrm{d}y \cdot c_l \cdot y$$

对右翼积分，得到右翼升力引起的滚转力矩：

$$\mathcal{L}_R = \bar{q}\cos^2(\beta - \Lambda) \cdot c_l \cdot \int_0^{\frac{b}{2}} c(y) \cdot \mathrm{d}y \cdot y$$

类似地，左翼产生的滚转力矩为

$$\mathcal{L}_L = \bar{q}\cos^2(\beta + \Lambda) \cdot c_l \cdot \int_0^{\frac{b}{2}} c(y) \cdot \mathrm{d}y \cdot y$$

因此，滚转力矩的净值为

$$\mathcal{L} = \mathcal{L}_L + \mathcal{L}_R = \bar{q}[\cos^2(\beta + \Lambda) - \cos^2(\beta - \Lambda)]\int_0^{\frac{b}{2}}(c(y) \cdot \mathrm{d}y) \cdot c_l \cdot y$$

(7.24)

假设整个机翼为具有恒定升力线斜率的相同翼型截面，式（7.24）可以重新写为

$$\bar{q}SbC_l = \bar{q}[\cos^2(\beta + \Lambda) - \cos^2(\beta - \Lambda)] \cdot c \cdot c_l \cdot \int_0^{\frac{b}{2}} y \cdot \mathrm{d}y$$

$$= \bar{q}[\cos^2(\beta + \Lambda) - \cos^2(\beta - \Lambda)] c \cdot c_l \cdot \frac{b^2}{8}$$

假设翼型截面升力系数 c_l 与机翼升力系数 C_L 相同，角度 β 和 Λ 较小，则上式可以简化为

$$\bar{q}(c \cdot b)bC_l = \bar{q}[-4\underbrace{\sin\beta}_{\approx \beta} \underbrace{\sin\Lambda}_{\approx \Lambda} \underbrace{\cos\beta}_{\approx 1} \underbrace{\cos\Lambda}_{\approx 1}]c \cdot C_L \cdot \frac{b^2}{8}$$

即

$$C_l = -\beta\frac{C_L\Lambda}{2} \Rightarrow C_{l\beta} = -\frac{C_L\Lambda}{2} \tag{7.25}$$

从式（7.25）可以看出，正后掠角 Λ 有助于负 $C_{l\beta}$，而前掠翼正好相反。

式（7.25）中的上反角效应是机翼 C_L 的函数；由于机翼后掠，随着迎角增大，增加的 C_L 会产生更大的上反角效应，以至于有时可能会太大。为了进行补偿，可能必须给机翼一个下反角，以便控制 $C_{l\beta}$ 导数的值。如果超过失速迎角，则可能会出现 C_L 随着迎角增大而快速损失，由于机翼后掠而导致的负 $C_{l\beta}$ 可能会急剧减小。

7.9.2.2　机翼在机身上的位置

图 7.32 所示为机翼在机身上的三个可能位置。考虑一个平面机翼（没有弯曲，没有上反角）和一个圆形或椭圆形机身。飞机向右侧滑（来流从右侧吹来），横向来流分量的流动情况如图所示。

图 7.32(a) 为中单翼布局，横流相对于每个机翼的上下分量是对称的，因此在任一机翼上产生的力没有变化。滚转力矩也没有结果变化。

图 7.32(b) 为上单翼布局，右翼在其根部附近遇到向上的横流，而在左翼根部附近是向下的横流。右翼根部区域的局部迎角略有增加，左翼根部的局部迎角略有减少。由此产生的升力变化导致负的滚转力矩，因此高的机翼配置有助于负的 $C_{l\beta}$，并补充了由于机翼上反造成的上反角效应。出于类似的原因，下单翼布局会产生正的 $C_{l\beta}$，并降低机翼上反角效应。但是，受影响部分靠近机翼根部，因此力臂不大。此外，迎角变化的程度还取决于机身的截面形状。

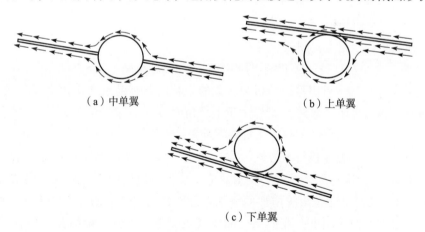

（a）中单翼　　　　（b）上单翼

（c）下单翼

图 7.32　机翼横向流动示意图（机身后视图）

7.9.2.3　垂尾

参考图 7.33 所示的飞机及垂尾。正侧滑角 $\Delta\beta$ 在垂尾上产生的侧向力为

$$Y = -\bar{q} S_{\mathrm{V}} C_{L\alpha_{\mathrm{V}}} \Delta\beta \tag{7.26}$$

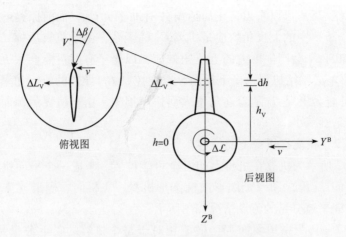

图 7.33 带正侧滑飞行时垂尾受力示意图

如果该侧向力作用于垂尾气动中心，位于机身中心线上方高度 h_V 处，则会产生负（向左）滚转力矩：

$$\Delta \mathcal{L} = -\bar{q} S_V C_{L\alpha_V} \cdot (\Delta \beta) \cdot h_V$$

滚转力矩系数：

$$\Delta C_l = \left(\frac{\Delta \mathcal{L}}{\bar{q} S b}\right) = -\left(\frac{S_V h_V}{S b}\right) C_{L\alpha_V} \cdot (\Delta \beta) = -\left(\frac{S_V l_V}{S b}\right) C_{L\alpha_V} \cdot (\Delta \beta) \cdot (h_V/l_V)$$

$$= -\text{VTVR} \cdot C_{L\alpha_V} \cdot (h_V/l_V) \cdot (\Delta \beta)$$

然后可以求得上反角效应导数：

$$C_{l\beta} = -\text{VTVR} \cdot C_{L\alpha_V} \cdot (h_V/l_V) \tag{7.27}$$

从式（7.27）可以看出，机身上方的垂直尾翼有助于产生正上反角效应，而机身下方的垂尾（腹鳍）则产生负上反角效应。

> **例 7.10** 为什么有些飞机有下反角。

机翼高（安装在机身上方）、后掠角大、垂直尾翼高的飞机可能会有过大的负 $C_{l\beta}$，因为这些都会导致上反角效应。从上述讨论中还注意到，机翼后掠角对负 $C_{l\beta}$ 的贡献随迎角的增加而增加。总而言之，过大的负 $C_{l\beta}$ 可能会使飞机产生过大的偏航刚度，降低飞行品质（见方框 7.1 关于操纵品质的描述）。在某些飞行条件下（如在侧风中着陆），希望保持机翼水平，但过大的负 $C_{l\beta}$ 会使这项任务变得困难。此外，在本章后续部分将看到，$C_{n\beta}$ 和 $C_{l\beta}$ 也会影响第三个横航向模态，即螺旋模态。因此，军用飞机通常有一个负的上反角（也称为下反角）机翼。下反机翼能够提供正的 $C_{l\beta}$，减少过大的上反角效应。图 7.34 中的"海鸥"战斗机就是一个例子。

图 7.34　"海鹞"战斗机

📖 **家庭作业**：图 1.8 所示的翼伞是一个下反构型，如何在遭遇侧风时保持其稳定性（考虑载荷对稳定性的影响。载荷使得整体重心远低于翼伞，而非常接近载荷本身，这有时称为"钟摆稳定性"）？

7.10　阻尼导数 C_{nr1} 和 C_{lr1}

根据方程（7.13），本节中研究共同决定偏航阻尼的导数 C_{nr1} 和 C_{lr1}：

$$C_{nr1} + \varepsilon(C_{lr1}/C_{lp2}) < 0 \tag{7.28}$$

导数 C_{nr1} 和 C_{lr1} 的定义如下：

$$C_{lr1} = \frac{\partial C_l}{\partial (r_b - r_w)(b/2V^*)}\bigg|_*, \quad C_{nr1} = \frac{\partial C_n}{\partial (r_b - r_w)(b/2V^*)}\bigg|_* \tag{7.29}$$

它们是体轴偏航角速率 r_b 与风轴偏航角速率 r_w 之差的结果。为了简单起见，考虑图 7.35 中的场景，即飞机继续沿着速度矢量 V^* 标记的方向沿直线飞行，此时 $r_w = 0$。让飞机有一个正的体轴偏航角速率 r_b。

阻尼导数主要有机翼和垂尾：两个来源。

7.10.1　机翼对 C_{nr1} 和 C_{lr1} 的贡献

现在考虑机翼上距离为 $+y$（右翼）和 $-y$（左翼）的一对站位。偏航角速率 r_b 在站点 $\pm y$ 处诱导出的前向速度为

$$u = \mp r_b y \tag{7.30}$$

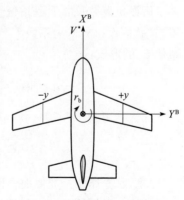

图 7.35　飞机具有正偏航角速率 r_b 的示意图

左翼是正的（向前），右翼是负的（向后）。因此，这些站点在 $\pm y$ 处看到

的有效相对风速为

$$V = V^* + u = V^* \mp r_b y \tag{7.31}$$

$$V^2 = (V^* + r_b y)^2 \tag{7.32}$$

$$V^2 = (V^* - r_b y)^2 \tag{7.33}$$

因此，左翼的机翼段相对速度较高，而右翼的机翼段相对风速较低。由于机翼截面上的气动力是相对风速的函数，因此左翼截面上的升力和阻力增加（参考式（7.32），动压增大），而右翼的升力和阻力都有所下降（参考式（7.33），动压减小），这种升力差会导致正的滚转力矩（正），阻力差会导致负的偏航力矩。

因此，机翼对阻尼导数的影响通常是

$$C_{nr1} < 0, \quad C_{lr1} > 0 \tag{7.34}$$

由于 C_{lp2} 通常为负，可以从方程（7.28）中看出，这两个导数都有助于偏航阻尼。

可以计算出机翼对 C_{nr1} 和 C_{lr1} 影响的表达式：

由于右翼升力减小而左翼升力增大，因此滚转力矩的可以简单表示为

$$\begin{aligned}
\mathcal{L} &= \frac{1}{2}\rho c_l c \int_0^{b/2} \left[(V^* + r_b y)^2 - (V^* - r_b y)^2 \right] y \, \mathrm{d}y \\
&= \frac{1}{2}\rho c_l c \int_0^{b/2} \left[(V^{*2} + 2V^* r_b y + r_b^2 y^2) - (V^{*2} - 2V^* r_b y + r_b^2 y^2) \right] y \, \mathrm{d}y \\
&= \frac{1}{2}\rho c_l c (4V^* r_b) \int_0^{b/2} y^2 \, \mathrm{d}y = \frac{1}{2}\rho c_l c (4V^* r_b) \left[\frac{y^3}{3} \right]_0^{b/2} = \frac{1}{2}\rho c_l c (4V^* r_b) \cdot \frac{b^3}{24}
\end{aligned}$$

假设机翼弦长 c 不随站位变化，机翼各部分的升力系数 c_l 恒定（矩形机翼），并假设机翼升力系数 C_L 与截面升力系数 c_l 相同，将滚转力矩 L 表述为系数 C_l 的形式：

$$\frac{1}{2}\rho V^{*2} Sb C_l = \frac{1}{2}\rho V^{*2} (cb) b C_l = \frac{1}{2}\rho C_L c V^* r_b \frac{b^3}{6}$$

那么参考式（7.29），$r_w = 0$：

$$C_l = \frac{C_L}{3} r_b \frac{b}{2V^*} \Rightarrow C_{lr1} = \frac{C_L}{3} \tag{7.35}$$

📖 **家庭作业**：类似地，推导出一个直矩形机翼的 C_{nr1} 表达式，即 $C_{nr1} = -(C_D/3)$，并证明这些结果适用于 r_w 不为零的一般情况。

7.10.2 垂尾对 C_{nr1} 和 C_{lr1} 的贡献

导数 C_{nr1} 和 C_{lr1} 的第二个来源是垂尾。考虑一个与图 7.35 相同的飞行状

态,但重点放在垂尾,如图 7.36 所示。

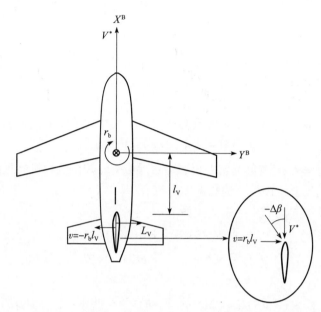

图 7.36 飞机具有正偏航角速率 r_b 时垂尾受力示意图

正偏航角速率 r_b 为垂尾提供了一个负的侧向速度

$$v = -r_b l_V \tag{7.36}$$

这相当于垂尾处的诱导风速 $v = r_b l_V$,如图 7.36 右下角的插图所示。从垂尾的角度来看,相对风速是自由来流速度 V^* 和该诱导风速的矢量和,这两个矢量产生了一个侧滑角:

$$\Delta \beta = -r_b l_V / V^* \tag{7.37}$$

这将在垂尾上产生一个正的侧向力:

$$L_V = \bar{q} S_V C_{L\alpha_V} \Delta \alpha = -\bar{q} S_V C_{L\alpha_V} \Delta \beta = -\bar{q} S_V C_{L\alpha_V} (-r_b l_V / V^*)$$
$$Y = \bar{q} S_V C_{L\alpha_V} (r_b l_V / V^*) \tag{7.38}$$

如果垂尾气动中心位于飞机 X^B 轴上方的高度 h_V 处,则它将产生正滚转力矩(向右):

$$L = \bar{q} S_V C_{L\alpha_V} (r_b l_V / V^*) h_V \tag{7.39}$$

因此,正偏航角速率 r_b 诱导出正滚转力矩,使 $C_{lr1} > 0$,也就是说,垂尾的贡献与机翼的贡献是相同的,它也提供偏航阻尼。

垂直尾翼引起的滚转力矩系数为

$$C_l = (S_V / S) C_{L\alpha_V} (r_b l_V / V^*)(h_V / b) = (S_V / S) C_{L\alpha_V} (r_b b / 2V^*)(2l_V / b)(h_V / b)$$

当 $r_w = 0$ 时，由式（7.29）可得

$$C_{lr1} = (S_V/S) C_{L\alpha_V}(2l_V/b)(h_V/b) = [(S_V/S)(l_V/b)] C_{L\alpha_V}(2h_V/b)$$
$$= \text{VTVR} \cdot C_{L\alpha_V}(2h_V/b) \tag{7.40}$$

如果 h_V 为正（即垂尾气动中心高于机身中心线），则 C_{lr1} 明显为正。注意，腹鳍会给出相反符号的 C_{lr1}，因此即使可能有助于偏航刚度，它也会减弱偏航阻尼（参考式（7.28）中的 C_{lr1}）。

由式（7.38）可见，侧向力也会产生一个关于飞机重心的偏航力矩：

$$N = -\bar{q} S_V C_{L\alpha_V}(r_b l_V/V^*) l_V \tag{7.41}$$

正偏航速率 r_b 产生负偏航力矩意味着导数 $C_{nr1} < 0$，这与机翼贡献的意义相同。因此，垂尾会帮助机翼提高偏航阻尼。

垂直尾翼引起的 C_{nr1} 的表达式如下：

$$C_n = -(S_V/S) C_{L\alpha_V}(r_b l_V/V^*)(l_V/b)$$
$$= -(S_V/S) C_{L\alpha_V}(r_b b/2V^*)(2l_V/b)(l_V/b)$$

当 $r_w = 0$ 时，由式（7.29）可得

$$C_{nr1} = -(S_V/S) C_{L\alpha_V}(2l_V/b)(l_V/b) = -\text{VTVR} \cdot C_{L\alpha_V}(2l_V/b) \tag{7.42}$$

这清楚地表明，对于位于飞机重心后面的垂尾，$C_{nr1} < 0$。有趣的是，腹鳍也提供了与普通垂尾（或背鳍）相似的 C_{nr1}。

7.11 方向舵操纵

正如在 7.4 节中看到的，方向舵是一个用铰链安装在垂尾后部的小襟翼。方向舵左偏为正，如图 7.17 所示，左偏产生向右（正）的侧向力。正侧向力可以产生的负偏航力矩和（通常）关于 X^B 轴（机身中心线）的正滚转力矩。

因此，可以定义三个方向舵导数：

$$C_{Y\delta r} = \left.\frac{\partial C_Y}{\partial \delta_r}\right|_* > 0, \quad C_{l\delta r} = \left.\frac{\partial C_l}{\partial \delta_r}\right|_* > 0, \quad C_{n\delta r} = \left.\frac{\partial C_n}{\partial \delta_r}\right|_* < 0 \tag{7.43}$$

式中："*"表示配平状态下的偏导数。

为了估计这些导数，可以用类似于前面所采用的方法来模拟偏转方向舵带来的影响。与副翼的情况一样，方向舵的有效性是通过参数 τ 来测量的：

$$\tau = \frac{\Delta\beta}{\Delta\delta_r} = \frac{d\beta}{d\delta_r} \tag{7.44}$$

这表明了方向舵后缘偏转 $\Delta\delta_r$ 时垂尾剖面处侧滑角的有效变化为 $\Delta\beta$。假设垂尾后缘的整个展长（高度）上都是方向舵。

那么，垂尾因正（向左）方向舵偏转而产生的"升力"为

$$\Delta C_{LV} = C_{L\alpha_V}\Delta\beta = C_{L\alpha_V}\tau\Delta\delta_r$$

实际上，这是飞机的（正）侧向力，由此产生的滚转力矩和偏航力矩为

$$\Delta Y = \bar{q}S_V\Delta C_{LV} = \bar{q}S_V\Delta C_{L\alpha_V}\tau\Delta\delta_r$$

$$\Delta \mathcal{L} = \bar{q}S_V C_{L\alpha_V}\tau\Delta\delta_r \cdot h_V \tag{7.45}$$

$$\Delta N = -\bar{q}S_V C_{L\alpha_V}\tau\Delta\delta_r \cdot l_V$$

式中：h_V 如图 7.33 所示；l_V 如图 7.36 所示。

相对应的无量纲系数为

$$C_Y = (S_V/S)C_{L\alpha_V}\tau\Delta\delta_r$$

$$C_l = (S_V/S)C_{L\alpha_V}\tau\Delta\delta_r \cdot (h_V/b) = \text{VTVR} \cdot C_{L\alpha_V}\tau\Delta\delta_r \cdot (h_V/l_V) \tag{7.46}$$

$$C_n = -(S_V/S)C_{L\alpha_V}\tau\Delta\delta_r \cdot (l_V/b) = -\text{VTVR} \cdot C_{L\alpha_V}\tau\Delta\delta_r$$

式（7.43）中的导数为

$$C_{Y\delta_r} = (S_V/S)C_{L\alpha_V}\tau > 0$$

$$C_{l\delta_r} = \text{VTVR} \cdot C_{L\alpha_V}\tau(h_V/l_V) > 0 \tag{7.47}$$

$$C_{n\delta_r} = -\text{VTVR} \cdot C_{L\alpha_V}\tau < 0$$

其中，通常只有 $C_{n\delta_r}$ 是真正重要的，但其他两项也并不总是完全可以忽略的。考虑 $C_{n\delta_r}$ 的影响，我们将荷兰滚模态运动方程改写为

$$\Delta\ddot{\beta} + [-N_{r1} - (g/V^*)Y_\beta - (g/V^*)L_{r1}/L_{p2}]\Delta\dot{\beta} +$$
$$[N_\beta + (g/V^*)Y_\beta N_{r2} + (g/V^*)L_\beta/L_{p2}]\Delta\beta + N_{\delta_r}\Delta\delta_r = 0 \tag{7.48}$$

式中

$$N_{\delta_r} = (\bar{q}Sb/I_{zz})C_{n\delta_r} \tag{7.49}$$

实际上，偏航和滚转模态是耦合的，正如在偏航刚度项中，L_β 和 Y_β 项是与 N_β 一起出现一样，可以预期，通过正确的推导，在式（7.48）中，L_{δ_r} 和 Y_{δ_r} 将与 N_{δ_r} 一起出现，而 N_{δ_r} 则与 $\Delta\delta_r$ 一起出现。之所以选择忽略它们，是因为 L_{δ_r} 和 Y_{δ_r} 的影响相对而言可以忽略不计，而且这通常适用于大多数常规布局飞机。

从式（7.48）中看到，方向舵输入可以激发荷兰滚模态，通常飞行试验中也是这么做的。但与升降舵输入用于俯仰操纵不同的是，飞机几乎不需要单纯的偏航操纵。标准的横航向操纵是滚转（对于军机来说，有时是连续的滚转），唯一与偏航相关的是保持零侧滑。因此，在横航向操纵中，方向舵通常

与副翼一起使用。

然而，有一些罕见的情况需要使用方向舵来保持一个带侧滑飞行，这时需要"方向舵配平"。

7.11.1 侧风着陆

一架飞机在跑道上降落，风从右边吹来，如图7.37所示，如果飞机的机头指向跑道，则由于风向而产生正侧滑角$\Delta\beta$。飞机的偏航刚度将试图抑制这种侧滑，也就是说，它将试图将飞机的机头向来流方向偏转，从而使$\Delta\beta=0$，这将意味着飞机不再与跑道对齐。为了对准跑道着陆，飞行员必须保持带侧滑飞行，并使用方向舵抑制飞机向来流方向偏航。

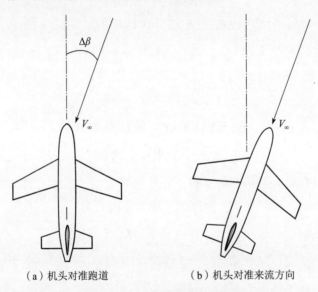

(a) 机头对准跑道　　　　　　(b) 机头对准来流方向

图7.37　飞机侧风着陆示意图

因此，飞机必须在机翼水平（零滚转角）和固定侧滑角（取决于侧风范围）的下降飞行中进行配平。方向舵力矩需要平衡掉试图调整机头朝向的偏航力矩，由此可计算出保持这种配平所需的方向舵偏转量，将方程（7.48）中所有时间导数设为零，得到

$$\Delta\delta_r = -[N_\beta + (g/V^*)Y_\beta N_{r2} + (g/V^*)(L_\beta/L_{p2})]/N_{\delta_r}\Delta\beta \qquad (7.50)$$

由于侧风着陆需要方向舵偏转，所以应该观察作用在垂尾上的气动力见图7.38。垂尾上的"升力"由两部分组成：恒定的正侧滑导致作用在垂尾气动中心的负侧向力，产生一个正偏航力矩，促使飞机向来流方向偏航（图7.38（a））；方向舵左偏产生的正侧向力，同样作用在垂尾气动中心，这必

须创造一个幅值相等、方向相反的偏航力矩（图 7.38(b)）。式（7.50）描述的就是这两个偏航力矩相互平衡，不产生偏航角速率的状态。在垂尾气动中心，两个侧向力也相互抵消，也不会产生净滚转力矩。

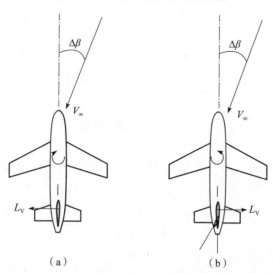

图 7.38　飞机垂尾上的"升力"和偏航力矩示意图

需要注意的是，从 7.10 节了解到，由于 $C_{l\beta}$ 的影响，正侧滑会导致飞机向左滚转。因此，在侧滑不为零的稳定飞行状态，还必须使用滚转操纵装置（副翼或扰流板）来消除净滚转力矩以保持机翼倾角稳定（见练习题 7.11）。

▷ **例 7.11**　图 7.39 为侧风着陆后的 B-52。当地面上的飞机机轮沿跑道中心线方向移动时，机身相对于跑道的夹角即为侧滑角（见练习题 7.1）。

图 7.39　B-52 侧风着陆

7.11.2　其他采用方向舵配平的例子

使用方向舵来进行力矩配平的例子有多个，其中之一就是"单发停车"状况。

当飞机中多个发动机中的一个因故障而失去动力，其他发动机仍然提供推力时，将会产生净偏航力矩，飞机偏航并产生侧滑。方向舵需要提供一个相反的偏航力矩来抑制偏航角速率并保持零侧滑。可以理解的是，当四发飞机处于起飞后的爬升状态，如果一个外侧发动机发生故障，并且其他发动机都接近满功率，由于来流动压较低，方向舵偏转能够产生的偏航力矩有限，这一要求更为严酷。

另一个使用方向舵配平的例子是抵消螺旋桨滑流的影响，特别是在单发飞机上。螺旋桨滑流打在垂尾上，由于气流的非对称性，在垂尾上产生了侧向力，如果不加以控制，它可能会造成不受限制的偏航和滚转。因此，必须偏转方向舵抵消由于滑流产生的侧向力，使飞机能够保持机翼水平、直线飞行。

7.12 螺旋模态

螺旋模态是横航向三个模态中最慢的，其动力学特性由第6章中推导的方程给出：

$$\Delta\dot{\mu} = \left(\frac{g}{V^*}\right)\left(\frac{L_\beta N_{r2} - N_\beta L_{r2}}{\lambda_r \omega_{nDR}^2}\right)\Delta\mu \tag{6.55}$$

这是一个滚转角 $\Delta\mu$ 的一阶微分方程。当飞机从稳定水平飞行状态进入螺旋模态时，飞机缓慢地向一侧倾斜。倾斜的影响之一是升力的 $L\sin\Delta\mu$ 分量产生向心加速度。这也使得飞机以相同的方向转弯，它在形成 $\Delta\mu$ 相同的时间尺度 T_s 上产生了一个 $\Delta\chi$。在6.4节中也看到，由于重力的影响，滚转角会导致飞机侧滑，但这种运动发生在更快的时间尺度 T_f 上（荷兰滚模态），并且假设荷兰滚模态是稳定的，侧滑将以比 $\Delta\mu$ 和 $\Delta\chi$ 演化速度快得多的速度消失；同时由于快变量（包括滚转角速率（时间尺度 T_r）和侧滑（时间尺度 T_f））幅值都很小，分析螺旋运动模态时，可以将它们忽略。

图7.40是一个典型的不稳定螺旋运动轨迹图，从最初的直线飞行到螺旋下降。当飞机螺旋下降时，转弯半径随着倾斜角和侧滑角的单调增大而减小。

根据第2章对一阶动力系统的分析，知道螺旋模态稳定的条件是

$$\left(\frac{g}{V^*}\right)\left(\frac{L_\beta N_{r2} - N_\beta L_{r2}}{\lambda_r \omega_{nDR}^2}\right) < 0$$

考虑到 $\frac{g}{V^*} > 0$，并且给定 $\lambda_r < 0$ 和 $\omega_{nDR}^2 > 0$，上述稳定性条件可简化为

$$L_\beta N_{r2} - N_\beta L_{r2} > 0 \tag{7.51}$$

为了确定式（7.51）中左端的符号，需要确定所有项的符号。其中，前面中已对 L_β（通常为负值）和 N_β（通常为正值）进行了分析，此次只需确定另外两个下标带 r_2 项的符号。

第 7 章 横航向运动模态

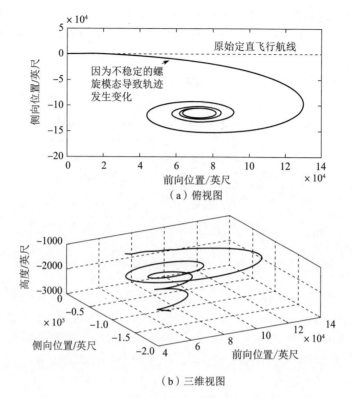

图 7.40 F18/HARV 模型飞机的不稳定螺旋轨迹模拟结果

7.12.1 C_{nr2} 和 C_{lr2} 导数

参考第 6 章，N_{r2} 和 L_{r2} 的展开式如下：

$$N_{r2} = \left(\frac{\bar{q}Sb}{I_{zz}}\right) C_{nr2} \left(\frac{b}{2V^*}\right), \quad L_{r2} = \left(\frac{\bar{q}Sb}{I_{xx}}\right) C_{lr2} \left(\frac{b}{2V^*}\right)$$

涉及气动导数 C_{nr2} 和 C_{lr2}，参考式（6.20），其定义如下：

$$C_{lr2} = \frac{\partial C_l}{\partial r_w (b/2V^*)}\bigg|_*, \quad C_{nr2} = \frac{\partial C_n}{\partial r_w (b/2V^*)}\bigg|_*$$

这两者都是由风轴偏航角速率（$\Delta r_w = \Delta \dot{\chi}$）引起的。

如图 7.41 所示，一架螺旋运动飞机以速度 $\Delta r_w = \Delta \dot{\chi}$ 缓慢转弯。在图中看不到倾斜角度 $\Delta \mu$ 的变化。飞机的质点速度是一个恒定的 V^*。由于很慢的转弯速度 $\Delta \dot{\chi}$，与飞机长度相比，转弯的瞬时半径 $V^*/\Delta \dot{\chi}$ 相当大，因此可以假设在该曲线飞行过程中，飞机机头和机尾的风场没有差别。但由于转弯速度的影响，必须考虑机翼展向上相对风速的变化，在转弯内侧（右翼）的部分以较慢的速度 $V^*-y\Delta\dot{\chi}$ 表示，其中 y 是翼段在 Y^B 轴的站位；类似地，转弯外侧（左翼）的部分以较快的 $V^*+y\Delta\dot{\chi}$ 表示。

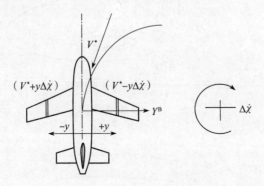

图 7.41　曲线飞行时飞机两侧机翼相对风速示意图

由于气动力与相对速度的平方成正比，因此与右翼上的升力和阻力相比，左翼上的升力和阻力更大。在这种特殊的向右转弯的情况下，会导致向左偏航（由于阻力差量）和向右滚转（由于升力差量）。因此，导数有以下迹象：

$$C_{nr2}<0, \quad C_{lr2}>0$$

实际上，产生导数 C_{nr2} 和 C_{lr2} 的速度差与 7.10.1 节中产生 C_{nr1} 和 C_{lr1} 的速度差非常相似。但是，这两种情况产生的机理是不同的，旋转或转动的中心点也是不一样的。对于导数 C_{nr1} 和 C_{lr1}，其中一个分量是由于体轴偏航角速率 Δr_b 与风轴偏航角速率 Δr_w 差量导致的垂尾处横向气流而产生的。与此相反，风轴偏航角速率 $\Delta r_w = \Delta\dot{\chi}$ 本身不会在垂尾处产生任何影响。因此，垂尾不会对 C_{nr2} 和 C_{lr2} 产生任何额外的影响，由于没有垂尾的贡献，导数 C_{nr2} 和 C_{lr2} 在数学表达式上与 C_{nr1} 和 C_{lr1} 不同。除此之外，它们的使用环境和它们在方程中的乘数因子也不同。导数 C_{nr1} 和 C_{lr1} 与荷兰式运动的偏航阻尼有关，因此它们在方程（7.9）中需要乘以 $\Delta r_b - \Delta r_w = \Delta\dot{\beta}$。相比之下，$C_{nr2}$ 和 C_{lr2} 与螺旋模态时间常数有关，都在描述螺旋模态的方程（6.55）中；它们需要乘以 $\Delta r_w = \Delta\dot{\chi}$（见第 6 章）。因此，两组导数 C_{nr1} 和 C_{lr1} 以及 C_{nr2} 和 C_{lr2} 不能互换使用。

过去并没有意识到这种差异，一组单一的气动导数（相当于 C_{nr1} 和 C_{lr1}）被同时用于荷兰滚模态和螺旋模态。因此，基于这种用法的螺旋模态时间常数的估计是不可靠的。同样地，在荷兰滚分析中，气动导数（相当于 C_{nr1} 和 C_{lr1}）与错误的因子 Δr_b 相乘，而不是与正确的因子 $\Delta r_b - \Delta r_w = \Delta\dot{\beta}$ 相乘，导致荷兰滚阻尼的估计有错误。

7.12.2 螺旋模态稳定性

将式（7.51）以气动导数的形式重构，可以将螺旋模稳定性条件表述为

$$(\underbrace{C_{l\beta}C_{nr2}}_{(-)(-)} - \underbrace{C_{n\beta}C_{lr2}}_{(+)(+)}) > 0 \tag{7.52}$$

每一个导数的符号都在自身下面，每个积都是正的，式（7.52）是两个正项的差。一般来说，在这两种情况下，差可以是正的，也可以是负的，它通常很小，接近于零，因此螺旋运动要么收敛，要么发散得很慢。由于螺旋模态发展得很缓慢，它的稳定性通常不是一个关键的问题。飞行员（或自动驾驶仪）可以很容易地抑制螺旋运动。有关螺旋模态发散的处理质量要求参阅方框 7.1。

相同的导数 $C_{l\beta}$ 和 $C_{n\beta}$ 出现在荷兰滚模态的偏航刚度准则式（7.12）和螺旋模态稳定条件式（7.52）中。在荷兰滚模态，这两个导数相互配合，它们对偏航刚度的影响是叠加的。然而，这些导数对于螺旋模态的影响却不一致。

$C_{n\beta}$ 使飞机的机头转向，C_{lr2} 使飞机进一步转向，这种组合推动飞机进一步进入螺旋运动；$C_{l\beta}$ 将倾斜的机翼向上抬起，C_{nr2} 抑制偏航，从而促使飞机从螺旋运动中恢复过来。

因此，$C_{n\beta}$ 过大可能会使螺旋模态失稳，这是实践中发现的一个事实。

7.13 真实飞机的气动导数

了解一些真实飞机的气动导数，对学习飞行动力学是很有帮助的，尤其是之前的分析工作都是基于线性假设的，这是一种理想状态。实际上，飞机的气动特性是非线性的，飞机真实的动力学特性可能与之前的分析结果有所不同。

图 7.42 显示了 F-18/HARV 飞机三个关键横航向气动导数 $C_{l\beta}$、$C_{n\beta}$ 和 C_{lp2} 以及荷兰滚模态刚度参数 $C_{n\beta}+\varepsilon(C_{l\beta}/C_{lp2})$ 随迎角变化的曲线。

滚转阻尼导数 C_{lp2} 为大负值，表示滚转（速率）模态是稳定的。但 C_{lp2} 在 $\alpha=40°\sim50°$ 有一个很短的突刺，接近于零。

$C_{n\beta}$ 在小迎角时为正，在迎角 30°附近降至零，此后，它在较大迎角时一直是负值，这可能是因为垂尾淹没在翼－身尾迹中。

$C_{l\beta}$ 的幅值最初随着迎角的增加而增长，这无疑是机翼后掠角的影响，在迎角 20°~30°范围内发生显著变化，但始终保持为负值。

值得注意的是，从图 7.42(b) 可以看出，尽管在迎角 30°附近，$C_{n\beta}$ 正负号发生了变化，但荷兰滚刚度参数 $C_{n\beta}+\varepsilon(C_{l\beta}/C_{lp2})$ 却始终为正值。

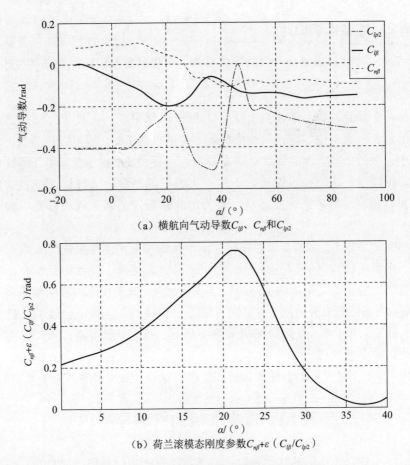

(a) 横航向气动导数 $C_{l\beta}$、$C_{n\beta}$ 和 C_{lp2}

(b) 荷兰滚模态刚度参数 $C_{n\beta}+\varepsilon(C_{l\beta}/C_{lp2})$

图 7.42 F-18/HARV 飞机的横航向气动特性

练习题

7.1 B-52（图 7.43）是一架大型飞机，有 8 台发动机和手动操纵装置，无液压增益装置。为了保持铰链力矩比较小，方向舵的弦长很短，只有垂尾弦长的 10%。正因为这样，B-52 有一种不同寻常的侧风着陆方式。起落架可以最大旋转 ±20°，即使当机头指向来流时，轮子也能直接对准跑道。使用以 δ_r 为自变量的 C_n-β 曲线来解释：①在巡航飞行时，如果 8 台发动机中的一台发生故障，B-52 如何保持零侧滑？②为什么侧风着陆时要旋转起落架？

7.2 F-14 是一种可变后掠翼飞机（图 7.44），当机翼后掠角从 20° 增大到 68° 时，展弦比从 7.16 变为 2.17，梢根比从 0.31 变为 0.25。后掠角变化是如何影响滚转阻尼导数 C_{lp2}、荷兰滚频率 ω_{nDR}（偏航刚度）和螺旋模态稳定性的？针对不同的后掠角，描绘滚转、荷兰滚和螺旋模态特征根的预期变化？

图 7.43　着陆进场中的 B-52 飞机

图 7.44　变后掠翼飞机 F-14

7.3　F-16 型飞机的气动导数 $C_{n\beta}$ 随 Ma 的变化情况如下：

Ma	0.8	1.2	2.0
$C_{n\beta}/(1/(°))$	0.004	0.006	0.002

用解析表达式和图表解释出现这种变化的可能原因。

7.4　F-4 "幻影" 有两个非常显著的特性（图 7.45），平尾很大的下反角和机翼外段上明显的上反角。为什么选择这种布局？

7.5　为了使 F-4 "幻影" 滚转，迎角 12°以下仅使用副翼，迎角 12°~16°时使用副翼和方向舵的组合，迎角超过 16°以后仅使用方向舵，原因是什么？

7.6　F-11 "虎" 战斗机（图 7.46）是第一架被自己发射的炮弹击中的喷气式飞机。这是怎么发生的？

图 7.45　F-4 "幻影"

图 7.46　F-11 "虎" 战斗机

7.7　"美洲虎"（图 7.47）机翼后缘是全翼展双缝襟翼，外侧襟翼前面有两块扰流板，没有副翼。它是如何实现滚转操纵的？

图 7.47 "美洲虎"战斗机

7.8 翼展为 b 和梢根比 $\lambda = c_t/c_r = 1/3$ 的梯形机翼，估计滚转阻尼导数为 $C_{lp2} = -C_{L\alpha}/8$。

7.9 翼展为 b 和梢根比 $\lambda = c_t/c_r = 1/3$ 的梯形机翼，推导由偏航角速率引起的滚转力矩导数 C_{lr1} 的近似公式为

$$C_{lr1} = \left(\frac{1+3\lambda}{1+\lambda}\right) \cdot \frac{C_L}{6}$$

在此基础上，计算出 $b/c_r = 2.122$，$e = 0.8$，$C_{D0} = 0.02$，且处于最大升阻比巡航状态时的 C_{lr1}。

7.10 梢根比 $\lambda = c_t/c_r$ 的机翼，参考 C_{lp2} 的推导过程，推导：

$$C_{np2} = -\left(\frac{1+3\lambda}{1+\lambda}\right) \cdot \frac{C_L}{12}$$

7.11 某飞机在带侧滑定直平飞中，方向舵偏角 10°，滚转角 0°，使用以下数据估计需要的副翼偏角：

$$C_{n\beta} = 0.195/\text{rad}, \quad C_{n\delta_r} = -0.126/\text{rad}, \quad C_{n\delta_a} = 0,$$
$$C_{l\beta} = -0.28/\text{rad}, \quad C_{l\delta_r} = 0.007/\text{rad}, \quad C_{l\delta_a} = -0.053/\text{rad}$$

7.12 与下洗相似，翼尖涡会在垂尾上产生侧洗效应。侧洗角 σ 是飞机侧滑角和其他多个参数的函数。这种侧洗效应的经验关系为

$$\left(1 + \frac{d\sigma}{d\beta}\right)\eta_{VT} = 0.724 + 3.06\frac{S_V/S}{1+\cos\Lambda_{c/4}} + \frac{0.4z_w}{d_{f,\max}} + 0.009 AR_w$$

式中：$\eta_{VT} = (\bar{q}_{VT}/\bar{q})$ 是垂尾和机翼上的动压之比，可以假定该值大约为 1；S_V/S 是垂尾面积（包括埋在机身中的部分）与机翼面积的比值；$\Lambda_{c/4}$ 是机翼 1/4 弦线的后掠角；z_w 是 1/4 弦长在翼根处相对机身参考线的高度；$d_{f,\max}$ 是机身的最大深度；AR_w 是机翼的展弦比。

对于下列给定数据，使用上述公式计算垂直尾翼对导数 $C_{n\beta}$ 的贡

献：$AR_w = 6$，$S_V/S = 0.2$，$\Lambda_{c/4} = 20°$，$z_w = 0.0$，$l_v/b = 0.6$。（提示：考虑侧洗效应，垂直尾翼上的迎角为 $\alpha_V = \beta + \sigma$。）

参考文献

1. MIL-F-8785C, Flying qualities of piloted airplanes, U. S. Department of Defense Military Specifications, November 5, 1980.
2. Ananthkrishnan, N., Shah, P. and Unnikrishnan, S., Approximate analytical criterion for aircraft wing rock onset, Journal of Guidance, Control, and Dynamics, 27(2), 2004, 304-307.
3. R. C. Nelson, Flight stability and automatic control. Second edition, McGraw Hill publication, 2007.
4. Nguyen, L. T., Ogburn, M. E., Gilbert, W. P., Kibler, K. S., Brown, P. W. and Deal, P. L., Simulator Study of Stall/Post-Stall Characteristics of a Fighter Airplane With Relaxed Longitudinal Static Stability, NASA TP-1538, 1979.

第8章 计算飞行动力学

8.1 飞行器运动方程

在第1章到第7章中，通过简单的运动方程（降维模型）来理解飞行器尺寸、构型和控制舵面偏转等多种因素是如何影响飞行器稳定性及控制特性的。具体是将飞行器运动进行解耦，分解为纵向运动和横向运动，并进一步基于时间尺度，通过一阶和二阶微分方程组对我们所知的飞行动力学模态进行验证。采取这种方式有两个原因：①非耦合的一阶和二阶微分方程组便于我们进行处理（不需要借助数值手段或计算机编程）；②通过简单分析，能够获取大量有助于飞机设计和分析的信息。当然，这也是当前从物理角度最优地（或许是唯一的）了解飞机运动的方法。

在实际中，就如我们看到的，为了综合研究飞行器动力学，一架飞机须被模型化为一个具有六自由度（six-degree-of-freedom，6DOF）的刚体。在很多情况下，飞行器运动的所有模态实际都会同时出现，同时干扰（或机动运动）在幅值上并非总是很小，所以小扰动假设下多种运动模态的解耦条件并不总是满足。为了了解飞行器对更一般干扰的响应并设计出主动飞行控制系统，处理全阶六自由度飞行器运动方程是至关重要的。下面，首先使用牛顿力学原理来推导6DOF飞行器运动方程，然后再对飞机的大振幅机动运动进行分析。

8.2 飞行器运动方程推导

正如第1章中讨论的，一个飞行器或者空间中的任意一个物体，都有六个自由度：三个平移自由度和三个旋转自由度。也就是说，假设飞行器是一个刚体，即忽略因飞行器本身弹性引起细小变形产生的无限自由度。尽管有些时候，飞行器的结构变形已经大到能对其平移及角度运动性质产生显著的影响（例如，波音747的翼尖能产生高达2m的横向变形），但在本章，我们依然将飞行器视为一个刚体。同时我们也忽略旋转部件（如发动机风扇或螺旋桨等）对飞行器运动造成的影响。

参照图 8.1，假设飞行器质量为 m，相对于惯性参照系 $X^E Y^E Z^E$ 以速度 V_C 运动并以角速度 ω_C 旋转，其中下标 C 代表飞行器质心，R 是质心（centre of mass，CM）在参照系 $X^E Y^E Z^E$ 中的位置矢量。矢量 R 描述了飞行器在惯性系中的运动轨迹。在继续深入之前，先做如下一些合理的假设：

- 地固系是一个惯性参照系。飞行器的速度无论何时都远大于地球沿地轴的自转速度。
- 地面是平的。地球的曲率对飞行器运动不产生影响。
- 飞行器的各部分受到同样重力加速度。这一假设同样意味着飞行器质心及重心（centre of gravity，CG）相互重合。
- 飞行器是一个刚体。飞行器任意两点间都没有相对运动，即质心指向飞行器上任一点的矢量导数 $\dot{r}_C = 0$。这让我们得到了一个可以进行分析的合理数学模型。
- 燃料的损耗对 CG 的影响可以忽略。

下面将会提出关于飞行器几何结构更多的假设。在图 8.1 中，可以看到机体轴坐标系原点在飞行器质心 C 上。飞行器相对 $X^B Z^B$ 平面，也就是飞行器的纵向平面对称。Y^B 轴则与之一起构成了一个右手正交轴系。

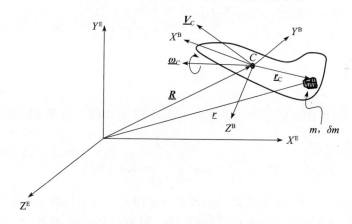

图 8.1　机体坐标系相对惯性坐标系的关系

8.2.1　平移运动方程

考虑飞行器上的一个质点 δm，距离图 8.1 中的质心 C 距离为 r_C。这个质点的速度在位于惯性参照系 $O^E X^E Y^E Z^E$ 中的观测者眼中为

$$V = V_C + \omega_C \times r_C \tag{8.1}$$

质点 δm 的动量为

$$\delta mV = \delta mV_C + \delta m(\boldsymbol{\omega}_C \times \boldsymbol{r}_C) \tag{8.2}$$

考虑整个飞行器，则飞行器总的动量为

$$\sum \delta mV = \sum \delta mV_C + \sum \delta m(\boldsymbol{\omega}_C \times \boldsymbol{r}_C) = V_C \sum \delta m + \boldsymbol{\omega}_C \times \sum \delta m \boldsymbol{r}_C \tag{8.3}$$

因为整个飞行器各部分的速度 V_C 和角速度 $\boldsymbol{\omega}_C$ 是相同的，取极限假设这一质点质量很小，即 $\delta m \to 0$，则飞行器的总动量可以写为积分形式：

$$\boldsymbol{p} = V_C \int \delta m + \boldsymbol{\omega}_C \times \int \boldsymbol{r}_C \delta m \tag{8.4}$$

鉴于飞行器上所有距离都基于其质心（即机体坐标系原点）进行测量，我们可以利用质心的定义 $\int \boldsymbol{r}_C \delta m = 0$ 进一步简化方程（8.4），得出：

$$\boldsymbol{p} = V_C \int \delta m = mV_C \tag{8.5}$$

飞行器的平移运动方程可写为由方程（8.5）对时间的微分，即

$$\boldsymbol{F} = \frac{\mathrm{d}\boldsymbol{p}}{\mathrm{d}t} = m\frac{\mathrm{d}V_C}{\mathrm{d}t} \tag{8.6}$$

其中，变化率 $\mathrm{d}/\mathrm{d}t$ 可在惯性参照系中计算得出，然而基于机体坐标系计算变化率更为方便。

对于一个旋转物体，若其体坐标系（下标 B）相对惯性系有一个角速度 $\boldsymbol{\omega}_B$，则在惯性坐标系（下标 I）中的矢量 $\boldsymbol{A}$ 的变化率与机体坐标系（下标 B）中表示的变化率有如下关系：

$$\left.\frac{\mathrm{d}\boldsymbol{A}}{\mathrm{d}t}\right|_I = \left.\frac{\mathrm{d}\boldsymbol{A}}{\mathrm{d}t}\right|_B + (\boldsymbol{\omega}_B \times \boldsymbol{A}) \tag{8.7}$$

因此，在机体坐标系中，描述飞行器平移运动的力方程式（8.6）可表示为

$$\boldsymbol{F} = m\left.\frac{\mathrm{d}V_C}{\mathrm{d}t}\right|_I = m\left.\frac{\mathrm{d}V_C}{\mathrm{d}t}\right|_B + m(\boldsymbol{\omega}_C \times V_C) \tag{8.8}$$

注意其中 V_C 和 $\boldsymbol{\omega}_C$ 为机体（也即机体坐标系）相对惯性（地面）坐标系的平移速度和角速度。在方程（8.8）中，只有导数 $\mathrm{d}/\mathrm{d}t$ 是基于惯性参照系的。现在可以选择任意坐标系来分解矢量 $\boldsymbol{F}$、V_C 及 $\boldsymbol{\omega}_C$ 的分量。这一选择是独立于 $\mathrm{d}/\mathrm{d}t$ 的惯性坐标系。根据机体坐标系上矢量分量的标准写法，$V_C = [u \quad v \quad w]^T$ 为基于机体坐标系的速度分量，$\boldsymbol{\omega}_C = [p \quad q \quad r]^T$ 为基于机体坐标系的角速度分量。矢量 $\boldsymbol{\omega}_C$ 的矢量叉乘可以用矩阵表示为

$$\boldsymbol{\omega}_C \times = \begin{bmatrix} 0 & -r & q \\ r & 0 & -p \\ -q & p & 0 \end{bmatrix} \tag{8.9}$$

则力方程式（8.8）在机体坐标系下可写为：

$$F = \begin{bmatrix} X \\ Y \\ Z \end{bmatrix} = m \begin{bmatrix} \dot{u} \\ \dot{v} \\ \dot{w} \end{bmatrix} + m \begin{bmatrix} 0 & -r & q \\ r & 0 & -p \\ -q & p & 0 \end{bmatrix} \begin{bmatrix} u \\ v \\ w \end{bmatrix} \tag{8.10}$$

或

$$\begin{cases} \dot{u} = rv - qw + \dfrac{X}{m} \\ \dot{v} = pw - ru + \dfrac{Y}{m} \\ \dot{w} = qu - pv + \dfrac{Z}{m} \end{cases} \tag{8.11}$$

其中，X 为轴向力（飞行器纵向轴 X^B 方向上的合力分量），Y 为侧向力（飞行器轴 Y^B 方向上的合力分量），Z 为法向力（飞行器轴 Z^B 方向上的合力分量）。

在图 8.2 中，作用于飞行器上的合力包括三种不同的力

$$F = F^{重力} + F^{气动力} + F^{推力} \tag{8.12}$$

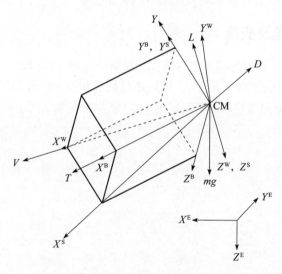

图 8.2 作用于飞行器上的外力（其中，重力 mg 沿 Z^E，升力 L 沿 $-Z^W$，阻力 D 沿 $-X^S$，侧力 Y 沿 Y^B，推力 T 沿 X^B）

重力 mg 沿轴 Z^E 方向，气动力可沿 $O^B X^B Y^B Z^B$ 轴分解，注意升力在 $-Z^W$ 方向，阻力沿 X^S 轴方向，侧力沿 Y^B 轴方向。推力（T）也沿 X^B 轴方向。

那么，上述每一种力都可以方便地在不同坐标轴系中表示出来：

$$F = \begin{bmatrix} X \\ Y \\ Z \end{bmatrix} = \begin{bmatrix} 0 \\ 0 \\ mg \end{bmatrix}_E + \begin{bmatrix} X_A \\ Y_A \\ Z_A \end{bmatrix}_B + \begin{bmatrix} T \\ 0 \\ 0 \end{bmatrix}_B \tag{8.13}$$

式中：下标"E"和"B"分别代表惯性（地面）坐标系和机体坐标系；X_A、Y_A 和 Z_A 为空气动力沿机体坐标系的分量。

现在需要将重力转换到机体坐标系上，首先应了解不同轴坐标系之间的变换矩阵关系，下一节将进行介绍。

8.3 3-2-1 法则

3-2-1 法则是矢量从一个坐标系转换到另一个坐标系的一种规则。旋转法则"3"表示绕 Z 轴的第一次旋转，"2"表示绕新 Y 轴（第一次旋转后）的第二次旋转，最后的"1"表示绕新 X 轴（第二次旋转后）的第三次旋转。最终，3-2-1 旋转结果可以使一个参考坐标系与机体坐标系完全重合。下面通过变换矩阵推导同一矢量在不同坐标系下的关系。

8.3.1 欧拉角及变换

相对一个基于地面的惯性坐标系，飞行器的方向（或姿态）可由欧拉角 ϕ、θ、ψ 确定。地面惯性系 $O^E X^E Y^E Z^E$ 可以通过旋转角度 ϕ、θ、ψ 变换为机体坐标系 $O^B X^B Y^B Z^B$。地面惯性系的旋转根据 3-2-1 法则按图 8.3 所示的顺序如下：

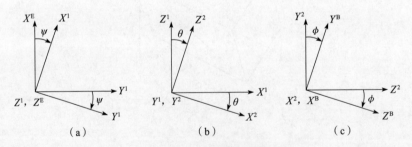

图 8.3 坐标系的基本旋转

第一次旋转：X^E-Y^E-Z^E→绕 Z^E 轴旋转 ψ 角→X^1-Y^1-Z^1。
根据图 8.3(a) 可以得到两个坐标系之间的关系为

$$\begin{bmatrix} X^E \\ Y^E \\ Z^E \end{bmatrix} = \begin{bmatrix} \cos\psi & -\sin\psi & 0 \\ \sin\psi & \cos\psi & 0 \\ 0 & 0 & 1 \end{bmatrix} \begin{bmatrix} X^1 \\ Y^1 \\ Z^1 \end{bmatrix} = \boldsymbol{R}_\psi \begin{bmatrix} X^1 \\ Y^1 \\ Z^1 \end{bmatrix} \tag{8.14}$$

第二次旋转：$X^1-Y^1-Z^1 \rightarrow$ 绕 Y^1 轴旋转 $\theta \rightarrow X^2-Y^2-Z^2$。

第二次旋转后两个坐标系之间的关系为

$$\begin{bmatrix} X^1 \\ Y^1 \\ Z^1 \end{bmatrix} = \begin{bmatrix} \cos\theta & 0 & \sin\theta \\ 0 & 1 & 0 \\ -\sin\theta & 0 & \cos\theta \end{bmatrix} \begin{bmatrix} X^2 \\ Y^2 \\ Z^2 \end{bmatrix} = \boldsymbol{R}_\theta \begin{bmatrix} X^2 \\ Y^2 \\ Z^2 \end{bmatrix} \tag{8.15}$$

第三次旋转：$X^2-Y^2-Z^2 \rightarrow$ 绕 X^2 轴旋转角 $\phi \rightarrow X^3-Y^3-Z^3$。旋转后两个坐标系之间的关系为

$$\begin{bmatrix} X^2 \\ Y^2 \\ Z^2 \end{bmatrix} = \begin{bmatrix} 1 & 0 & 0 \\ 0 & \cos\phi & -\sin\phi \\ 0 & \sin\phi & \cos\phi \end{bmatrix} \begin{bmatrix} X^B \\ Y^B \\ Z^B \end{bmatrix} = \boldsymbol{R}_\phi \begin{bmatrix} X^B \\ Y^B \\ Z^B \end{bmatrix} \tag{8.16}$$

在方程（8.14）~方程（8.16）中，$\boldsymbol{R}_\psi$、$\boldsymbol{R}_\theta$ 和 $\boldsymbol{R}_\phi$ 称为旋转（或转换）矩阵，旋转矩阵为正交矩阵，即满足：$\boldsymbol{R}_\psi^T \boldsymbol{R}_\psi = \boldsymbol{R}_\psi \boldsymbol{R}_\psi^T = \boldsymbol{I}$，$\boldsymbol{R}_\theta^T \boldsymbol{R}_\theta = \boldsymbol{R}_\theta \boldsymbol{R}_\theta^T = \boldsymbol{I}$，$\boldsymbol{R}_\phi^T \boldsymbol{R}_\phi = \boldsymbol{R}_\phi \boldsymbol{R}_\phi^T = \boldsymbol{I}$，其中 $\boldsymbol{I}$ 为单位矩阵。由此，坐标系 $O^E X^E Y^E Z^E$ 和 $O^B X^B Y^B Z^B$ 之间关系由如下变换得到：

$$\begin{bmatrix} X^E \\ Y^E \\ Z^E \end{bmatrix} = \boldsymbol{R}_\psi \boldsymbol{R}_\theta \boldsymbol{R}_\phi \begin{bmatrix} X^B \\ Y^B \\ Z^B \end{bmatrix} \tag{8.17}$$

将方程（8.17）两侧同时乘以 $\boldsymbol{R}_\phi^T \boldsymbol{R}_\theta^T \boldsymbol{R}_\psi^T$ 并运用正交条件，可以将方程（8.17）进一步写为

$$\begin{bmatrix} X^B \\ Y^B \\ Z^B \end{bmatrix} = \boldsymbol{R}_\phi^T \boldsymbol{R}_\theta^T \boldsymbol{R}_\psi^T \begin{bmatrix} X^E \\ Y^E \\ Z^E \end{bmatrix} \tag{8.18}$$

使用方程（8.18）中的变换，飞行器重力矢量在机体坐标系下的表示为

$$\begin{bmatrix} X^G \\ Y^G \\ Z^G \end{bmatrix} = \boldsymbol{R}_\phi^T \boldsymbol{R}_\theta^T \boldsymbol{R}_\psi^T \begin{bmatrix} 0 \\ 0 \\ mg \end{bmatrix}$$

$$= \begin{bmatrix} 1 & 0 & 0 \\ 0 & \cos\phi & \sin\phi \\ 0 & -\sin\phi & \cos\phi \end{bmatrix} \begin{bmatrix} \cos\theta & 0 & -\sin\theta \\ 0 & 1 & 0 \\ \sin\theta & 0 & \cos\theta \end{bmatrix} \begin{bmatrix} \cos\psi & \sin\psi & 0 \\ -\sin\psi & \cos\psi & 0 \\ 0 & 0 & 1 \end{bmatrix} \begin{bmatrix} 0 \\ 0 \\ mg \end{bmatrix}$$

$$= \begin{bmatrix} -mg\sin\theta \\ mg\sin\phi\cos\theta \\ mg\cos\phi\cos\theta \end{bmatrix} \tag{8.19}$$

按类似的方式，可以用角度 μ、γ 和 χ 并按照 χ（绕 Z^E）-γ（绕 Y^1）-μ（绕

X^2)的顺序(图 8.4)描述惯性坐标系相对于风轴系的姿态,其变换关系为

$$\begin{bmatrix} X^E \\ Y^E \\ Z^E \end{bmatrix} = \boldsymbol{R}_\chi \boldsymbol{R}_\gamma \boldsymbol{R}_\mu \begin{bmatrix} X^W \\ Y^W \\ Z^W \end{bmatrix} \tag{8.20}$$

式中

$$\boldsymbol{R}_\chi = \begin{bmatrix} \cos\chi & -\sin\chi & 0 \\ \sin\chi & \cos\chi & 0 \\ 0 & 0 & 1 \end{bmatrix}, \quad \boldsymbol{R}_\gamma = \begin{bmatrix} \cos\gamma & 0 & \sin\gamma \\ 0 & 1 & 0 \\ -\sin\gamma & 0 & \cos\gamma \end{bmatrix}, \quad \boldsymbol{R}_\mu = \begin{bmatrix} 1 & 0 & 0 \\ 0 & \cos\mu & -\sin\mu \\ 0 & \sin\mu & \cos\mu \end{bmatrix}$$

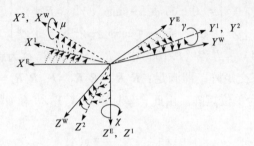

图 8.4 惯性系与风轴系的关系

旋转矩阵同样满足正交关系,即

$$\boldsymbol{R}_\chi^T \boldsymbol{R}_\chi = \boldsymbol{R}_\chi \boldsymbol{R}_\chi^T = \boldsymbol{I}, \quad \boldsymbol{R}_\gamma^T \boldsymbol{R}_\gamma = \boldsymbol{R}_\gamma \boldsymbol{R}_\gamma^T = \boldsymbol{I}, \quad \boldsymbol{R}_\mu^T \boldsymbol{R}_\mu = \boldsymbol{R}_\mu \boldsymbol{R}_\mu^T$$

因此

$$\begin{bmatrix} X^W \\ Y^W \\ Z^W \end{bmatrix} = \boldsymbol{R}_\mu^T \boldsymbol{R}_\gamma^T \boldsymbol{R}_\chi^T \begin{bmatrix} X^E \\ Y^E \\ Z^E \end{bmatrix} \tag{8.21}$$

图 8.5 是对飞行力学中常用的地轴系、体轴系和风轴系之间按照 3-2-1 法则互相转换的简略总结。下面介绍风轴系与体轴系之间的转换。

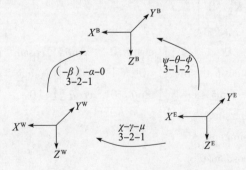

图 8.5 风轴系、体轴系与惯性系的转换关系

▷ **例 8.1** 根据风轴系中速度矢量分量 $V_w = [V \ 0 \ 0]^T$，其沿惯性坐标系的分量如下：

$$\begin{bmatrix} V_X \\ V_Y \\ V_Z \end{bmatrix} = \begin{bmatrix} \dot{x}_E \\ \dot{y}_E \\ \dot{z}_E \end{bmatrix} = R_\chi R_\gamma R_\mu \begin{bmatrix} V \\ 0 \\ 0 \end{bmatrix}$$

$$= \begin{bmatrix} \cos\chi & -\sin\chi & 0 \\ \sin\chi & \cos\chi & 0 \\ 0 & 0 & 1 \end{bmatrix} \begin{bmatrix} \cos\gamma & 0 & \sin\gamma \\ 0 & 1 & 0 \\ -\sin\gamma & 0 & \cos\gamma \end{bmatrix} \begin{bmatrix} 1 & 0 & 0 \\ 0 & \cos\mu & -\sin\mu \\ 0 & \sin\mu & \cos\mu \end{bmatrix} \begin{bmatrix} V \\ 0 \\ 0 \end{bmatrix}$$

$$= \begin{bmatrix} \cos\chi & -\sin\chi & 0 \\ \sin\chi & \cos\chi & 0 \\ 0 & 0 & 1 \end{bmatrix} \begin{bmatrix} \cos\gamma & 0 & \sin\gamma \\ 0 & 1 & 0 \\ -\sin\gamma & 0 & \cos\gamma \end{bmatrix} \begin{bmatrix} V \\ 0 \\ 0 \end{bmatrix}$$

$$= \begin{bmatrix} \cos\chi & -\sin\chi & 0 \\ \sin\chi & \cos\chi & 0 \\ 0 & 0 & 1 \end{bmatrix} \begin{bmatrix} V\cos\gamma \\ 0 \\ -V\sin\gamma \end{bmatrix} = \begin{bmatrix} V\cos\gamma\cos\chi \\ V\cos\gamma\sin\chi \\ -V\sin\gamma \end{bmatrix} \quad (8.22)$$

注意这些关系在第 6 章计算斜距时提到过（见方程（6.6）及方程（6.7））。

8.3.2 运动方程（姿态和位置动力学）

8.3.2.1 机体速率（p、q、r）与欧拉角速率（$\dot{\phi}$、$\dot{\theta}$、$\dot{\psi}$）的关系

飞行器沿自身轴的旋转会导致其相对于惯性参考系的姿态随时间发生变化。通过已知的变换法则可以得到这一变化的方程如下：

在惯性参照系中飞行器角度（或姿态）一小的变化可以用矢量形式写成欧拉角度的变化（参考 8.3 节）：

$$\Delta\sigma = \Delta\psi k_E + \Delta\theta j_1 + \Delta\phi i_2 \quad (8.23)$$

其中，k_E、j_1 和 i_2 分别为沿 Z^E、Y^1 和 X^2 的单位矢量。注意，一般而言一个角度的变化不能如方程（8.23）所示直接进行矢量相加，但对于无穷小的情形可以这样处理。

取极限 $\Delta t \to 0$，得到：

$$\lim_{\Delta t \to 0} \frac{\Delta\sigma}{\Delta t} = \lim_{\Delta t \to 0} \left(\frac{\Delta\psi}{\Delta t} k_E + \frac{\Delta\theta}{\Delta t} j_1 + \frac{\Delta\phi}{\Delta t} i_2 \right)$$

或

$$\dot{\sigma} = \dot{\psi} k_E + \dot{\theta} j_1 + \dot{\phi} i_2 \quad (8.24)$$

角度方向矢量的变化速率 $\dot{\sigma}$ 为飞行器的角速度。

$$\boldsymbol{w}_C = \begin{bmatrix} p \\ q \\ r \end{bmatrix} = \begin{bmatrix} 0 \\ 0 \\ \dot{\psi} \end{bmatrix}_E + \begin{bmatrix} 0 \\ \dot{\theta} \\ 0 \end{bmatrix}_1 + \begin{bmatrix} \dot{\phi} \\ 0 \\ 0 \end{bmatrix}_2 \qquad (8.25)$$

运用变化法则（方程（8.14）~方程（8.16）），方程（8.25）可以写为

$$\boldsymbol{\omega}_C = \begin{bmatrix} p \\ q \\ r \end{bmatrix} = \begin{bmatrix} 1 & 0 & 0 \\ 0 & \cos\phi & \sin\phi \\ 0 & -\sin\phi & \cos\phi \end{bmatrix} \begin{bmatrix} \cos\theta & 0 & -\sin\theta \\ 0 & 1 & 0 \\ \sin\theta & 0 & \cos\theta \end{bmatrix} \begin{bmatrix} \cos\psi & \sin\psi & 0 \\ -\sin\psi & \cos\psi & 0 \\ 0 & 0 & 1 \end{bmatrix} \begin{bmatrix} 0 \\ 0 \\ \dot{\psi} \end{bmatrix} +$$

$$\begin{bmatrix} 1 & 0 & 0 \\ 0 & \cos\phi & \sin\phi \\ 0 & -\sin\phi & \cos\phi \end{bmatrix} \begin{bmatrix} \cos\theta & 0 & -\sin\theta \\ 0 & 1 & 0 \\ \sin\theta & 0 & \cos\theta \end{bmatrix} \begin{bmatrix} 0 \\ \dot{\theta} \\ 0 \end{bmatrix} + \begin{bmatrix} 1 & 0 & 0 \\ 0 & \cos\phi & \sin\phi \\ 0 & -\sin\phi & \cos\phi \end{bmatrix} \begin{bmatrix} \dot{\phi} \\ 0 \\ 0 \end{bmatrix}$$

$$= \begin{bmatrix} 1 & 0 & 0 \\ 0 & \cos\phi & \sin\phi \\ 0 & -\sin\phi & \cos\phi \end{bmatrix} \begin{bmatrix} \cos\theta & 0 & -\sin\theta \\ 0 & 1 & 0 \\ \sin\theta & 0 & \cos\theta \end{bmatrix} \begin{bmatrix} 0 \\ 0 \\ \dot{\psi} \end{bmatrix} + \begin{bmatrix} 1 & 0 & 0 \\ 0 & \cos\phi & \sin\phi \\ 0 & -\sin\phi & \cos\phi \end{bmatrix} \begin{bmatrix} 0 \\ \dot{\theta} \\ 0 \end{bmatrix} + \begin{bmatrix} \dot{\phi} \\ 0 \\ 0 \end{bmatrix}$$

$$= \begin{bmatrix} 1 & 0 & -\sin\theta \\ 0 & \cos\phi & \sin\phi\cos\theta \\ 0 & -\sin\phi & \cos\phi\cos\theta \end{bmatrix} \begin{bmatrix} \dot{\phi} \\ \dot{\theta} \\ \dot{\psi} \end{bmatrix} \qquad (8.26)$$

将方程（8.26）两侧同时乘以 $\boldsymbol{R}_\theta^T \boldsymbol{R}_\phi^T$ 得到

$$\begin{bmatrix} \cos\theta & 0 & \sin\theta \\ 0 & 1 & 0 \\ -\sin\theta & 0 & \cos\theta \end{bmatrix} \begin{bmatrix} 1 & 0 & 0 \\ 0 & \cos\phi & -\sin\phi \\ 0 & \sin\phi & \cos\phi \end{bmatrix} \begin{bmatrix} p \\ q \\ r \end{bmatrix} = \begin{bmatrix} 0 \\ 0 \\ \dot{\psi} \end{bmatrix} + \begin{bmatrix} 0 \\ \dot{\theta} \\ 0 \end{bmatrix} + \begin{bmatrix} \cos\theta & 0 & \sin\theta \\ 0 & 1 & 0 \\ -\sin\theta & 0 & \cos\theta \end{bmatrix} \begin{bmatrix} \dot{\phi} \\ 0 \\ 0 \end{bmatrix}$$

$$\begin{bmatrix} \cos\theta & \sin\theta\sin\phi & \sin\theta\cos\phi \\ 0 & \cos\phi & -\sin\phi \\ -\sin\theta & \cos\theta\sin\phi & \cos\theta\cos\phi \end{bmatrix} \begin{bmatrix} p \\ q \\ r \end{bmatrix} = \begin{bmatrix} \dot{\phi}\cos\theta \\ \dot{\theta} \\ \dot{\psi} - \dot{\phi}\sin\theta \end{bmatrix} \qquad (8.27)$$

$$\begin{bmatrix} \dot{\phi} \\ \dot{\theta} \\ \dot{\psi} \end{bmatrix} = \begin{bmatrix} 1 & \tan\theta\sin\phi & \tan\theta\cos\phi \\ 0 & \cos\phi & -\sin\phi \\ 0 & \sec\theta\sin\phi & \sec\theta\cos\phi \end{bmatrix} \begin{bmatrix} p \\ q \\ r \end{bmatrix}$$

类似地，风轴系下表示的角速度可以写为

$$\boldsymbol{\omega}_w = \begin{bmatrix} p_w \\ q_w \\ r_w \end{bmatrix} = \begin{bmatrix} 0 \\ 0 \\ \dot{\chi} \end{bmatrix}_E + \begin{bmatrix} 0 \\ \dot{\gamma} \\ 0 \end{bmatrix}_1 + \begin{bmatrix} \dot{\mu} \\ 0 \\ 0 \end{bmatrix}_2 \qquad (8.28)$$

其中,下标"1"表示第一次旋转后的中间坐标系,下标"2"表示第二次旋转后的坐标系。对于风轴系可以总结类似的方程:

$$\begin{bmatrix} \dot{\mu} \\ \dot{\gamma} \\ \dot{\chi} \end{bmatrix} = \begin{bmatrix} 1 & \tan\gamma\sin\mu & \tan\gamma\cos\mu \\ 0 & \cos\mu & -\sin\mu \\ 0 & \sec\gamma\sin\mu & \sec\gamma\cos\mu \end{bmatrix} \begin{bmatrix} p_w \\ q_w \\ r_w \end{bmatrix} \quad (8.29)$$

$$\begin{bmatrix} p_w \\ q_w \\ r_w \end{bmatrix} = \begin{bmatrix} 1 & 0 & -\sin\gamma \\ 0 & \cos\mu & \sin\mu\cos\gamma \\ 0 & -\sin\mu & \cos\mu\cos\gamma \end{bmatrix} \begin{bmatrix} \dot{\mu} \\ \dot{\gamma} \\ \dot{\chi} \end{bmatrix} \quad (8.30)$$

8.3.2.2 惯性速度及机体系下速度之间的关系

在任意情况下,飞行器在惯性参照系中的位置都可以由如下运动方程确定:

$$\begin{bmatrix} \dot{x}_E \\ \dot{y}_E \\ \dot{z}_E \end{bmatrix} = \begin{bmatrix} \cos\psi & -\sin\psi & 0 \\ \sin\psi & \cos\psi & 0 \\ 0 & 0 & 1 \end{bmatrix} \begin{bmatrix} \cos\theta & 0 & \sin\theta \\ 0 & 1 & 0 \\ -\sin\theta & 0 & \cos\theta \end{bmatrix} \begin{bmatrix} 1 & 0 & 0 \\ 0 & \cos\phi & -\sin\phi \\ 0 & \sin\phi & \cos\phi \end{bmatrix} \begin{bmatrix} u \\ v \\ w \end{bmatrix} \Rightarrow$$

$$\begin{bmatrix} \dot{x}_E \\ \dot{y}_E \\ \dot{z}_E \end{bmatrix} = \begin{bmatrix} \cos\psi\cos\theta & \cos\psi\sin\theta\sin\phi - \sin\psi\cos\phi & \cos\psi\sin\theta\cos\phi + \sin\psi\sin\phi \\ \sin\psi\cos\theta & \sin\psi\sin\theta\sin\phi + \cos\psi\cos\phi & \sin\psi\sin\theta\cos\phi - \cos\psi\sin\phi \\ -\sin\theta & \cos\theta\sin\phi & \cos\theta\cos\phi \end{bmatrix} \begin{bmatrix} u \\ v \\ w \end{bmatrix}$$

(8.31)

8.3.2.3 机体坐标系及风轴系之间的关系

另一个实用的变换是风轴系与机体坐标系间的变换,有如下旋转:

第一次旋转: $X^W - Y^W - Z^W \to$ 绕 Z^W 轴旋转 $-\beta$ 角 $\to X^S - Y^S - Z^S$。上标"S"代表我们所说的稳定轴坐标系。如图 8.6 所示,两个坐标系间的关系可以写为

$$\begin{bmatrix} X^W \\ Y^W \\ Z^W \end{bmatrix} = \begin{bmatrix} \cos\beta & \sin\beta & 0 \\ -\sin\beta & \cos\beta & 0 \\ 0 & 0 & 1 \end{bmatrix} \begin{bmatrix} X^S \\ Y^S \\ Z^S \end{bmatrix} = \boldsymbol{R}_{-\beta} \begin{bmatrix} X^S \\ Y^S \\ Z^S \end{bmatrix} \quad (8.32)$$

第二次旋转: $X^S - Y^S - Z^S \to$ 绕 Y^S 轴旋转 α 角 $\to X^S - Y^S - Z^S$。

$$\begin{bmatrix} X^S \\ Y^S \\ Z^S \end{bmatrix} = \begin{bmatrix} \cos\alpha & 0 & \sin\alpha \\ 0 & 1 & 0 \\ -\sin\alpha & 0 & \cos\alpha \end{bmatrix} \begin{bmatrix} X^B \\ Y^B \\ Z^B \end{bmatrix} = \boldsymbol{R}_\alpha \begin{bmatrix} X^B \\ Y^B \\ Z^B \end{bmatrix} \quad (8.33)$$

旋转矩阵 $\boldsymbol{R}_{-\beta}$ 和 $\boldsymbol{R}_\alpha$ 同样满足正交关系。即风轴系和机体坐标系的关系可用如下变换规则确定:

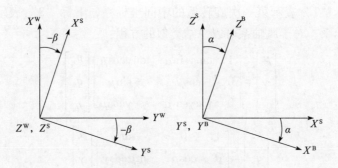

图 8.6 风轴系与体轴系的转换关系

$$\begin{bmatrix} X^W \\ Y^W \\ Z^W \end{bmatrix} = \boldsymbol{R}_{-\beta}\boldsymbol{R}_{\alpha}\begin{bmatrix} X^B \\ Y^B \\ Z^B \end{bmatrix} \tag{8.34}$$

或

$$\begin{bmatrix} X^B \\ Y^B \\ Z^B \end{bmatrix} = \begin{bmatrix} \cos\alpha & 0 & -\sin\alpha \\ 0 & 1 & 0 \\ \sin\alpha & 0 & \cos\alpha \end{bmatrix}\begin{bmatrix} \cos\beta & -\sin\beta & 0 \\ \sin\beta & \cos\beta & 0 \\ 0 & 0 & 1 \end{bmatrix}\begin{bmatrix} X^W \\ Y^W \\ Z^W \end{bmatrix} = \boldsymbol{R}_{\alpha}^{\mathrm{T}}\boldsymbol{R}_{-\beta}^{\mathrm{T}}\begin{bmatrix} X^W \\ Y^W \\ Z^W \end{bmatrix} \tag{8.35}$$

此变换规则（方程（8.35））可将风轴系中的一个矢量表示为机体坐标系中的矢量。例如，飞行器沿 X^W 轴的相对风速在机体坐标系中可以写为

$$\begin{bmatrix} u \\ v \\ w \end{bmatrix} = \underbrace{\boldsymbol{R}_{\alpha}^{\mathrm{T}}\boldsymbol{R}_{-\beta}^{\mathrm{T}}}_{T_{\mathrm{BW}}}\begin{bmatrix} V \\ 0 \\ 0 \end{bmatrix} = \begin{bmatrix} \cos\alpha & 0 & -\sin\alpha \\ 0 & 1 & 0 \\ \sin\alpha & 0 & \cos\alpha \end{bmatrix}\begin{bmatrix} \cos\beta & -\sin\beta & 0 \\ \sin\beta & \cos\beta & 0 \\ 0 & 0 & 1 \end{bmatrix}\begin{bmatrix} V \\ 0 \\ 0 \end{bmatrix} = \begin{bmatrix} V\cos\alpha\cos\beta \\ V\sin\beta \\ V\sin\alpha\cos\beta \end{bmatrix}$$

式中

$$\boldsymbol{T}_{\mathrm{BW}} = \begin{bmatrix} \cos\alpha & 0 & -\sin\alpha \\ 0 & 1 & 0 \\ \sin\alpha & 0 & \cos\alpha \end{bmatrix}\begin{bmatrix} \cos\beta & -\sin\beta & 0 \\ \sin\beta & \cos\beta & 0 \\ 0 & 0 & 1 \end{bmatrix} = \begin{bmatrix} \cos\alpha\cos\beta & -\cos\alpha\sin\beta & -\sin\alpha \\ \sin\beta & \cos\beta & 0 \\ \sin\alpha\cos\beta & -\sin\alpha\sin\beta & \cos\alpha \end{bmatrix} \tag{8.36}$$

8.3.2.4 机体坐标系和风轴系中欧拉角的关系

在图 8.5 中发现，从地面惯性坐标系变换至机体坐标系有两种方法：一种如在方程（8.17）中一样，通过三个欧拉角 ψ、θ、ϕ 进行直接变换；另一种是首先如方程（8.20）一样通过三个欧拉角 χ、γ、μ 由地面惯性系变换至风轴系，然后如方程（8.34）所示通过气流角 β、α 由风轴系变换至机体坐标系。两种方式都将坐标轴从相同的初始状态（地面惯性系）变换至相同的最终状态（机体坐标系），可以用如下矩阵方程表示为

$$R_\chi R_\gamma R_\mu R_{-\beta} R_\alpha = R_\psi R_\theta R_\phi$$

或等价于

$$R_\chi R_\gamma R_\mu = R_\psi R_\theta R_\phi R_\alpha^{\mathrm{T}} R_{-\beta}^{\mathrm{T}} \tag{8.37}$$

将方程（8.37）展开，可以得到机体坐标系欧拉角 ψ、θ、ϕ 和风轴系欧拉角 χ、γ、μ 以及气流角 β、α 的九种关系：

$$\begin{bmatrix} c_\chi c_\gamma & c_\chi s_\gamma s_\mu - s_\chi c_\mu & c_\chi s_\gamma c_\mu + s_\chi s_\mu \\ s_\chi c_\gamma & s_\chi s_\gamma s_\mu + c_\chi c_\mu & s_\chi s_\gamma c_\mu - c_\chi s_\mu \\ -s_\gamma & c_\gamma s_\mu & c_\gamma c_\mu \end{bmatrix}$$
$$= \begin{bmatrix} c_\psi c_\theta & c_\psi s_\theta s_\phi - s_\psi c_\phi & c_\psi s_\theta c_\phi + s_\psi s_\phi \\ s_\psi c_\theta & s_\psi s_\theta s_\phi + c_\psi c_\phi & s_\psi s_\theta c_\phi - c_\psi s_\phi \\ -s_\theta & c_\theta s_\phi & c_\theta c_\phi \end{bmatrix} \begin{bmatrix} c_\alpha c_\beta & -c_\alpha s_\beta & -s_\alpha \\ s_\beta & c_\beta & 0 \\ s_\alpha c_\beta & -s_\alpha s_\beta & c_\alpha \end{bmatrix} \tag{8.38}$$

式中：$c(\,\cdot\,) = \cos(\,\cdot\,)$；$s(\,\cdot\,) = \sin(\,\cdot\,)$。

方程（8.38）可以进一步展开为

$$\begin{bmatrix} c_\chi c_\gamma & c_\chi s_\gamma s_\mu - s_\chi c_\mu & c_\chi s_\gamma c_\mu + s_\chi s_\mu \\ s_\chi c_\gamma & s_\chi s_\gamma s_\mu + c_\chi c_\mu & s_\chi s_\gamma c_\mu - c_\chi s_\mu \\ -s_\gamma & c_\gamma s_\mu & c_\gamma c_\mu \end{bmatrix}$$
$$= \begin{bmatrix} \begin{matrix} c_\psi c_\theta c_\alpha c_\beta \\ + s_\beta (c_\psi s_\theta s_\phi - s_\psi c_\phi) \\ + s_\alpha c_\beta (c_\psi s_\theta c_\phi + s_\psi s_\phi) \end{matrix} & \begin{matrix} -c_\alpha s_\beta c_\psi c_\theta \\ + c_\beta (c_\psi s_\theta s_\phi - s_\psi c_\phi) \\ - s_\alpha s_\beta (c_\psi s_\theta c_\phi + s_\psi s_\phi) \end{matrix} & \begin{matrix} -s_\alpha c_\psi c_\theta \\ + c_\alpha (c_\psi s_\theta c_\phi + s_\psi s_\phi) \end{matrix} \\ \begin{matrix} s_\psi c_\theta c_\alpha c_\beta \\ + s_\beta (s_\psi s_\theta s_\phi + c_\psi c_\phi) \\ + s_\alpha c_\beta (s_\psi s_\theta c_\phi - c_\psi s_\phi) \end{matrix} & \begin{matrix} -c_\alpha s_\beta s_\psi c_\theta \\ + c_\beta (s_\psi s_\theta s_\phi + c_\psi c_\phi) \\ - s_\alpha s_\beta (s_\psi s_\theta c_\phi - C_\psi s_\phi) \end{matrix} & \begin{matrix} -s_\alpha s_\psi c_\theta \\ + c_\alpha (s_\psi s_\theta c_\phi - c_\psi s_\phi) \end{matrix} \\ \begin{matrix} -s_\theta c_\alpha c_\beta \\ + c_\theta s_\phi s_\beta + c_\theta c_\phi s_\alpha c_\beta \end{matrix} & \begin{matrix} s_\theta c_\alpha s_\beta \\ + c_\theta s_\phi c_\beta - c_\theta c_\phi s_\alpha s_\beta \end{matrix} & \begin{matrix} s_\alpha s_\theta \\ + c_\theta c_\phi c_\alpha \end{matrix} \end{bmatrix} \tag{8.39}$$

通过逐项比较方程（8.39）中矩阵最后一行的各个元素，可以总结出如下方程：

$$\begin{aligned} \sin\gamma &= \cos\alpha\cos\beta\sin\theta - \sin\beta\sin\phi\cos\theta - \sin\alpha\cos\beta\cos\phi\cos\theta \\ \sin\mu\cos\gamma &= \sin\theta\cos\alpha\sin\beta + \sin\phi\cos\theta\cos\beta - \sin\alpha\sin\beta\cos\phi\cos\theta \\ \cos\mu\cos\gamma &= \sin\theta\sin\alpha + \cos\alpha\cos\phi\cos\theta \end{aligned} \tag{8.40}$$

这样的关系在方程（8.39）中共有九个。

8.3.2.5 机体坐标系及风轴系中角速率的关系

方程（8.26）将机体坐标系角速率 p、q、r 和机体坐标系中欧拉角的变化速率（相对地面惯性坐标系）联系了起来。类似地，方程（8.30）给出了风轴系角速率 p_w、q_w、r_w 和欧拉角变化速率（同样相对地面惯性坐标系）的关系。

同样，可以写出机体坐标系中角速率和风轴系中角速率之间关于气流角的相对变化速率的区别，并确认出由风轴系到机体坐标系的变换。如方程（8.35）所示，其中只涉及两个角度：β 和 α。在图 8.6 中可以看到，第一次绕风轴系 Z^W 轴旋转 $-\beta$ 角，注意 Z^W 轴同时也是稳定轴坐标系 Z^S 轴（单位矢量 k_W），第二次绕稳定轴坐标系 Y^S 轴旋转 α 角，注意 Y^S 轴同时也是机体坐标系 Y^B 轴（单位矢量 $\hat{j}_B$）。那么，机体坐标系相对风轴系的旋转率可以用角度的变化速率表示为

$$\begin{bmatrix} p_b \\ q_b \\ r_b \end{bmatrix}^B - \begin{bmatrix} p_w \\ q_w \\ r_w \end{bmatrix}^W = (-\dot{\beta})\hat{k}_W + \dot{\alpha}\hat{j}_B$$

其中，上标"B"表示机体坐标轴角速度沿机体坐标轴 $O^B X^B Y^B Z^B$ 的分量，上标"W"表示风轴系角速度沿风轴的分量。为了能够使它们相减有意义，必须确保矢量 ω_C 和 ω_W 的分量沿相同的坐标轴，通过方程（8.36）的变形矩阵 T_{BW} 将 ω_W 在风轴系上的分量转换至机体坐标轴上，类似地，风轴系单位矢量 k_W 也可以被转换至机体坐标轴，则有

$$\begin{bmatrix} p_b \\ q_b \\ r_b \end{bmatrix}^B - T_{BW}\begin{bmatrix} p_w \\ q_w \\ r_w \end{bmatrix}^W = T_{BW}(-\dot{\beta})\hat{k}_W + \dot{\alpha}\hat{j}_B \tag{8.41}$$

将方程（8.41）展开，其所有分量均沿机体坐标轴，可以得到

$$\begin{bmatrix} p_b - p_w \\ q_b - q_w \\ r_b - r_w \end{bmatrix} = T_{BW}\begin{bmatrix} 0 \\ 0 \\ -\dot{\beta} \end{bmatrix} + \begin{bmatrix} 0 \\ \dot{\alpha} \\ 0 \end{bmatrix}$$

$$= \begin{bmatrix} \cos\alpha\cos\beta & -\cos\alpha\sin\beta & -\sin\alpha \\ \sin\beta & \cos\beta & 0 \\ \sin\alpha\cos\beta & -\sin\alpha\sin\beta & \cos\alpha \end{bmatrix}\begin{bmatrix} 0 \\ 0 \\ -\dot{\beta} \end{bmatrix} + \begin{bmatrix} 0 \\ \dot{\alpha} \\ 0 \end{bmatrix} = \begin{bmatrix} \dot{\beta}\sin\alpha \\ \dot{\alpha} \\ -\dot{\beta}\cos\alpha \end{bmatrix} \tag{8.42}$$

上标"B"代表沿机体坐标轴的分量，这一关系我们在第 6 章中（方程（6.1））曾使用过。

8.3.3 力方程总结

飞行器平移运动方程（方程（8.11））以及方程（8.13）中力沿体坐标轴的分量可以写为

$$\begin{cases} \dot{u} = rv - qw + \dfrac{X^{A}}{m} + \dfrac{T}{m} - g\sin\theta \\ \dot{v} = pw - ru + \dfrac{Y^{A}}{m} + g\sin\phi\cos\theta \\ \dot{w} = qu - pv + \dfrac{Z^{A}}{m} + g\cos\phi\cos\theta \end{cases} \quad (8.43)$$

或力系数的形式，即

$$\begin{cases} \dot{u} = rv - qw + \dfrac{\bar{q}SC_{X}^{A}}{m} + \dfrac{T}{m} - g\sin\theta \\ \dot{v} = pw - ru + \dfrac{\bar{q}SC_{Y}^{A}}{m} + g\sin\phi\cos\theta \\ \dot{w} = qu - pv + \dfrac{\bar{q}SC_{Z}^{A}}{m} + g\cos\phi\cos\theta \end{cases} \quad (8.44)$$

在方程（8.43）和方程（8.44）中，带有上标"A"的系数代表空气动力系数。也可以沿风轴系取矢量 $\boldsymbol{F}$、$\boldsymbol{V}_{C}$ 和 $\boldsymbol{\omega}_{C}$ 的分量，这样往往更为方便，如下所示。

8.3.3.1 风轴系中力方程式的推导

以风轴系为基准，方程（8.8）可以写为

$$\boldsymbol{F} = m\dfrac{d\boldsymbol{V}_{C}}{dt}\bigg|_{I} = m\dfrac{d\boldsymbol{V}_{C}}{dt}\bigg|_{W} + m(\boldsymbol{\omega}_{W} \times \boldsymbol{V}_{C})$$

式中

$$\boldsymbol{\omega}_{W} \times = \begin{bmatrix} 0 & -r_{w} & q_{w} \\ r_{w} & 0 & -p_{w} \\ -q_{w} & p_{w} & 0 \end{bmatrix}$$

将其展开得到

$$m\left\{\begin{bmatrix} \dot{V} \\ 0 \\ 0 \end{bmatrix} + \begin{bmatrix} 0 \\ r_{w}V \\ -q_{w}V \end{bmatrix}\right\} = \begin{bmatrix} X_{W} \\ Y_{W} \\ Z_{W} \end{bmatrix}$$

即

$$\begin{aligned} \dot{V} &= \dfrac{X_{W}}{m} \\ r_{w}V &= \dfrac{Y_{W}}{m} \\ -q_{w}V &= \dfrac{Z_{W}}{m} \end{aligned} \quad (8.45)$$

在风轴系中的力分量为

$$\begin{bmatrix} X_W \\ Y_W \\ Z_W \end{bmatrix} = \boldsymbol{T}_{WE} \begin{bmatrix} 0 \\ 0 \\ mg \end{bmatrix} + \begin{bmatrix} X_A \\ Y_A \\ Z_A \end{bmatrix}_W + \boldsymbol{T}_{WB} \begin{bmatrix} T \\ 0 \\ 0 \end{bmatrix} \qquad (8.46)$$

将右侧一一展开，由方程（8.21）可得

$$\boldsymbol{T}_{WE} \begin{bmatrix} 0 \\ 0 \\ mg \end{bmatrix} = \boldsymbol{R}_\mu^T \boldsymbol{R}_\gamma^T \boldsymbol{R}_\chi^T \begin{bmatrix} 0 \\ 0 \\ mg \end{bmatrix} = \begin{bmatrix} -mg\sin\gamma \\ mg\cos\gamma\sin\mu \\ mg\cos\gamma\cos\mu \end{bmatrix}$$

$$\begin{bmatrix} X_A \\ Y_A \\ Z_A \end{bmatrix}_W = \boldsymbol{R}_{-\beta} \bar{q} S \begin{bmatrix} -C_D \\ C_Y \\ -C_L \end{bmatrix} = \bar{q} S \begin{bmatrix} \cos\beta & \sin\beta & 0 \\ -\sin\beta & \cos\beta & 0 \\ 0 & 0 & 1 \end{bmatrix} \begin{bmatrix} -C_D \\ C_Y \\ -C_L \end{bmatrix}$$

$$= \bar{q} S \begin{bmatrix} -C_D\cos\beta + C_Y\sin\beta \\ C_D\sin\beta + C_Y\cos\beta \\ -C_L \end{bmatrix}$$

其中，C_D、C_L 分别为阻力系数和升力系数；C_Y 为侧向力系数（见第 6 章空气动力解法的注释）。由方程（8.36），可得 $\boldsymbol{T}_{WB} = \boldsymbol{T}'_{BW}$，则有

$$\boldsymbol{T}'_{BW} \begin{bmatrix} T \\ 0 \\ 0 \end{bmatrix} = \begin{bmatrix} \cos\alpha\cos\beta & \sin\beta & \sin\alpha\cos\beta \\ -\cos\alpha\sin\beta & \cos\beta & -\sin\alpha\sin\beta \\ -\sin\alpha & 0 & \cos\alpha \end{bmatrix} \begin{bmatrix} T \\ 0 \\ 0 \end{bmatrix} = \begin{bmatrix} T\cos\alpha\cos\beta \\ -T\cos\alpha\sin\beta \\ -T\sin\alpha \end{bmatrix}$$

经过整理，可以将方程（8.46）写为

$$\begin{bmatrix} X_W \\ Y_W \\ Z_W \end{bmatrix} = \begin{bmatrix} -mg\sin\gamma \\ mg\cos\gamma\sin\mu \\ mg\cos\gamma\cos\mu \end{bmatrix} + \bar{q} S \begin{bmatrix} -C_D\cos\beta + C_Y\sin\beta \\ C_D\sin\beta + C_Y\cos\beta \\ -C_L \end{bmatrix} + \begin{bmatrix} T\cos\alpha\cos\beta \\ -T\cos\alpha\sin\beta \\ -T\sin\alpha \end{bmatrix}$$

由方程（8.45），风轴系中平移运动方程可以写为

$$\dot{V} = -g\sin\gamma - \frac{\bar{q}S(C_D\cos\beta - C_Y\sin\beta)}{m} + \frac{T\cos\alpha\cos\beta}{m} \qquad (8.47)$$

$$r_w V = g\cos\gamma\sin\mu + \frac{\bar{q}S(C_Y\cos\beta + C_D\sin\beta)}{m} - \frac{T\cos\alpha\sin\beta}{m} \qquad (8.48)$$

$$-q_w V = g\cos\gamma\cos\mu - \frac{\bar{q}SC_L}{m} - \frac{T\sin\alpha}{m} \qquad (8.49)$$

由方程（8.30）可得

$$q_w = \dot{\gamma}\cos\mu + \dot{\chi}\sin\mu\cos\gamma$$

$$r_w = -\dot{\gamma}\sin\mu + \dot{\chi}\cos\mu\cos\gamma$$

因此，风轴系中运动方程可以写为

$$\begin{cases} \dot{V} = -g\sin\gamma - \dfrac{\bar{q}S(C_D\cos\beta - C_Y\sin\beta)}{m} + \dfrac{T\cos\alpha\cos\beta}{m} \\[2mm] V(-\dot{\gamma}\sin\mu + \dot{\chi}\cos\mu\cos\gamma) = g\cos\gamma\sin\mu + \dfrac{\bar{q}S(C_Y\cos\beta + C_D\sin\beta)}{m} - \dfrac{T\cos\alpha\sin\beta}{m} \\[2mm] -V(-\dot{\gamma}\cos\mu + \dot{\chi}\sin\mu\cos\gamma) = g\cos\gamma\cos\mu - \dfrac{\bar{q}SC_L}{m} - \dfrac{T\sin\alpha}{m} \end{cases}$$

(8.50)

合并整理后，通过方程组（8.50）可以给出飞机的速度及速度矢量相对于地球坐标系的航迹倾角 γ、方位角 χ 的方程。从而构成了飞机的导航方程。

处理方程（8.48）及方程（8.49）的另一种可行的方法是运用方程（8.42）将风轴系角速率 p_w、q_w、r_w 变换为机体坐标系角速率 p、q、r，如下：

$$p_w^b = p_b^b - \dot{\beta}\sin\alpha$$
$$q_w^b = q_b^b - \dot{\alpha}$$
$$r_w^b = r_b^b + \dot{\beta}\cos\alpha$$

$$\begin{bmatrix} p_w^w \\ q_w^w \\ r_w^w \end{bmatrix} = \boldsymbol{T}_{WB} \begin{bmatrix} p_w^b \\ q_w^b \\ r_w^b \end{bmatrix} = \begin{bmatrix} \cos\alpha\cos\beta & \sin\beta & \sin\alpha\cos\beta \\ -\cos\alpha\sin\beta & \cos\beta & -\sin\alpha\sin\beta \\ -\sin\alpha & 0 & \cos\alpha \end{bmatrix} \begin{bmatrix} p_b^b - \dot{\beta}\sin\alpha \\ q_b^b - \dot{\alpha} \\ r_b^b + \dot{\beta}\cos\alpha \end{bmatrix} \quad (8.51)$$

因此

$$q_w^w = -p_b^b \cos\alpha\sin\beta + (q_b^b - \dot{\alpha})\cos\beta - r_b^b \sin\alpha\sin\beta$$
$$= -(p_b^b \cos\alpha + r_b^b \sin\alpha)\sin\beta + (q_b^b - \dot{\alpha})\cos\beta$$

那么由方程（8.49）可得

$$(p_b^b \cos\alpha + r_b^b \sin\alpha)V\sin\beta - (q_b^b - \dot{\alpha})V\cos\beta = g\cos\gamma\cos\mu - \dfrac{\bar{q}SC_L}{m} - \dfrac{T\sin\alpha}{m}$$

重新排列后，得出

$$-(q_b^b - \dot{\alpha})V\cos\beta = g\cos\gamma\cos\mu - \dfrac{\bar{q}SC_L}{m} - \dfrac{T\sin\alpha}{m} - (p_b^b \cos\alpha + r_b^b \sin\alpha)V\sin\beta$$

那么

$$\dot{\alpha} = q_b - \dfrac{1}{\cos\beta}\left[(p_b\cos\alpha + r_b\sin\alpha)\sin\beta - \dfrac{g}{V}\cos\gamma\cos\mu + \dfrac{\bar{q}SC_L}{mV} + \dfrac{T\sin\alpha}{mV} \right] \quad (8.52)$$

方程中 p、q、r 不再需要上标。

类似地，由方程（8.51）可以得出
$$r_w^w = -p_b^b\sin\alpha + \dot{\beta}\sin^2\alpha + r_b^b\cos\alpha + \dot{\beta}\cos^2\alpha = (-p_b^b\sin\alpha + r_b^b\cos\alpha) + \dot{\beta}$$

那么由方程（8.48）可得
$$V[(-p_b^b\sin\alpha + r_b^b\cos\alpha) + \dot{\beta}] = g\cos\gamma\sin\mu + \frac{\bar{q}S(C_Y\cos\beta + C_D\sin\beta)}{m} - \frac{T\cos\alpha\sin\beta}{m}$$

则有
$$\dot{\beta} = (p_b\sin\alpha - r_b\cos\alpha) + \frac{g}{V}\cos\gamma\sin\mu + \frac{\bar{q}S(C_Y\cos\beta + C_D\sin\beta)}{mV} - \frac{T\cos\alpha\sin\beta}{mV}$$
(8.53)

方程（8.47）、方程（8.52）和方程（8.53）是通过速度 V 和风轴系与机体坐标轴间的气流角 α、β 来表示运动方程的另一种重要方式。

集合这些方程，可以得到风轴系中的飞行器运动的力方程组，如下所示：

$$\begin{cases} \dot{V} = -g\sin\gamma - \dfrac{\bar{q}S(C_D\cos\beta - C_Y\sin\beta)}{m} + \dfrac{T\cos\alpha\cos\beta}{m} \\ \dot{\alpha} = q - \dfrac{1}{\cos\beta}\left[(p\cos\alpha + \gamma\sin\alpha)\sin\beta - \dfrac{g}{V}\cos\gamma\cos\mu + \dfrac{\bar{q}SC_L}{mV} + \dfrac{T\sin\alpha}{mV}\right] \\ \dot{\beta} = (p\sin\alpha - r\cos\alpha) + \dfrac{g}{V}\cos\gamma\sin\mu + \dfrac{\bar{q}S(C_Y\cos\beta + C_D\sin\beta)}{mV} - \dfrac{T\cos\alpha\sin\beta}{mV} \end{cases}$$
(8.54)

8.4 飞行器运动方程的推导（续）

8.4.1 旋转运动方程

一个飞行器的旋转运动方程可以通过取图 8.1 中一个质点 δm 的角动量变化速率求得，质点 δm 相对重心 CG 的角动量为
$$\delta \boldsymbol{h} = \boldsymbol{r}_C \times \delta m(\boldsymbol{V}_C + \boldsymbol{\omega}_C \times \boldsymbol{r}_C)$$

对整个飞行器质量进行积分：
$$\boldsymbol{h} = \sum\delta\boldsymbol{h} = \sum\boldsymbol{r}_C \times \delta m(\boldsymbol{V}_C + \boldsymbol{\omega}_C \times \boldsymbol{r}_C) = \underbrace{\sum\boldsymbol{r}_C\delta m \times \boldsymbol{V}_C}_{(1)} + \underbrace{\sum\delta m[\boldsymbol{r}_C \times (\boldsymbol{\omega}_C \times \boldsymbol{r}_C)]}_{(2)}$$
(8.55)

方程（8.55）中的（1）部分为 0，因为计算所有距离均从飞行器质心开始计算，即 $\sum \boldsymbol{r}_C \delta m = 0$，正如之前在取极限 $\delta m \to 0$ 时 $\int \boldsymbol{r}_C \delta m = 0$。将（2）部分

按角动量矢量在机体坐标轴上的分量进行分解：

$$h = \sum \delta m \{(x\hat{i}+y\hat{j}+z\hat{k}) \times [(p\hat{i}+q\hat{j}+r\hat{k}) \times (x\hat{i}+y\hat{j}+z\hat{k})]\}$$
$$= \sum \delta m \{(x\hat{i}+y\hat{j}+z\hat{k}) \times [(qz-yr)\hat{i}+(rx-pz)\hat{j}+(py-qx)\hat{k}]\}$$
$$= [p\sum(y^2+z^2)\delta m - q\sum xy\delta m - r\sum xz\delta m]\hat{i} +$$
$$[-p\sum yx\delta m + q\sum(x^2+z^2)\delta m - r\sum yz\delta m]\hat{j} +$$
$$[-p\sum zx\delta m - q\sum zy\delta m + r\sum(x^2+y^2)\delta m]\hat{k}$$

当取极限 $\delta m \to 0$ 时可以写为

$$h = \left[p\int(y^2+z^2)\mathrm{d}m - q\int xy\mathrm{d}m - r\int xz\mathrm{d}m\right]\hat{i} +$$
$$\left[-p\int yx\mathrm{d}m + q\int(x^2+z^2)\mathrm{d}m - r\int yz\mathrm{d}m\right]\hat{j} +$$
$$\left[-p\int zx\mathrm{d}m - q\int zy\mathrm{d}m + r\int(y^2+x^2)\mathrm{d}m\right]\hat{k}$$
$$= [pI_{xx} - qI_{xy} - rI_{xz}]\hat{i} + [-pI_{yx} + qI_{yy} - rI_{yz}]\hat{j} +$$
$$[-pI_{zx} - qI_{zy} + rI_{zz}]\hat{k} \tag{8.56}$$

将方程(8.56)写为矩阵形式：

$$h = \begin{bmatrix} h_x \\ h_y \\ h_z \end{bmatrix} = \begin{bmatrix} I_{xx} & -I_{xy} & -I_{xz} \\ -I_{yx} & I_{yy} & -I_{yz} \\ -I_{zx} & -I_{zy} & I_{zz} \end{bmatrix} \begin{bmatrix} p \\ q \\ r \end{bmatrix} = I\omega_C \tag{8.57}$$

式中

$$I_{xx} = \int(y^2+z^2)\mathrm{d}m, \quad I_{yy} = \int(x^2+z^2)\mathrm{d}m, \quad I_{zz} = \int(x^2+y^2)\mathrm{d}m,$$
$$I_{xy} = I_{yx} = \int xy\mathrm{d}m, \quad I_{xz} = I_{zx} = \int xz\mathrm{d}m, \quad I_{yz} = I_{zy} = \int yz\mathrm{d}m$$

与之前一样，运用转换规则将导数 $\mathrm{d}/\mathrm{d}t$ 从惯性（地面）坐标轴转换至机体坐标轴：

$$M = \frac{\mathrm{d}h}{\mathrm{d}t}\bigg|_I = \frac{\mathrm{d}h}{\mathrm{d}t}\bigg|_B + \omega_C \times h \tag{8.58}$$

可以再一次在任意坐标系中写出矢量 h、ω_C 的分量，但显然机体坐标系是最恰当的选择，因为该坐标系下转动惯量为常量（假设没有质量的损失或再分配）。那么，飞行器旋转运动方程的标准形式按角动量及角速度在机体坐标轴下分量的形式写为

$$M = \begin{bmatrix} M_x \\ M_y \\ M_z \end{bmatrix} = \begin{bmatrix} \dot{h}_x \\ \dot{h}_y \\ \dot{h}_z \end{bmatrix} + \begin{bmatrix} 0 & -r & q \\ r & 0 & -p \\ -q & p & 0 \end{bmatrix} \begin{bmatrix} h_x \\ h_y \\ h_z \end{bmatrix} \tag{8.59}$$

其中，M 为作用于飞行器的外力矩之和，p、q、r 为机体坐标轴角速率。

8.4.2 飞行器的对称性

大多数飞机都有一个对称面——纵向平面 $X^B Z^B$，也就是说惯性积 $I_{yx} = I_{yz} = 0$。如果进一步假设机体坐标轴与飞行器的惯性主轴相重合（鉴于可以随意选取机体坐标轴），惯性项的交叉力矩将全部为 0，也就是说 $I_{xz} = I_{yx} = I_{yz} = 0$。因此，由方程（8.57），$h_x = I_{xx}p$；$h_y = I_{yy}q$；$h_z = I_{zz}r$，并且

$$M = \begin{bmatrix} M_x \\ M_y \\ M_z \end{bmatrix} = \begin{bmatrix} I_{xx}\dot{p} \\ I_{yy}\dot{q} \\ I_{zz}\dot{r} \end{bmatrix} + \begin{bmatrix} 0 & -r & q \\ r & 0 & -p \\ -q & p & 0 \end{bmatrix} \begin{bmatrix} I_{xx}p \\ I_{yy}q \\ I_{zz}r \end{bmatrix} \quad (8.60)$$

其中，$M = M^{\text{气动力}} + M^{\text{推进力}}$，是作用于飞行器上所有外力矩的总和，且

$$M^{\text{气动力}} = \begin{bmatrix} \mathcal{L} \\ M \\ N \end{bmatrix} \quad (8.61)$$

$M^{\text{气动力}}$ 为气动力矩矢量（其中 $\mathcal{L}$，M，N 分别为滚转力矩、俯仰力矩和偏航力矩），$M^{\text{推进力}}$ 是由发动机动力产生的力矩矢量。注意由于重力作用于重心（质心），其不对 CG 产生力矩。

假设 $M^{\text{推进力}} = 0$，即推力通过飞行器的重心，飞行器旋转运动方程（8.60）可以写为

$$\begin{cases} \dot{p} = \left(\dfrac{I_{yy} - I_{zz}}{I_{xx}}\right) qr + \dfrac{L}{I_{xx}} \\ \dot{q} = \left(\dfrac{I_{zz} - I_{xx}}{I_{yy}}\right) pr + \dfrac{M}{I_{yy}} \\ \dot{r} = \left(\dfrac{I_{xx} - I_{yy}}{I_{zz}}\right) pq + \dfrac{N}{I_{zz}} \end{cases} \quad (8.62)$$

方程（8.62）可以采用力矩系数的形式表示为

$$\begin{cases} \dot{p} = \left(\dfrac{I_{yy} - I_{zz}}{I_{xx}}\right) qr + \dfrac{1}{2I_{xx}} \rho V^2 Sb C_l \\ \dot{q} = \left(\dfrac{I_{zz} - I_{xx}}{I_{yy}}\right) pr + \dfrac{1}{2I_{yy}} \rho V^2 Sc C_m \\ \dot{r} = \left(\dfrac{I_{xx} - I_{yy}}{I_{zz}}\right) pq + \dfrac{1}{2I_{zz}} \rho V^2 Sb C_n \end{cases} \quad (8.63)$$

表 8.1 和表 8.2 总结了目前常用的描述飞行器动力学及运动的方程。

表 8.1 体轴系下的飞行器运动方程

运动方程	方程形式
平动动力学方程	$\dot{u} = rv - qw + \dfrac{1}{2m}\rho V^2 S C_X^A + \dfrac{T}{m} - g\sin\theta$ $\dot{v} = pw - ru + \dfrac{1}{2m}\rho V^2 S C_Y^A + g\sin\phi\cos\theta$ $\dot{w} = qu - pv + \dfrac{1}{2m}\rho V^2 S C_Z^A + g\cos\phi\cos\theta$
平动运动学方程	$\begin{bmatrix} \dot{x}_E \\ \dot{y}_E \\ \dot{z}_E \end{bmatrix} = \begin{bmatrix} \cos\psi\cos\theta & \cos\psi\sin\theta\sin\phi - \sin\psi\cos\phi & \cos\psi\sin\theta\cos\phi + \sin\psi\sin\phi \\ \sin\psi\cos\theta & \sin\psi\sin\theta\sin\phi + \cos\psi\cos\phi & \sin\psi\sin\theta\cos\phi - \cos\psi\sin\phi \\ -\sin\theta & \cos\theta\sin\phi & \cos\theta\cos\phi \end{bmatrix} \begin{bmatrix} u \\ v \\ w \end{bmatrix}$
转动动力学方程	$\dot{p} = \left(\dfrac{I_{yy} - I_{zz}}{I_{xx}}\right) qr + \dfrac{1}{2I_{xx}}\rho V^2 S b C_l$ $\dot{q} = \left(\dfrac{I_{zz} - I_{xx}}{I_{yy}}\right) pr + \dfrac{1}{2I_{yy}}\rho V^2 S c C_m$ $\dot{r} = \left(\dfrac{I_{xx} - I_{yy}}{I_{zz}}\right) pq + \dfrac{1}{2I_{zz}}\rho V^2 S b C_n$
转动运动学方程	$\begin{bmatrix} \dot{\phi} \\ \dot{\theta} \\ \dot{\psi} \end{bmatrix} = \begin{bmatrix} 1 & \tan\theta\sin\phi & \tan\theta\cos\phi \\ 0 & \cos\phi & -\sin\phi \\ 0 & \sec\theta\sin\phi & \sec\theta\cos\phi \end{bmatrix} \begin{bmatrix} p \\ q \\ r \end{bmatrix}$

表 8.2 风轴系下的飞行器运动方程

运动方程	方程形式
平动动力学方程	$\dot{V} = \dfrac{1}{m}\left[T\cos\alpha\cos\beta - \bar{q}S(C_D\cos\beta - C_Y\sin\beta) - mg\sin\gamma \right]$ $\dot{\alpha} = q - \dfrac{1}{\cos\beta}\left[(p\cos\alpha + r\sin\alpha)\sin\beta - \dfrac{g}{V}\cos\gamma\cos\mu + \dfrac{\bar{q}SC_L}{mV} + \dfrac{T\sin\alpha}{mV} \right]$ $\dot{\beta} = (p\sin\alpha - r\cos\alpha) + \dfrac{1}{mV}\left[\begin{array}{l} -T\cos\alpha\sin\beta + \bar{q}S(C_Y\cos\beta + C_D\sin\beta) \\ + mg\cos\gamma\sin\mu \end{array} \right]$
平动运动学方程	$\begin{bmatrix} \dot{x}_E \\ \dot{y}_E \\ \dot{z}_E \end{bmatrix} = \begin{bmatrix} V\cos\gamma\cos\chi \\ V\cos\gamma\sin\chi \\ -V\sin\gamma \end{bmatrix}$

续表

运动方程	方程形式
转动动力学方程	$\dot{p} = \left(\dfrac{I_{yy}-I_{zz}}{I_{xx}}\right)qr + \dfrac{1}{2I_{xx}}\rho V^2 SbC_l$ $\dot{q} = \left(\dfrac{I_{zz}-I_{xx}}{I_{yy}}\right)pr + \dfrac{1}{2I_{yy}}\rho V^2 ScC_m$ $\dot{r} = \left(\dfrac{I_{xx}-I_{yy}}{I_{zz}}\right)pq + \dfrac{1}{2I_{zz}}\rho V^2 SbC_n$
转动运动学方程	$\begin{bmatrix}\dot{\mu}\\\dot{\gamma}\\\dot{\chi}\end{bmatrix} = \begin{bmatrix}1 & \tan\gamma\sin\mu & \tan\gamma\cos\mu\\0 & \cos\mu & -\sin\mu\\0 & \sec\gamma\sin\mu & \sec\gamma\cos\mu\end{bmatrix}\begin{bmatrix}p_w\\q_w\\r_w\end{bmatrix}$

每一种情况下，都有总计 12 个微分方程，皆为时间导数的一阶方程。理论上，可以利用这 12 个方程进行联立来求解飞行器在任意时刻的速度、位置、角速度和姿态等。然而，在飞行动力学特性的研究中，位置变量 x_E、y_E、z_E 的影响（忽略海拔高度产生的密度变化，虽然在某些情况下是不允许的）和航向角 ψ 的影响一般是可以忽略的，忽略它们，这样还留下 8 个一阶微分方程。这引出了一些我们已得到的飞机动力学模态：短周期（2）、长周期（2）、滚转（1）、荷兰滚（2）和螺旋（1）——括号内的数字表示描述每种动力模态所需的变量数，合计为 8 个。

8.4.3 非线性源

表 8.1 和表 8.2 中的飞行器动力学方程包含一些不同来源产生的非线性项：

- **运动耦合**：表现为平移运动方程中的乘积项，如 rv、qw、$p\sin\alpha$、$r\cos\alpha$ 等。例如，当一架飞机以迎角 α 滚转飞行时，滚转作用将使得迎角变为侧滑角，反之亦然。因此，运动耦合通过角速度运动将迎角和侧滑角动态耦合起来。
- **惯性耦合**：这些项在旋转运动中以角速率的乘积出现，如 qr、rp、pq，并与惯量系数一同出现，因此这些项有时也称为陀螺项。
- **重力**：重力项与欧拉角的非线性三角函数一同出现。
- **非线性空气动力**：气动力本身为速度 V 的二次函数，通常除在一个窄的线性范围外，气动力和气动力矩系数都是迎角和侧滑角的非线性函数。特别是在跨声速区域，气动力和气动力矩系数同时还是马赫数的非线性函数。

飞行器模型中的非线性表现在飞行器飞行中的非线性动力学行为中。在图8.7中，对飞行器临界飞行区域（代表飞行器的动力学由非线性行为支配）与常规飞行区域进行了划分。图8.7中所示的不同飞行区域的划分是基于迎角和飞行器的旋转速率。飞行器由于轻微或猛烈的失稳，从常规的飞行进入临界飞行状态。在临界飞行状态下飞行器的运动可能为可控的或是不可控的，并可能会对控制信号输入产生异常的反应。这一系列截然不同的非线性现象都与飞行器动力学相关。多种在纵向运动和横向运动上不同类型的非线性行为通常与失速有关，例如上仰、下俯、翻滚、机翼下坠、滚降、机翼摇摆、机头发散、偏离等。在中等大迎角的过失速区域，过失速旋转、尾旋和深失速等行为显著。另外，即使在小迎角时，高滚转速率下也会发生失衡和失控的可能性（滚转耦合问题所致）。在快速滚转机动时，滚转速率跳跃、自旋和反转等也是常见的。

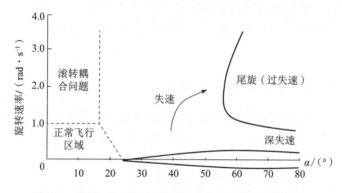

图8.7 线性-非线性飞行区域（基于迎角及旋转速率）

8.5 飞行器运动的数值分析

对于表8.1和表8.2中关于飞机动力学的共计12个方程，或是研究稳定性时缩减过的8个方程，直接开展人工分析而言几乎是不可能的。除了最简单的运动如直线平飞或水平转弯，由12个方程来得到飞机运动的解析解是非常困难的。对于稳定性分析，这8个方程通常对一个选定配平状态进行线性化并写成一个8×8的稳定性矩阵。这个稳定性矩阵的特征值包含飞行器模态的频率、阻尼、增长/衰减率等信息，由于这通常并不容易分析，因此在飞机纵向与横航向运动解耦的假设下，8×8的矩阵被分解为2个4×4的矩阵，分别代表纵向与横航向运动。运动解耦假设仅在一些特定配平状态下成立，例如纵向平面的水平定直飞行。所以最终唯一可以由整套六自由度的方程分析验证的情况，只有在7章中已经研究过的不需要完整运动方程的水平定直飞行。

数值方法可以用于研究飞机更一般飞行中的配平状态及其稳定性。之前，一套配平程序用来解决飞机运动的 12 个方程，之后是一套基于 8×8 稳定性矩阵的稳定性分析程序，通过填写每一个输入项就可以评估其特征值。然而，近来流行一种更为自动化的手段称为扩展分岔分析（extended bifurcation analysis，EBA）的数值程序。EBA 方法通过在一定约束下计算飞机一系列运动的特定平衡状态并评估其稳定性。EBA 方法来源于标准分岔分析（standard bifurcation analysis，SBA）方法，这种方法原来是用于研究大迎角和其他非线性飞行模态下的稳定性。SBA 方法不能指定飞机状态变量上的约束，因此 SBA 方法得到的平衡状态被认为在某些情况下是不符合实际的。一旦特定的平衡状态成为可能，EBA 方法就能按预期用来分析飞机运动和稳定性。那么 EBA 就不再仅是一个特定的大迎角和非线性分析工具，它能运用于全部的飞行范围，尤其是飞行器性能分析、配平分析与稳定性分析。

下面首先明确并讨论对一般高阶系统平衡和稳定性的理解（在第 2 章中限定于研究一阶和二阶系统）；然后介绍标准分岔方法及应用。

8.5.1 飞机平衡和稳定性分析概述

总体而言，刚性飞机动力学可以分为两种运动，本体的自然运动或对外界干扰/外界输入的响应（如对飞行员输入的反应）。通过数值方法分析飞机运动问题通常分为以下两步：

（1）配平飞行和在平衡状态上加小的干扰——这里的一个问题是找出所有可能的平衡状态族并根据稳定特性将它们分类。这称为飞机在平衡状态下的局部动力学行为。前面已经验证了一个特定的配平状态，即水平定直飞行，并从飞机动力学模态角度研究了飞机对于配平状态的小扰动响应（短周期、长周期、滚转、荷兰滚和螺旋）。下面会用数值验证其他配平状态，如水平转弯飞行以及它们的稳定性。第二个感兴趣的问题是飞机对于飞行员微小输入或干扰的反应。这些一般通过飞机状态和输入或飞机状态和干扰之间的传递函数来进行研究。

（2）无论是作为不稳定性的结果还是驾驶输入造成的不同组配平状态之间的转换（称为全局动力学行为），一次可能转换的初始和结束状态可以通过分岔分析来确定，但转换在状态空间中遵循的路径或是状态变量的时间历程只能通过对飞机动力学方程（表 8.1 和表 8.2）数值积分求得。

8.5.1.1 局部动力学行为：配平及稳定性分析

对于飞行器动力学和控制律设计而言，在指定范围内计算其所有可能的平衡状态以及稳定性是非常重要的。表 8.1 和表 8.2 中通过一系列一阶微分方程

表示的飞机动力学方程可简写为

$$\dot{x} = f(x, U) \tag{8.64}$$

其中，x 为飞机飞行动力学状态，U 为控制输入。

计算平衡状态相当于求解联立代数方程

$$\dot{x}^* = f(x^*, U^*) = 0 \tag{8.65}$$

其中，星号变量表示平衡值。

如果没有外力，即飞机没有受到干扰，从一个平衡的初始状态出发，飞机将保持平衡状态，由小的干扰（外界气流或是驾驶员原因）引起的相对于平衡初始状态产生的细微改变 Δx，会使飞行变化到一个新的状态

$$x = x^* + \Delta x$$

考虑到平衡状态中输入小的变化也可能是由驾驶员产生的，控制输入的扰动值可以写为

$$U = U^* + \Delta U$$

将这些新变量引入运动方程，得到

$$\dot{x}^* + \Delta \dot{x} = f(x^* + \Delta x, U^* + \Delta U) \tag{8.66}$$

利用泰勒级数，方程（8.66）可以在平衡状态 (x^*, U^*) 展开如下：

$$\dot{x}^* + \Delta \dot{x} = f(x^* + \Delta x, U^* + \Delta U)$$

$$= f(x^*, U^*) + \frac{\partial f}{\partial x}\bigg|_{(x^*, U^*)} \Delta x + \frac{\partial f}{\partial U}\bigg|_{(x^*, U^*)} \Delta U + \frac{\partial^2 f}{\partial x^2}\bigg|_{(x^*, U^*)} \frac{\Delta x^2}{2!} +$$

$$\frac{\partial^2 f}{\partial U^2}\bigg|_{(x^*, U^*)} \frac{\Delta U^2}{2!} + \text{H. O. T.}$$

H. O. T. 表示高阶项，如其他二阶、三阶或更高阶的项。稳定性分析时，假设变量的扰动和干扰幅值极小，所以更高阶的干扰项更小，可以忽略不计。所以，只有 Δx 和 ΔU 线性相关的项保留下来：

$$\dot{x}^* + \Delta \dot{x} = f(x^*, U^*) + \frac{\partial f}{\partial x}\bigg|_{(x^*, U^*)} \Delta x + \frac{\partial f}{\partial U}\bigg|_{(x^*, U^*)} \Delta U$$

星号变量在平衡状态中 $\dot{x}^* = 0$，$f(x^*, U^*) = 0$ 或 $\dot{x}^* = f(x^*, U^*)$ 恒成立；上述方程可以进一步简化为

$$\Delta \dot{x} = \frac{\partial f}{\partial x}\bigg|_{(x^*, U^*)} \Delta x + \frac{\partial f}{\partial U}\bigg|_{(x^*, U^*)} \Delta U = A \Delta x + B \Delta U \tag{8.67}$$

方程（8.67）是一个线性模型，描述了平衡状态下的局部动力学摄动。系统矩阵 A 为一个常量矩阵，可通过求解特定平衡状态下的雅可比矩阵 $(\partial f/\partial x)$ 得出。一般而言，在不同平衡状态下 A 的求解方法不同。A 的一般形式由附录 8.1 中飞行器运动方程给出，B 是控制理论中的控制矩阵，其与 A

类似，需要通过每一个平衡状态进行求解。

对于无控制扰动，即 $\Delta U = 0$，有

$$\Delta \dot{x} = A \Delta x \tag{8.68}$$

由线性系统理论可知，方程（8.68）的动力学行为取决于矩阵 A 的特征值 λ，由如下方程给定：

$$\det(\lambda I - A) = 0 \tag{8.69}$$

方程（8.69）称为特征方程。特征值为实根或共轭复根。只要所有 A 的特征值的实部为负，从任一个初始状态 $\Delta x(0) \neq 0$ 开始，当 $t \to \infty$ 时，$\Delta x(t) \to 0$。也就是说，扰动 Δx 随时间逐渐消失，平衡状态（x^*，U^*）是稳定的；反之，状态（x^*，U^*）是不稳定的。

分岔方法可以自动化地求解拥有一个或更多可变参数的全族平衡问题，同时得到了在不同平衡点下局部 A 矩阵的特征值并确认其稳定性。通过将所有的平衡点及其稳定性整合在一起，分岔方法可提供一张系统动力学的全景图。

8.6 标准分岔分析

这一方法是基于延拓算法来计算一个按如下简写形式描述系统稳定状态的非线性常微分方程组（ordinary differential equations，ODE）：

$$\dot{x} = f(x, U) \tag{8.70}$$

其中，x 为状态，U 为包括控制输入在内的影响参数。

通过求解一套联立非线性代数方程组，利用延拓算法可以计算方程（8.70）的稳定状态：

$$\dot{x} = f(x, u, p) = 0 \tag{8.71}$$

在进行延拓计算时，系统 $u \in U$ 为变参数的函数，而系统 $p \in U$ 中其余的参数保持固定。总之，由给定的稳定状态（x^*，u^*）开始，延拓技术使用预测步骤，通过求解以下方程（根据图 8.8(a)）获得下一个点（x_1，u_1）：

$$\frac{\partial f}{\partial x} \Delta x + \frac{\partial f}{\partial u} \Delta u = 0$$

或等价于

$$x_1 - x^* = -\left[\frac{\partial f}{\partial x}\right]_*^{-1} \left[\frac{\partial f}{\partial u}\right]_* (u_1 - u^*)$$

在校正步骤中，满足稳定状态条件方程（8.71）的校正解（x_1^*，u_1）通过使用牛顿-拉夫逊迭代法求得。如图 8.8(b) 所示，校正步从预测步中得到的解（x_1^*，u_1）开始并进而得到正确的解（x_1^*，u_1），其满足稳定状态条件

$f(\boldsymbol{x}_1^*, u_1) = 0$。作为延拓过程的一部分，在每一个稳定状态都同时计算雅可比矩阵 $\boldsymbol{J} = (\partial f/\partial \boldsymbol{x})$ 的特征值和特征矢量。

因此，一条稳定状态曲线 $\boldsymbol{x}^* = \boldsymbol{x}^*(u)$，如图 8.8(a) 所示，作为参数 u 的函数，参数 u 连续变化可以给出稳定性信息结果。当 u 连续变化时，稳定性解分岔中可能因为特征值在复平面中由虚轴左侧变至右侧而引发稳定性的丧失。在特定数值 $u = u_{cr}$ 时稳定性的丧失表现为分岔，并导致当 u 增长超过 u_{cr} 时，其稳定形态的个数与类型发生改变。根据 ODE 代表的模态的非线性，系统的非线性动力学行为表现为分岔，它可以利用分岔系统方法进行预测。

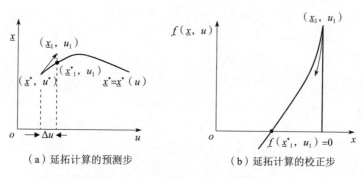

（a）延拓计算的预测步　　　　　（b）延拓计算的校正步

图 8.8　延拓计算的预测步和校正步

图 8.9 为由于系统的一个实特征值跨越通过原点的虚轴，由左半复平面进入右半复平面，因此导致稳定性丧失的平衡状态基本分岔。

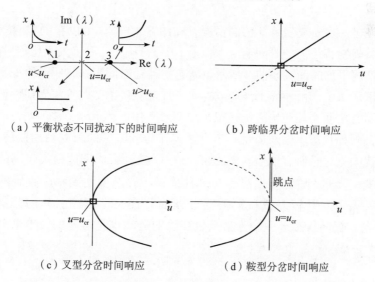

（a）平衡状态不同扰动下的时间响应　　　（b）跨临界分岔时间响应

（c）叉型分岔时间响应　　　　　（d）鞍型分岔时间响应

图 8.9　平衡状态特征值时间响应及稳定性丧失的基本分岔类型

图 8.9(a) 给出了围绕平衡状态 $x^*=0$ 的特征值在三个不同位置的状态扰动的时间响应,在 $u<u_{cr}$ 时,状态扰动以指数级衰减,最终系统恢复至初始平衡状态,$x^*=0$。因此,平衡状态 $x^*=0$ 在 $u<u_{cr}$ 时是稳定的。当 $u=u_{cr}$ 时,状态扰动保持不变,不能得出有关平衡状态 $x^*=0$ 稳定性的信息。当 $u>u_{cr}$ 时,状态扰动以指数级增长,因此平衡状态 $x^*=0$ 在 $u>u_{cr}$ 时是不稳定的。当一个特征值穿过实轴时稳定性丧失,根据系统中存在的非线性造成三种不同的(一般称为"静态")分岔,分别为跨临界分岔、叉型分岔和鞍型分岔,见图 8.9(b)~图 8.9(d)。

如图 8.9(b) 所示,在跨临界分岔中,两个解的分支(一个稳定、一个不稳定)交于分岔点 $u=u_{cr}$ 并交换其稳定性。因此,当平衡状态 $x^*=0$ 中 u 逐渐增大,在临界值 $u=u_{cr}$ 时突然丧失稳定性,同时另一平衡点在 $u=u_{cr}$ 时获得稳定性。在超过 u_{cr} 时,扰动使系统远离 $x^*=0$ 达到另一稳定状态,表明一次由初始平衡($x^*=0$)到第二平衡状态的"偏离"。

如图 8.9(c) 所示,在叉型分岔中,一个单一的稳定平衡分支 $x^*=0$ 在分岔点 $u=u_{cr}$ 引起两个稳定平衡分支并丧失自身的稳定性。过了这个点,一次"偏离"将系统带至上平衡分支(正 x^*)还是下平衡岔(负 x^*),其取决于扰动的符号。

如图 8.9(d) 所示,在鞍型分岔中,两个平衡分支(一个稳定一个不稳定)在分岔点 $u=u_{cr}$ 互相湮灭。在超过 u_{cr} 时没有紧邻的平衡状态,所以当参数值 $u>u_{cr}$ 时,系统可能会"跳跃"至一个远离的平衡状态。

现在进一步研究复特征值的情况,在图 8.10 中,可以看到对应三种不同位置的共轭复特征值的时间响应:情形 1 中,当 $u<u_{cr}$ 时,处于稳定平衡状态,在这种情况下如时间关系曲线所示,状态扰动随时间衰减,所以原平衡状态被恢复;情形 2 中,由外界干涉造成的状态扰动保持不变并等幅周期性振荡,所以飞行器无法回到其初始平衡状态;在情形 3 中,当 $u>u_{cr}$ 时,振荡增长并最终达到极限环状态。极限环是一个有固定振幅和频率的孤立周期振荡。所以,情形 3 代表,对于所有取值 $u>u_{cr}$,存在一个被具有周期性稳态包围的不稳定平衡分支 $x^*=0$。随着 u 增长,在这种情形下,系统达到一个稳定的振荡状态。这种因一对共轭复数特征值穿过虚轴而丧失稳定性引起的分岔,称为 Hopf 分岔。振荡状态进一步分岔至更高阶的运动也是可能的,本书对此不再介绍。

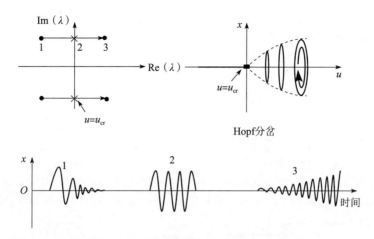

图 8.10　三种共轭复特征值的时间响应

8.6.1　SBA 在 F-18/HARV 动力学中的运用

现在将 SBA 应用于 F-18/HARV 飞机模型上。选择表 8.2 中 V、α、β 的平移方程，表 8.1 中变量 p、q、r 和 φ、θ 的旋转动力学及运动学方程。速度变量 V 按照声速 a 无量纲化，$V/a = Ma$，用马赫数取代速度。

状态变量为

$$x = [Ma \quad \alpha \quad \beta \quad p \quad q \quad r \quad \phi \quad \theta]^T$$

飞行器控制参数矢量为

$$U = [\eta \quad \delta_e \quad \delta_a \quad \delta_r]^T$$

其中 η 为发动机实际推力与最大推力之比 T/T_{max}。升降舵偏转 $u = \delta_e$ 为变化参数，因为其直接影响飞行器的迎角。其它参数 $p = [\eta \quad \delta_a \quad \delta_r]^T$ 在延拓计算中保持不变。

8.6.1.1　失速和过失速的解

通过数值延拓算法得出的结果通常以分岔图的形式给出，例如图 8.11 中给出的 F-18/HARV 的结果。

在图 8.11 中，F-18/HARV 模型延拓运行的平衡状态（见附录 8.2）被标记为升降舵偏转变化的函数。其中，实线代表稳定平衡点，虚线代表不稳定平衡点；实线圆代表稳定振荡状态，空心圆代表不稳定振荡状态；空心方形表示叉型分岔，实心方块表示鞍型分岔。实线为稳定的平衡状态（从附近开始的轨迹汇集到这些状态），虚线为不稳定的平衡状态（从附近开始的轨迹背离这些状态）。由图 8.11 可得出如下关于飞行器动力学行为的结论：

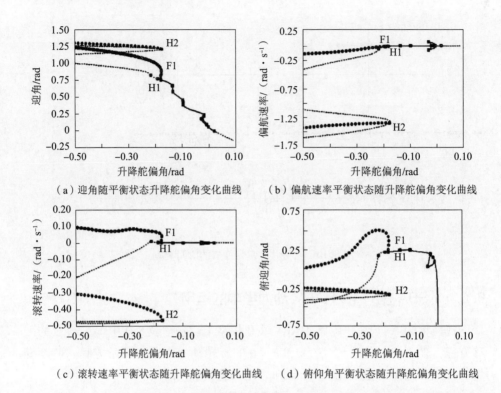

(a) 迎角随平衡状态升降舵偏角变化曲线　(b) 偏航速率平衡状态随升降舵偏角变化曲线

(c) 滚转速率平衡状态随升降舵偏角变化曲线　(d) 俯仰角平衡状态随升降舵偏角变化曲线

图 8.11　F-18/HARV 模型以升降舵为参变量的分岔曲线

（1）从小迎角至中等迎角范围，直到 0.75rad（≈43°），解的分支由稳定平衡状态及很短一段两侧环绕着 Hopf 分岔点（实心方块）的不稳定平衡状态组成。这些平衡状态的滚转和偏航角速率为 0（此处未标注，侧滑角和滚转角同样为 0），这表明纵向平面上的飞行条件是对称的。

（2）可以看到 $\alpha \approx 0$ 时存在叉型分岔（空心方块），在其下侧的纵向平衡状态变得不稳定且有一个新的稳定平衡状态分支出现，其代表飞行器会发生纵向运动偏离（在偏航角速率的分岔中可以清楚看到）。这种分岔符合螺旋模态的不稳定性。

（3）在升降舵偏转的范围内，存在多个平衡态，既有稳定的也有不稳定的，分别代表不同类型的动力学特性。平衡分支是不稳定的，周围的圆圈隐含了对于平均不稳定平衡状态的振荡（周期）的最大振幅信息。这些周期解出现在 Hopf 分岔处（记为 H1 和 H2），实心圆表示稳定周期状态，空心圆表示不稳定周期状态。

（4）在过失速迎角范围，如飞行器的"上仰"和"尾旋"现象是由 Hopf

分岔引起的。最上面的不稳定解分支（虚线）代表振荡尾旋状态。表示有 1.5rad/s 大偏航角速率的稳定极限环（实线）。

通过延拓算法计算各个平衡点雅可比矩阵及其特征值和特征矢量，可以了解飞行器在该点上的局部行为。如图 8.11 中的分岔图，从图中看到尾旋平衡状态是不稳定的，通过 Hopf 分岔导致周围稳定的振荡状态。下面介绍在这样的不稳定平衡尾旋状态上系统矩阵 A 及其特征值和特征矢量。

平衡状态：

$$x^* = [Ma^* \quad \alpha^* \quad \beta^* \quad p^* \quad q^* \quad r^* \quad \phi^* \quad \theta^*]^T$$
$$= [0.175 \quad 1.263\text{rad} \quad 0.03\text{rad} \quad -0.47\text{rad/s} \quad 0.0487\text{rad/s}$$
$$-1.5\text{rad/s} \quad 0.03\text{rad} \quad -0.3\text{rad}]^T$$
$$U^* = [\eta^* \quad \delta_e^* \quad \delta_a^* \quad \delta_r^*]^T = [0.38 \quad -0.39\text{rad} \quad 0 \quad 0]^T$$

平衡状态的系统矩阵：

$$A = \begin{bmatrix} -0.3270 & -0.0295 & -0.0016 & 0 & 0 & 0 & 0.0015 & -0.0002 \\ -0.2410 & 0.0080 & 1.6500 & -0.0082 & 0.9880 & -0.0267 & 0.0012 & 0.1570 \\ 0.0380 & -1.6400 & -0.2290 & 0.9560 & 0 & -0.2930 & 0.1500 & -0.0012 \\ -1.0700 & 0.0579 & -5.3600 & -0.8550 & 1.0300 & 0.1610 & 0 & 0 \\ -7.7300 & -2.3600 & 0 & -1.5100 & -0.2000 & -0.4520 & 0 & 0 \\ -0.3080 & 0.6320 & -0.3190 & -0.0604 & 0.3800 & -0.0070 & 0 & 0 \\ 0 & 0 & 0 & 1.0000 & 0.0084 & -0.3000 & 0.0000 & -1.7200 \\ 0 & 0 & 0 & 0 & 1.0000 & 0.0280 & 1.5800 & 0 \end{bmatrix}$$

A 的特征值：

$$\lambda_s = [-0.4873 \pm 2.4826j \quad 0.044 \pm 2.351j \quad -0.2349 \quad -0.1779 \quad -0.1553 \pm 1.6374j]$$

A 的特征矢量：

$E =$					
Ma:	$-0.0001 \pm 0.0003j$	$-0.0030 \pm 0.0007j$	0.0984	-0.0487	$0.0006 \pm 0.0015j$
α:	$-0.0261 \pm 0.0061j$	$0.0906 \pm 0.2306j$	-0.3091	0.2479	$-0.1210 \pm 0.0289j$
β:	$0.0363 \pm 0.2594j$	$-0.1552 \pm 0.1810j$	0.0503	-0.0425	$0.0136 \pm 0.0228j$
p:	-0.7669	0.6339	-0.2719	0.139	$-0.0782 \pm 0.0153j$
q:	$-0.0673 \pm 0.5028j$	$-0.2884 \pm 0.4898j$	0.0856	-0.0501	$0.0592 \pm 0.2592j$
r:	$-0.1042 \pm 0.0231j$	$0.1651 \pm 0.0207j$	0.8458	-0.9234	$-0.0625 \pm 0.0385j$
ϕ:	$0.0429 \pm 0.2665j$	$-0.1698 \pm 0.1992j$	-0.0233	0.020	-0.6924
θ:	$-0.0313 \pm 0.0071j$	$0.0703 \pm 0.2361j$	-0.3084	0.2438	$-0.0968 \pm 0.6423j$

对于选定的尾旋平衡状态，有三对共轭复特征值和两个实特征值。从这组特征值中，有一对共轭复特征值的实值为正，代表一个不稳定模态。因为尾旋运动在纵向-横向动力学中高度耦合，所以无法直接将这些特征值与标准飞行器动力学模态联系起来。例如，第一对共轭复特征值及对应的（第一列）特征矢量，可以看到滚转和俯仰角速率变量量级都很大且相当，这表明在尾旋中滚转和俯仰角速率起支配作用且是耦合的。不稳定的一对特征值（λ 中的第二对）和对应的特征矢量（E 中第二列）代表类似的接近并显著的滚转和俯仰角速率。实特征值和对应的特征矢量（E 中第三、四列）显示变量 α、p、r、θ 等影响并不明显。进一步，显然纵向变量（α、θ）和横向变量（p、r）是耦合的。最后一对复共轭特征值及对应的特征矢量（E 中第五列）代表变量 ϕ 和 θ 的量级很大。有趣的是，速度的量级总体小得多，因此可以假设其平衡值变化很小。这解释了在研究尾旋动力学时速度方程不考虑的原因。

8.6.1.2 滚转机动

为了引出滚转机动的分岔分析，需要计算飞行器稳定状态下滚转角速率 p 对副翼偏转 δ_a 的函数。如之前在第 7 章中指出的，一个非零的副翼偏转会产生一个非零的滚转速率，导致飞行器的滚转运动且滚转角 ϕ 持续变化。由于 ϕ 在运动中持续变化，根据飞行器的八状态模型，稳定状态的平衡解是不可能存在的。因此滚转机动中的稳定状态并不是真正的平衡状态，它们称为伪平衡或伪稳定状态（pseudo-steady states，PSS）。

五阶飞行器模型——PSS 模型在研究滚转机动中非常有用。PSS 模型（见附录 8.3）忽略了具有较慢时间尺度的变量 V、θ、ϕ，只处理具有较快时间尺度的变量 α、β、p、q、r。因此，PSS 模型的特征值大致相当于横向和纵向运动耦合中的快动力学模态，即短周期、滚转和荷兰滚。附录 8.3 中给出的飞行器滚转机动模型起始于对应 $\delta_e = -2°$ 的水平配平。从图 8.12 中可以看到利用 PSS 模型的数值延拓得到的分岔解。

大家已很熟悉飞行器滚转耦合或惯性耦合问题中的非线性行为。图 8.12 中的分岔解显示了滚转动力学中飞行器滚转角速率的跳跃、自旋和反旋三种典型的非线性行为。滚转角速率 p 上的箭头相对副翼偏转 δ_a 的对比表明了滚转角速率是如何随副翼偏转变化的。观察图 8.12 可以得出如下结论：

（1）当副翼向反方向偏转时，滚转角速率近乎线性增加（正向），并如预期一样指向 A 点。

（2）惯性耦合引起的非线性效应表现为 A 点的鞍型分岔，在此可以看到滚转角速率有一次跳跃。滚转角速率的跳跃也引起了其他变量的跳跃。

(3) 副翼偏转角的进一步增大使滚转角速率往左向上稳定分支移动。值得注意的是从高滚转角速率分支偏转副翼到其中立位置的恢复过程时，飞行器仍保持在高滚转角速率分支解上，且当副翼偏转为 0 时，可以看到滚转角速率仍为正（用实心圆代表），其代表一个"自旋"情况。

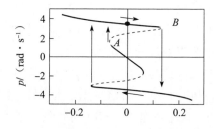 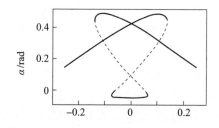

（a）滚转角速率平衡状态随副翼偏角变化曲线　　（b）迎角平衡状态随副翼偏角变化曲线

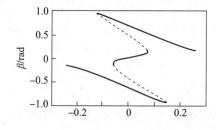 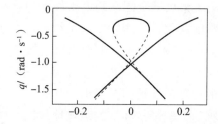

（c）侧滑角平衡状态随副翼偏角变化曲线　　（d）俯仰角速率平衡状态随副翼偏角变化曲线

图 8.12　PSS 模型以副翼为参变量的分岔曲线（$\delta_e = -2°$，$\delta_r = 0$）

（实线代表稳定状态；虚线代表不稳定状态。）

(4) 副翼跨越中立位置并进一步降低（增长为正值）仍会导致正的滚转角速率，并引起"反转"情况。

(5) 可以在鞍点或褶皱分岔点 B 观察到滚转角速率的跳跃，此外滚转角速率降至一个大的负值，引起了一个滚转动力学中的"迟滞"环（由箭头指出）。

对分岔图的观察中注意到，它们仅从飞行器的一个可变控制参数中得出，而其他参数则保持固定值。飞行器通常在至少一个以上控制的约束条件下飞行。例如，运输机的常规飞行包括起飞、巡航、盘旋和降落，所有这些都是约束飞行条件。巡航是一个飞行器机翼水平（0 倾斜）的纵向配平飞行状态，飞行航迹为直线且高度不变（飞行航迹倾角为 0），侧滑角也为 0。在巡航飞行中，油门和升降舵偏度在改变飞行器速度和/或迎角时是相互协调的。接下来本书将通过使用扩展分岔分析方法研究这样的飞行器实际飞行情况。

8.7 扩展分岔分析

在之前的章节中，通过对简单模型的分析，研究了飞行器的单个动力学模态，即短周期、长周期、滚转、螺旋和荷兰滚模态。接下来，用全六自由度模型再一次研究这些模态，并建立一个数字程序通过数值模拟来计算这些模态。如之前介绍，动力学模态代表了飞行器在平衡点附近的小扰动行为。

首先针对水平定直飞行的配平计算，结果应该与之前章节中用更简略方法得出的近似模型很接近。然后将扩展分岔分析（EBA）方法运用于水平转弯配平飞行，这种情况就不易使用近似分析来简单地处理了，EBA 可以解决这个问题，但是只能给出数字解而无法得出分析解。

为了得出一个配平约束条件下的分岔分析，需要有不止一个控制以协调运动参数变化，从而始终满足约束。例如，为了维持水平定直飞行，发动机油门应用于控制速度，同时升降舵被用来改变迎角从而保持由 $L=W$、$T=D$、$M_{CG}=0$ 定义的配平条件。类似地，为了改变水平转弯配平飞行中的角速率，所有的控制都要被同时操纵、互相配合从而满足约束条件。为了研究飞行器在这种约束配平条件下的稳定性，以及为了研究约束配平飞行下可能的失稳和偏离（分岔），计算分岔图时考虑约束条件就变得非常重要。一种计算飞行器在约束飞行中分岔图的方法在参考文献 3 中给出过。这种方法包含两步：在第一步，通过求解一个包含约束条件的扩展非线性代数方程组来计算约束条件，$g(x)=0$：

$$f(x,p_1,p_2,u)=0, \quad g(x)=0 \tag{8.72}$$

处理代表约束的附加方程时，为了问题的适定性，需要许多额外的未知数。一些控制参数 $p_1 \in U$ 被放开，同时其他参数 $p_2 \in U$ 保持不变。因此一个拓展方程组的延拓给出了控制参数间的关系 $p_1(u)$，从而使飞行条件的约束得到满足。所以在一定迎角范围的水平定直飞行配平的延续中，在方法的第一步可以得到油门随升降舵偏转变化而变化的关系 $\eta=\eta(\delta_e)$。第二步，为了计算约束配平条件的稳定性并计算分岔图（可能会表明一个从约束飞行条件从失稳点的偏离），在第一步中计算得出的关系也包含在模型中，并得出方程的第二次延拓：

$$\dot{x}=f(x,p_1(u),p_2,u) \tag{8.73}$$

注意只有放开了的参数组 $p_1(u)$ 随变量 u 变化，p_2 保持不变。进一步可计算在约束条件下系统的分岔图。

8.7.1 水平定直飞行配平

为了计算飞行器在水平飞行配平条件中稳定性的平衡解分支，给出了方程（8.72）和方程（8.73）的两步延拓的步骤。第一步中，含有约束的飞行器运动方程，即

$$\dot{x}=f(x,\delta_e,\eta,\delta_a,\delta_r)=0, \quad \phi=0, \quad \beta=0, \quad \gamma=0 \tag{8.74}$$

将升降舵偏角 δ_e 作为延拓参数对上述方程联立求解，在这一步中，其他控制参数 η、δ_a、δ_r 被放开为额外变量，从而使得数学问题符合定义。因此，从这一步可以得到所有可能的满足水平定直飞行配平条件的平衡解，并且被放开的控制参数变量 η、δ_a、δ_r 作为升降舵偏转的函数，即 $\eta(\delta_e)$、$\delta_a(\delta_e)$、$\delta_r(\delta_e)$，它们称为控制表。例如，发动机油门应该如何随升降舵偏转而变化，以改变水平定直飞行条件中的迎角或速度，从一个配平达到另一个配平状态。然而，第一步并没有给出准确的稳定性信息，因为目前可用的延拓算法无法区分飞行器方程和约束方程。这导致需要计算一个更大的雅可比矩阵（本例中为 11×11）及其 11 个特征值，其阶数超过了动力学方程组。因此第二个延拓被用来确认约束配平状态准确的稳定性。在第二步中，给出了包含控制表 $\eta(\delta_e)$、$\delta_a(\delta_e)$、$\delta_r(\delta_e)$ 的飞行器模型的延拓：

$$\dot{x}=f(x,\delta_e,\eta(\delta_e),\delta_a(\delta_e),\delta_r(\delta_e)) \tag{8.75}$$

这一步的结果为满足水平定直飞行配平条件并包含准确稳定性信息的平衡分支，同时也得出了由于动力学模型变得不稳定而产生的分岔解分支。

图 8.13 中展示了用两步延拓步骤求得的 F-18/HARV 水平定直飞行配平状态的分岔分析解，图 8.13(a) 给出了控制表的参数 $\eta(\delta_e)$、$\delta_a(\delta_e)$、$\delta_r(\delta_e)$ 与 δ_e 的关系曲线，其中 η 为推力 T 和最大可用推力之比。图中推力系数关系用实线表示，副翼偏角关系用点画线表示，方向舵偏角则用虚线表示。在图 8.13(b) 中，水平定直飞行配平状态用点表示，实线表示稳定配平，虚线为不稳定配平；空心方块是岔型分岔点，实心方块则是 Hopf 分岔点。在水平定直飞行配平分支中（$\gamma=\beta=\phi=0$），可以看到在参数 δ_e 变化到临界值时存在一些分岔。在一些平衡点出现不满足平飞约束的平衡分支，表明此时从约束飞行出现偏离。文中同时计算了每个配平状态的特征值和特征矢量，从中可以获得动力学模态特性。接下来，从图 8.13 中任意选取两个水平定直飞行配平状态来研究典型的模态，其中一个是稳定的，另一个是不稳定的。

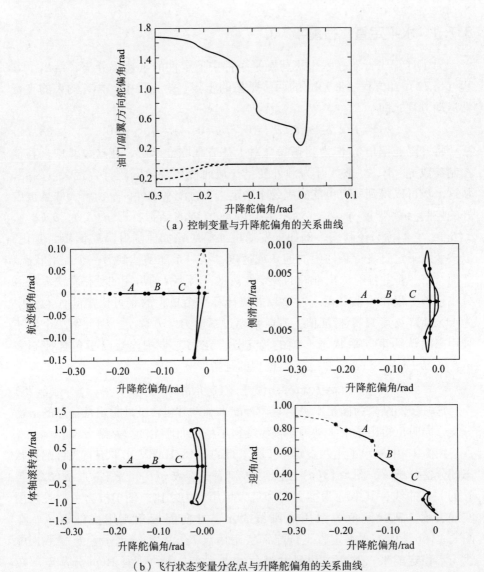

(a) 控制变量与升降舵偏角的关系曲线

(b) 飞行状态变量分岔点与升降舵偏角的关系曲线

图 8.13　控制变量和飞行状态变量分叉点与升降舵偏角的关系曲线

平衡状态：

$$x^* = [Ma^* \quad \alpha^* \quad \beta^* \quad p^* \quad q^* \quad r^* \quad \phi^* \quad \theta^*]^T$$
$$= [0.386 \quad 0.078\text{rad} \quad 0 \quad 0 \quad 0 \quad 0 \quad 0 \quad 0.078\text{rad}]^T$$
$$U^* = [\eta^* \quad \delta_e^* \quad \delta_a^* \quad \delta_r^*]^T = [0.25 \quad -0.038\text{rad} \quad 0 \quad 0]^T$$

系统矩阵：

$A=$	Ma	α	β	p	q	r	ϕ	θ
	-0.016	-0.010	0	0	0	0	0	-0.0287
	-0.382	-1.080	0	0	0.990	0	0	0
	0	0	-0.199	0.0787	0	-0.995	0.0741	0
	0	0	-12.9	-2.57	0	0.792	0	0
	0	-0.832	0	0	-0.365	0	0	0
	0	0	1.62	-0.049	0	-0.134	0	0
	0	0	0	1.0	0	0.079	0	0
	0	0	0	0	1.0	0	0	0

A 的特征值：

$$\lambda = [\underbrace{-0.727 \pm 0.83j}_{\text{短周期}} \quad \underbrace{-0.003 \pm 0.086j}_{\text{长周期}} \quad \underbrace{-2.43}_{\text{滚转}} \quad \underbrace{-0.236 \pm 1.53j}_{\text{荷兰滚}} \quad \underbrace{-0.0009}_{\text{螺旋}}]$$

A 的特征矢量

$E=$					
Ma:	$-0.0169 \pm 0.0008i$	$-0.0419 \pm 0.3091i$	0.0	0.0	0.0
α:	0.6287	$0.0096 \pm 0.0353i$	0.0	0.0	0.0
β:	0.0	0.0	-0.0084	$-0.15 \pm 0.08i$	-0.0058
p:	0.0	0.0	0.9241	0.8108	0.0066
q:	$-0.23 \pm 0.5285i$	$-0.0026 \pm 0.0817i$	0.0	0.0	0.0
r:	0.0	0.0	0.0258	$-0.0766 \pm 0.1914i$	-0.0726
ϕ:	0.0	0.0	-0.3811	$-0.0695 \pm 0.5150i$	-0.9973
θ:	$-0.223 \pm 0.4718i$	-0.9459	0.0	0.0	0.0

显然，对该平飞平衡状态所有特征值的实部均为负，因此这个平衡状态是稳定的。所有的特征值都明显分布于复平面的不同位置，根据如下方法容易指出哪个特征值对应哪个状态。注意系统矩阵 A 和由特征矢量组成的矩阵 E 显然可分为两个 4×4 矩阵（非零值），这代表着纵向和横向运动中的变量解耦。为了清晰起见，此处的系统矩阵 A 将纵向和横航向变量明确分开并重新写为

$A=$	Ma	α	q	θ	β	p	r	ϕ
	-0.016	-0.010	0	-0.287	0	0	0	0
	-0.382	-1.080	0.99	0	0	0	0	0
	0	-0.832	-0.365	0	0	0	0	0
	0	0	1.0	0	0	0	0	0
	0	0	0	0	-0.199	-0.0787	-0.995	0.074
	0	0	0	0	-12.9	-2.57	0.792	0
	0	0	0	0	1.62	-0.049	-0.134	0
	0	0	0	0	0	1.0	0.079	0

对 A 阵重排后明显看到水平定直飞行配平条件中纵向和横航向动力学的解耦。

进一步观察可以得到如下结论：

（1）第一对共轭复特征值在复平面左侧，远离虚轴阻尼最高、频率最大/周期最短，它们是短周期特征值。相应的特征矢量（E 中第一列）表明变量 α、β、θ 具有最大值，该模态主要表现俯仰为运动，而速度几乎不变。

（2）第二对特征值（λ 中第二项）阻尼最小、周期最长/频率最低，对应长周期运动。从 E 中第二列里对应的特征矢量可以进一步证实，该运动模态中 Ma、θ 的变化很显著，α、q 变化很小。

（3）第三对实轴上特征值是最远的，可以猜测其对应了大阻尼的滚转模态。相应的特征矢量证实了这种猜想，其表明运动在变量 p、ϕ 上很显著，而在变量 β、r 上变化较小。

（4）第三对共轭复特征值代表振荡荷兰滚模态。对应的特征矢量表明该模态中所有横向变量 β、r、p、ϕ 上都变化显著。

（5）最后一个实轴上的特征值接近复平面上的原点，代表螺旋模态。

在下一个例子中，选择图 8.13 中一个不稳定的平飞配平状态进行分析。

平衡状态：

$$\boldsymbol{x}^* = \begin{bmatrix} Ma^* & \alpha^* & \beta^* & p^* & q^* & r^* & \phi^* & \theta^* \end{bmatrix}^\mathrm{T}$$
$$= \begin{bmatrix} 0.265 & 0.157\mathrm{rad} & 0 & 0 & 0 & 0 & 0 & 0.157\mathrm{rad} \end{bmatrix}^\mathrm{T}$$
$$\boldsymbol{U}^* = \begin{bmatrix} \eta^* & \delta_e^* & \delta_a^* & \delta_r^* \end{bmatrix}^\mathrm{T} = \begin{bmatrix} 0.32 & -0.02\mathrm{rad} & 0 & 0 \end{bmatrix}^\mathrm{T}$$

系统矩阵：

第8章 计算飞行动力学

$A=$	Ma	α	p	β	q	r	ϕ	θ
	-0.0317	-0.018	0	0	0	0	0	-0.0287
	-0.796	-0.693	0	0	0.991	0	0	0
	0	0	-0.15	0.157	0	-0.986	0.107	0
	0	0	-7.82	-1.61	0	0.798	0	0
	-0.0002	-0.360	0	0	-0.233	0	0	0
	0	0	0.838	-0.0294	0	-0.0932	0	0
	0	0	0	0	0	0.158	0	0
	0	0	1.0	0	0	0	0	0
	0	0	0	0	1.0	0	0	0

矩阵 A 的特征值：

$$\lambda = [\underbrace{-0.48 \pm 0.538j}_{\text{短周期}} \quad \underbrace{0.002 \pm 0.125j}_{\text{长周期}} \quad \underbrace{-1.348}_{\text{滚转}} \quad \underbrace{-0.256 \pm 1.319j}_{\text{荷兰滚}} \quad \underbrace{0.0083}_{\text{螺旋}}]$$

A 的特征矢量：

$E=$					
Ma:	$-0.0343 \pm 0.007i$	$-0.046 \pm 0.2139i$	0.0	0.0	0.0
α:	-0.6936	$0.041 \pm 0.0798i$	0.0	0.0	0.0
β:	0.0	0.0	-0.0233	$0.142 \pm 0.1206i$	-0.0124
p:	0.0	0.0	0.8	-0.7846	0.0083
q:	$-0.176 \pm 0.383i$	$-0.0019 \pm 0.121i$	0.0	0.0	0.0
r:	0.0	0.0	0.0343	$-0.0623 \pm 0.1155i$	-0.1046
ϕ:	0.0	0.0	-0.5978	$0.0967 \pm 0.5684i$	-0.9944
θ:	$-0.2329 \pm 0.5348i$	0.9641	0.0	0.0	0.0

从平衡状态的各组特征值中，观察到一个实特征值和一对共轭复特征值的实部为正，表明该平衡状态是不稳定的。不稳定的特征值对应长周期和螺旋运动模态。通过对应的特征矢量，可以看到不同变量对各模态的贡献大小。

8.7.2 协调（零侧滑）水平转弯配平

水平转弯是一种在相对地面等高的水平飞行面上的曲线飞行机动。水平转弯要求速度矢量 V 限定在等高平面上，因此飞行航迹倾角 $\gamma=0$ 必须随时满足。在稳定（无加速）水平转弯中，一个半径固定的圆形航迹实质上由飞行器倾斜至某常值倾斜角 ϕ 来完成。倾斜导致升力分量 $L\sin\phi$，其指向圆形航迹的中

心（图 1.10(c)），平衡了离心力，因此

$$L\sin\phi = m\frac{V^2}{R} \tag{8.76}$$

随时都成立，其中 R 为圆形航迹半径。升力的另一个分量 $L\cos\phi$，则与飞行器重力平衡。因此

$$L\cos\phi = W \Rightarrow \cos\phi = \frac{1}{L/W} = \frac{1}{n} \tag{8.77}$$

其中，n 为负载系数。在稳定的水平转弯中，固定的倾斜角也意味着固定的负载系数。进一步，方程（8.76）除以方程（8.77），可得

$$\tan\phi = \frac{V^2}{Rg} \Rightarrow \frac{V^2}{Rg} = \sqrt{n^2-1} \Rightarrow \frac{\omega^2 R}{g} = \sqrt{n^2-1} \tag{8.78}$$

其中，ω 为转弯速率，$\omega = V/R$。

根据可用推力和维持转弯机动所需的推力，在水平转弯配平中也需要满足 $T=D$。对于固定的负载系数，配平中固定的速度代表转弯半径和转弯速率为常数（如方程（8.78）所示）。注意到（见第 6 章）当飞行器倾斜进入转弯时，重力分量 $W\sin\phi$ 的作用使飞行器向内侧机翼方向侧滑，这在水平转弯中是需要被抑制的。为此通过方向舵来保持侧滑角 $\beta=0$。因此，水平转弯配平飞行的 2 个约束方程为

$$\gamma=0, \quad \beta=0$$

第三个约束方程如表 8.3 所示，可以通过不同方式给出固定推力或迎角或负载系数（等效于倾斜角）。

表 8.3　水平转弯机动的约束小结（对应于后面的图 8.15）

分支	约束	自由参数	固定参数
A	$\gamma=0$, $\beta=0$	δ_a, δ_r	$\eta=1.0$
B	$\gamma=0$, $\beta=0$, $\alpha=0.63\mathrm{rad}(=\alpha_{CL\max})$	δ_a, δ_r, η	—
C	$\gamma=0$, $\beta=0$, $\mu=1.38\mathrm{rad}(n_{\max}=5.4)$	δ_a, δ_r, η	—

水平转弯配平的扰动运动在纵向和横向运动中是耦合的，例如，如果 R 增加一点，其他参数都保持不变，则向心力将增加。在方程（8.76）中，V 或 ϕ 或者两个同时必须增加，所以长周期、滚转、荷兰滚和螺旋模态都将同时存在。

此处以一个符合最大可用推力（$\eta=1.0$）的水平转弯配平状态为例。
平衡状态：

$$\boldsymbol{x}^* = \begin{bmatrix} Ma^* & \alpha^* & \beta^* & p^* & q^* & r^* & \phi^* & \theta^* \end{bmatrix}^\mathrm{T}$$

第8章 计算飞行动力学

$$= [0.24 \quad 0.372\text{rad} \quad 0 \quad 0.033\text{rad/s} \quad 0.107\text{rad/s} \quad -0.084\text{rad/s}$$
$$-0.905\text{rad} \quad 0.236\text{rad}]^T$$

$$\boldsymbol{U}^* = [\eta^* \quad \delta_e^* \quad \delta_a^* \quad \delta_r^*]^T = [1.0 \quad -0.103\text{rad} \quad 0.044\text{rad} \quad 0.013\text{rad}]^T$$

从图 8.15 中看到，该平衡状态符合 F-18/HARV 模型中的最大稳定持续转弯率（sustained turn rate，STR），由以下特征值分析可以得出这个平衡状态是稳定的结论。

系统矩阵：

$A=$	Ma	α	β	p	q	r	ϕ	θ
	-0.0987	-0.0341	0.0219	0	0	0	-0.008	-0.0275
	-0.9120	-0.2720	0	0	0.9920	0	-0.0845	0.0260
	-0.3760	-0.0016	-0.1430	0.3640	0	-0.932	0.0712	-0.0219
	-0.3930	0.4090	-11.40	-0.8810	-0.0552	0.8540	0	0
	0.1220	-0.3820	0	0.0804	-0.2260	-0.0314	0	0
	0.0130	-0.0299	0.2810	-0.0849	0.0264	-0.1040	0	0
	0	0	0	1.0000	0.1900	0.1490	0	0.1440
	0	0	0	0	0.6170	-0.7870	-0.1360	0

矩阵 A 的特征值：

$$\lambda = [\underbrace{-0.303 \pm 2.073j}_{\text{耦合荷兰滚}} \quad \underbrace{-0.056 \pm 0.181j}_{\text{耦合长周期}} \quad \underbrace{-0.498}_{\text{耦合滚转}} \quad \underbrace{-0.25 \pm 0.585j}_{\text{耦合短周期}} \quad \underbrace{-0.0084}_{\text{耦合螺旋}}]$$

在这一配平条件下所有特征值实部均为负，因此该水平转弯配平状态是稳定的。

A 的特征矢量：

$E=$					
Ma:	$0.001 \pm 0.0002j$	$-0.0263 \pm 0.1446j$	0.0136	$-0.0245 \pm 0.0544j$	-0.152
α:	$0.0002 \mp 0.0017j$	$0.0336 \pm 0.0166j$	-0.0135	-0.6603	0.0595
β:	$-0.0464 \mp 0.1583j$	$0.0086 \mp 0.0128j$	0.0054	$-0.0324 \pm 0.0118j$	0.0097
p:	0.8891	$-0.0894 \pm 0.0743j$	-0.438	$-0.0894 \mp 0.0743j$	-0.0441
q:	$-0.0016 \mp 0.0346j$	$-0.0072 \pm 0.118j$	0.0922	$-0.0531 \mp 0.4257j$	-0.202
r:	$-0.0176 \pm 0.0444j$	$-0.0162 \mp 0.0511j$	-0.1058	$0.0079 \mp 0.0143j$	-0.0274
ϕ:	$-0.0617 \mp 0.4183j$	$0.4074 \mp 0.2788j$	0.8869	$-0.3165 \pm 0.2169j$	-0.7187
θ:	$-0.0012 \mp 0.0101j$	0.8381	-0.0392	$-0.408 \pm 0.1676j$	0.6428

尽管这一飞行条件下纵向和横向运动是耦合的，这一平衡状态下的动力学模态明显分布于复平面的不同位置，因此特征值可以名义上代表"类短周期""类长周期"模态等。然而，特征矢量分析这些特征值并不能代表典型的五种飞行动力学模态。

8.7.3 性能和稳定性分析

EBA 方法将飞机点性能分析和稳定性分析结合在一起。毕竟飞机性能涉及飞机的多种配平（稳定）状态，例如不同的水平定直飞行配平涉及速度变化，直线爬升配平涉及不同爬升角，水平转弯涉及不同负载系数等。如何得到空气动力效率最高时的配平速度，或是爬升率最高时的爬升角是值得研究的问题。这种情况下，通常求出与一个普通状态（比如纵向平面上的直线爬升飞行）相关的所有稳定状态分支。如果这些状态的稳定性能够同时被计算出来，并能够从稳定点的角度判断具有最优性能参数的配平状态的稳定性将具有重要价值，而这正是 EBA 方法能够做到的。EBA 方法能计算由一组约束限定的配平及每个配平状态的稳定性族。因此，EBA 方法可利用同一个程序计算飞机性能和稳定性。此外，EBA 方法还能找出整个配平点族中的失稳点和新的稳定配平族（并不满足原来的约束）。

8.7.3.1 水平定直飞行配平

在飞机性能分析中通常进行随不同油门设置水平定直飞行配平的研究。由于阻力系数 C_D 相对于升力系数 C_L 为二次特性关系，通常对于每种油门设置可以得到高速（或高马赫）低速两种配平状态。这组低速解也称为"动力曲线反区"配平，从"速度稳定性"角度看它通常是不稳定的。也就是说，当飞机速度从"动力曲线反区"配平状态降低，阻力变化大于推力变化，导致速度继续进一步降低等，因此是不稳定的。这种"速度稳定性"的特别概念在关于飞机性能的书籍中已有介绍。

让我们看一看图 8.14 给出了水平定直飞行配平的 EBA 计算结果。EBA 程序同时也计算出了平衡状态的稳定性，其信息在图 8.14 中用点进行了标注，在图 8.14(b)、图 8.14(c) 中，实线代表稳定配平状态，虚线表示不稳定配平状态；分岔点类型中，实心方块表示 Hopf 分岔点，空心方块表示岔型分岔点。图 8.14(a) 给出了 F-18/HARV 飞机（附录 8.2）小迎角模型下的水平定直飞行中推力需求与对应马赫数的关系曲线。曲线 D-C-B-A-E 看上去符合抛物线型阻力极曲线的二次规律。处于曲线底部的需求最小推力或最小阻力配平条件是飞行器设计的性能参数之一。但注意"动力曲线反区"一直到 B 以及 C 和 D 之间的分段都是稳定的。这里的稳定性表明所有的飞机动力学模态，即包括短周期、长周期、滚转、荷兰滚和螺旋，都是稳定的。B 点的 Hopf 分岔表明一对共轭复特征值穿过了右半复平面（图 8.14(d)），其为长周期运动的特征值；由于速度是长周期运动特征矢量的关键分量，长周期不稳定又经常被认为是"速度不稳定"。然而，如图 8.14(a) 所示，并非所有"动力曲线反区"上的配平都是不稳定的，仅有一部分是。因此，对于飞机性能中"速度稳定性"，普遍的认知是通过比较推力和阻力的变化，而这是不对的。相反，如图 8.14 中使用 EBA 方法所做的一样，先评估所有动力学模态，然后判断平衡状态的稳定性是更合适与恰当的。

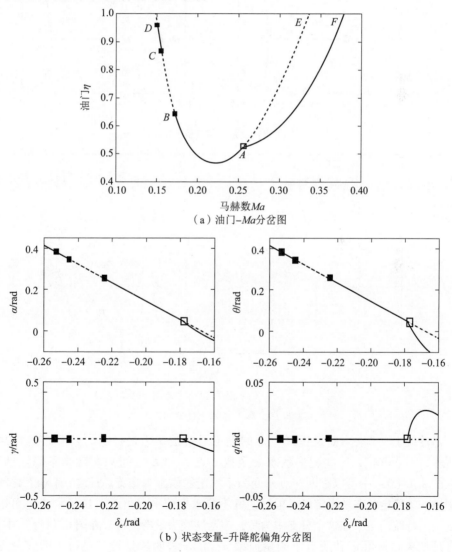

(a) 油门-Ma 分岔图

(b) 状态变量-升降舵偏角分岔图

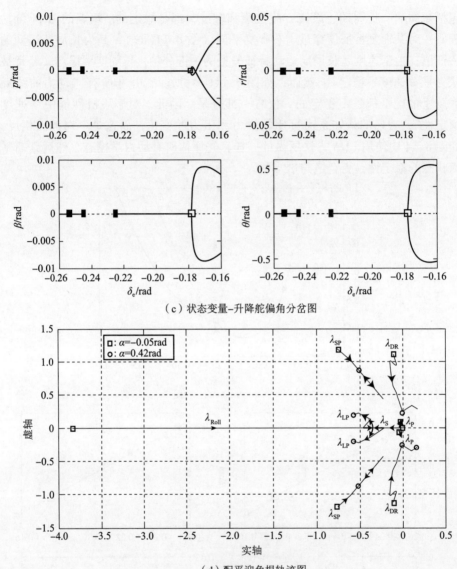

(c) 状态变量-升降舵偏角分岔图

(d) 配平迎角根轨迹图

图 8.14 水平直线飞行分岔图

传统上,"动力曲线正区"上的配平通常被认为是稳定的。但如图 8.14 所示,对于本例,这些配平状态大多数(点 A 和 E 之间)实际是不稳定的。从图 8.14(d) 中可以推断在点 A 变为不稳定的模态为螺旋。反之,A 和 F 之间的另一支稳定状态是稳定的,但这些并不是水平配平。在图 8.14(b) 中,可以看到飞行航迹角 γ 在这个分支中为负,表明这些为下滑飞行。在图 8.14(c) 中,合理的大倾斜角 ϕ 和所有小的角速率 p、q、r 表明这是转弯飞行。因此分支

A-F 代表空间中螺旋向下的下降转弯，且为稳定配平。

事实上，分支 A-E 上的螺旋不稳定性通常是柔和的，飞行员可以通过持续的操纵调整将飞机维持在水平定直飞行状态，即不稳定性可以通过飞行控制来解决。

8.7.3.2 水平转弯机动

这种机动的性能曲线通常用转弯速率和速度之间或是相对速度的转弯半径的图来表示。其中最大可能速率转弯（或称为最快转弯）和最小可能半径转弯（或称为最紧转弯）最值得关注，这两种转弯的速率被用来作为性能参数——①最大持续转弯速率（sustained turn rate，STR），其中"持续"说明推力等于阻力。因此，速度（以及转弯速率）可以随时间维持。②最大瞬时转弯速率（instantaneous turn rate，ITR），这时推力-阻力平衡不再维持，通常推力小于阻力，说明速度在减小，因此转弯速率随时间不能维持。

依所用约束，转弯性能通常有三种不同的解。在每一种解中都采用了水平飞行条件和零侧滑条件，即 $\gamma=0$ 且 $\beta=0$。不同点在于三种约束的性质，其可以是①推力限定，固定推力，通常为最大军用推力；②升力限定，固定 C_L，通常为对应失速的最大 C_L，或略小于失速的 C_L；③负载系数限定，固定负载系数，通常为最大负载系数。这些对于水平转弯机动分岔分析的约束列于表 8.3 中，表中同时也列出了图 8.15 中计算水平转弯配平解分支得出的自由和固定参数，图中的实线代表稳定配平状态，虚线代表不稳定配平状态；其中的空心方块表示岔型分岔点，实心方块表示 Hopf 分岔点。

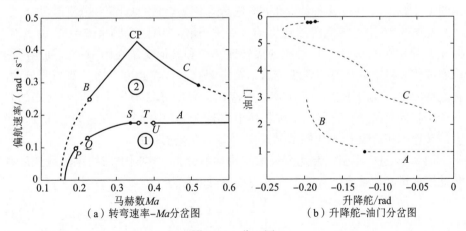

（a）转弯速率-Ma分岔图　　（b）升降舵-油门分岔图

图 8.15　分叉图

在图 8.15(a) 中，F-18/HARV 飞机模型对应于三种不同约束条件的水平转弯机动的转弯速率以马赫数函数的形式表示。分支 A 由固定最大可用推力对应的水平转弯配平解组成，分支 B 由失速迎角 α_{stall} 定义的气动边界对应的水平转弯配平解组成，分支 C 由最大负载系数（$n_{\max}$）值定义的结构极限对应的水平转弯配平解组成。图 8.15(b) 中显示对于水平转弯配平解分支 B 和 C，需用推力（从油门角度）超出了最大值 1.0，但对于解分支 A，油门固定为最大值 1.0。解分支 A 上的每个点代表最大可用推力下一个特定配平速度和一个固定负载系数对应的水平转弯配平，所以分支 A 代表飞机每个速度下能达到的最大 STR。分支 A 下方的区域"1"是所有水平转弯配平解都为稳定时可能的 STR 机动区域。如果忽视稳定性，分支 A 上的点 T 为对应最大 STR 的水平转弯配平解。考虑稳定性的最大 STR 对应点为 S。在分支 A 上点 P 和 Q、S 和 U 之间，水平转弯配平是不稳定的。图 8.15(a) 中的区域"2"代表被限制在最大转弯速率解分支 B（对应失速极限）和 C（对应结构极限）之间的瞬间转弯区域。所以对应特定马赫数，最大 ITR 可以在分支 B 和 C 上找到。角点 CP 为最大 ITR 对应的水平转弯配平状态，它是稳定的。但注意通过允许 $\eta>1$，在分支 B 和 C 上的配平是人为强制实现的。

8.7.3.3 滚转机动中的最大滚转速率

从之前对 PSS 模型分岔分析结果（图 8.12）中看到，由于惯性耦合不稳定性和在临界副翼偏角发生的鞍型分岔，最大预跳滚转速率被限制为有限值。我们知道随着副翼偏角增大导致侧滑角增大是失稳的主要原因。为了限制滚转机动中侧滑角的增大，人们提出了许多策略；其中，较为普遍的对策是副翼-方向舵交联（Aileron-to-rudder Interconnect，ARI）规则。ARI 规则是利用附录 8.3 中给出的飞行器数据，基于多种约束和 PSS 滚转速率稳定性信息计算和分析得到的。

在图 8.16 中，零侧滑滚转机动（在 PSS 模型中包含约束 $\beta=0$）的 ARI、$\delta_\mathrm{r}(\delta_\mathrm{a})$ 显示在图 8.16(a) 对应的滚转速率解和其他变量在图中一起列出。图中实线代表稳定解状态，虚线表示不稳定解状态；空心方块表示跨临界分岔。在这些图中，我们注意到随着 ARI 的应用，鞍型分岔消失了；取而代之的是一个跨临界分岔点，它避免了跳跃和相关滚转机动中的非线性行为。此外，最大滚转速率相比没有 ARI 的情况（图 8.12）也略有增加。

图 8.16 进一步引出绕速度矢滚转机动的分析。本例中的约束为线速度和角速度矢量必须重合。数学上，这一约束可以写为

$$\frac{\boldsymbol{V}\cdot\boldsymbol{\omega}}{|\boldsymbol{V}||\boldsymbol{\omega}|}-1=0 \tag{8.79}$$

也可以简写为

$$\frac{p+q\beta+r\alpha}{\sqrt{p^2+q^2+r^2}}-1=0 \tag{8.80}$$

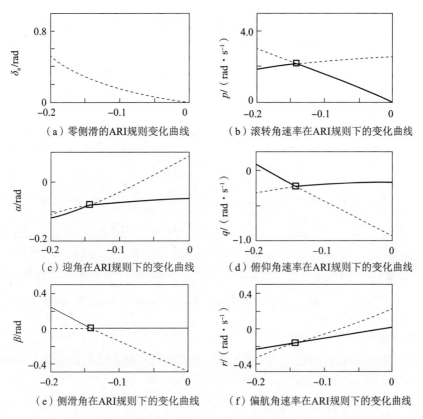

图 8.16 副翼-方向舵交联（ARI）规则和相应的 PSS 解（零侧滑滚转）

通过方程（8.80）的 ARI 约束来延拓 PSS 模型得到的绕速度矢滚转解计算结果为图 8.17(a) 所示。图中实线表示稳定状态，虚线表示不稳定状态；空心方块代表跨临界分岔点。绕速度矢滚转没有得到更好的最大滚转速率，但能实现与零侧滑滚转机动（$\delta_a \approx -0.15\text{rad}$，$\delta_r \approx 0.25\text{rad}$）相比更低的副翼偏转角和更低的方向舵偏转角（$\delta_a \approx -0.11\text{rad}$，$\delta_r \approx 0.12\text{rad}$）。两种情况中都能得到 2rad/s 左右的最大滚转速率。

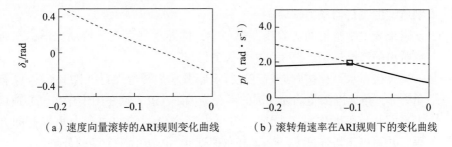

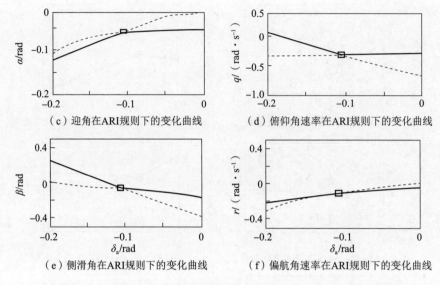

(c) 迎角在ARI规则下的变化曲线   (d) 俯仰角速率在ARI规则下的变化曲线

(e) 侧滑角在ARI规则下的变化曲线 (f) 偏航角速率在ARI规则下的变化曲线

图 8.17　副翼 - 方向舵交联规则和相应的 PSS 解（速度矢量滚转）

练习题

8.1　一架推力矢量飞机在一次垂直起飞中需要沿当地垂线的推力为 $T=40\text{kN}$。如果飞行器的姿势由欧拉角给出，为 $[\phi\ \theta\ \psi]=[5\ 10\ 0]$ 度，求推力沿机体坐标轴的分量。

8.2　风轴系中速度为 $V=[100\text{m/s}\ 0\ 0]^\text{T}$，风轴系的方向由迎角 $\alpha=30°$，侧滑角 $\beta=30°$ 确定。求速度沿机体坐标轴的分量。

8.3　求附录 8.2 给出的 F-18 小迎角数据的配平条件：①$\alpha=5°$ 下的水平定直飞行条件；②$\alpha=5°$ 下负载系数 $n=1.4$ 的水平转弯。

8.4　给出练习题 8.3 中配平计算的稳定性分析（提示：可以使用附录 8.1 中的线性方程组来构建系统矩阵 A，找出 A 的特征值（使用 MATLAB 中的 $[e,v]=\text{eig}(A)$ 命令），然后观察它们在复平面中的位置）。

8.5　MATLAB 输出也给出了练习题 8.4 中的特征矢量。在这些特征矢量中识别典型的飞行器动力学模态。

8.6　从附录 8.1 中给出的八阶线性模型中，推导本书为飞行器动力学模态研究给出的降维模型。思考其中涉及的假设。

8.7　一架飞机在水平面按圆形航迹进行零侧滑水平转弯飞行（图 6.6）。倾斜角为 ϕ，角速度矢量为 ω，圆的半径为 R，Y 和 Z 轴在图中标出，X 轴在书平面并与速度矢量 V 同向。写出沿三个坐标轴的力和力矩平衡的方程，并写出飞机速度 u、v、w 和角速度 p、q、r 沿三个轴的分量。

8.8 假设一个原点在 $(0,-H)$ 的坐标轴系，X^E 轴向左，Z^E 轴向下。一架飞机以半径 R 和固定速度 V 沿顺时针进行完美环形飞行，如图 1.10(c) 所示，航迹坐标由如下方程给出：

$$X^E = R\sin\gamma, \quad Z^E = -H + R\cos\gamma$$

求出飞行中保持速度不变的推力变化相对 γ 的方程。

8.9 附录 8.3 中给出的 PSS 模型描述了飞行器的快速动力学。①由这些方程，基于附录 8.3 中的数据，求出一个代表协调滚转的配平状态条件。②找出这些方程的一个线性模型；③从线性模型中，分析①中求得的配平状态的稳定性；④研究③中计算出的特征矢量。

附录 8.1 小扰动方程

$$\Delta\dot{V} = -\left(\frac{\rho V S}{m}C_D + \frac{\rho V^2 S}{2ma}C_{DMa}\right)^* \Delta V + \left(\frac{T\sin\alpha}{m} - \frac{\rho V^2 S}{2m}C_{D\alpha} - g\cos\gamma\right)^* \Delta\alpha -$$

$$g\cos\gamma^* \Delta\theta + \left(\frac{\cos\alpha}{m}\right)^* \Delta T - \left(\frac{\rho V^2 S}{2m}C_{D\delta_e}\right)^* \Delta\delta_e$$

$$\Delta\dot{\alpha} = \left(\frac{T\sin\alpha}{mV^2} - \frac{C_L \rho S}{2m} - \frac{\rho S V}{2ma}C_{LMa} - \frac{g}{V^2}\cos\gamma\right)^* \Delta V + \left(\frac{g}{V}\sin\gamma - \frac{T\cos\alpha}{mV} - \frac{\rho V S}{2m}C_{L\alpha}\right)^* \Delta\alpha +$$

$$\Delta q - \left(\frac{\rho S c}{4m}C_{Lq1}\right)^* (\Delta q - \Delta q_w) - \left(\frac{\rho S c}{4m}C_{Lq2}\right)^* \Delta q_w + \left(-\frac{g\sin\gamma}{V}\right)^* \Delta\theta -$$

$$\left(\frac{\sin\alpha}{mV}\right)^* \Delta T - \left(\frac{\rho V S}{2m}C_{L\delta_e}\right)^* \Delta\delta_e$$

$$\Delta\dot{\beta} = (-\frac{T\cos\alpha}{mV} + \frac{\rho V S}{2m}C_{Y\beta} + \frac{g}{V}\sin\gamma)^* \Delta\beta + \left(\frac{\rho S b}{4m}C_{Yp1}\right)^* (\Delta p - \Delta p_w) +$$

$$\left(\frac{\rho S b}{4m}C_{Yp2}\right)^* \Delta p_w + \Delta p \sin\alpha^* + \left(\frac{\rho S b}{4m}C_{Yr1}\right)^* (\Delta r - \Delta r_w) +$$

$$\left(\frac{\rho S b}{4m}C_{Yr2}\right)^* \Delta r_w - \Delta r\cos\alpha^* + \left(\frac{\rho S V}{2m}C_{Y\delta_a}\right)^* \Delta\delta_a + \left(\frac{\rho S V}{2m}C_{Y\delta_r}\right)^* \Delta\delta_r$$

$$\Delta\dot{p} = \left(\frac{\rho S b V^2}{2I_{xx}}C_{l\beta}\right)^* \Delta\beta + \left(\frac{\rho S b^2 V}{4I_{xx}}C_{lp1}\right)^* (\Delta p - \Delta p_w) + \left(\frac{\rho S b^2 V}{4I_{xx}}C_{lp2}\right)^* \Delta p_w +$$

$$\left(\frac{\rho S b^2 V}{4I_{xx}}C_{lr1}\right)^* (\Delta r - \Delta r_w) + \left(\frac{\rho S b^2 V}{4I_{xx}}C_{lr2}\right)^* \Delta r_w + \left(\frac{\rho S b V^2}{2I_{xx}}C_{l\delta_a}\right)^* \Delta\delta_a +$$

$$\left(\frac{\rho S b V^2}{2I_{xx}}C_{l\delta_r}\right)^* \Delta\delta_r$$

$$\Delta \dot{q} = \left(\frac{\rho SVc^2}{4I_{yy}}\frac{\partial C_m}{\partial V}\right)^* \Delta V + \left(\frac{\rho Sc V^2}{2I_{yy}}C_{m\alpha}\right)^* \Delta\alpha + \left(\frac{\rho Sc^2 V}{4I_{yy}}C_{mq1}\right)^* (\Delta q - \Delta q_w) +$$

$$\left(\frac{\rho Sc^2 V}{4I_{yy}}C_{mq2}\right)^* \Delta q_w + \left(\frac{\rho Sc V^2}{2I_{yy}}C_{m\delta_e}\right)^* \Delta\delta_e$$

$$\Delta \dot{r} = \left(\frac{\rho Sb V^2}{2I_{zz}}C_{n\beta}\right)^* \Delta\beta + \left(\frac{\rho Sb^2 V}{4I_{zz}}C_{np1}\right)^* (\Delta p - \Delta p_w) + \left(\frac{\rho Sb^2 V}{4I_{zz}}C_{np2}\right)^* \Delta p_w +$$

$$\left(\frac{\rho Sb^2 V}{4I_{zz}}C_{nr1}\right)^* (\Delta r - \Delta r_w) + \left(\frac{\rho Sb^2 V}{4I_{zz}}C_{nr2}\right)^* \Delta r_w + \left(\frac{\rho Sb V^2}{2I_{zz}}C_{n\delta_a}\right)^* \Delta\delta_a +$$

$$\left(\frac{\rho Sb V^2}{2I_{zz}}C_{n\delta_r}\right)^* \Delta\delta_r$$

$$\Delta \dot{\varphi} = \Delta p + (\tan\theta)^* \Delta r$$

$$\Delta \dot{\theta} = \Delta q$$

附录8.2 F-18/HARV 数据

气动力（矩）数据：

F-18/HARV 的小迎角气动力（矩）模型：其中迎角、侧滑角、舵偏角的单位为度，角速度的单位为 rad/s。

$$C_D = \begin{cases} 0.0013\alpha^2 - 0.00438\alpha + 0.1423, & -5° \leq \alpha \leq 20° \\ -0.0000348\alpha^2 + 0.0473\alpha - 0.358, & 20° \leq \alpha \leq 40° \end{cases}$$

$$C_L = \begin{cases} 0.0751\alpha + 0.0144\delta_e + 0.732, & -5° \leq \alpha \leq 10° \\ -0.00148\alpha^2 + 0.106\alpha + 0.0144\delta_e + 0.569, & 10° \leq \alpha \leq 40° \end{cases}$$

$$C_m = -0.00437\alpha - 0.0196\delta_e - 0.123(q_b - q_w) - 0.1885$$

$$C_l = C_l(\alpha,\beta) - 0.0315 p_w + 0.0126(r_b - r_w) + \frac{\delta_a}{25}(0.00121\alpha - 0.0628) -$$

$$\frac{\delta_r}{30}(0.000351\alpha - 0.0124)$$

$$C_l(\alpha,\beta) = \begin{cases} (-0.00012\alpha - 0.00092)\beta, & -5° \leq \alpha \leq 15° \\ (0.00022\alpha - 0.006)\beta & 15° \leq \alpha \leq 25° \end{cases}$$

$$C_n = C_n(\alpha,\beta) - 0.0142(r_b - r_w) + \frac{\delta_a}{25}(0.000213\alpha + 0.00128) +$$

$$\frac{\delta_r}{30}(0.000804\alpha - 0.0474)$$

第8章 计算飞行动力学

$$C_n(\alpha,\beta) = \begin{cases} 0.00125\beta, & -5° \leq \alpha \leq 10° \\ (-0.00022\alpha + 0.00342)\beta, & 10° \leq \alpha \leq 25° \\ -0.00201\beta, & 25° \leq \alpha \leq 35° \end{cases}$$

F-18/HARV 飞行器大迎角研究的气动力（矩）模型由以下空气动力导数和系数表格数据库组成，迎角范围 $-4° \leq \alpha \leq 90°$。数据可以下述网址得到：http://www.nasa.gov/centers/dryden/history/pastprojects/HARV/Work/NASA2/nasa2.html.

阻力	C_{D0}	C_{Dq1}	$C_{D\delta_e,r}$	$C_{D\delta_e,l}$			
侧力	$C_{Y\beta}$	C_{Yp2}	C_{Yr1}	$C_{Y\delta_e,r}$	$C_{Y\delta_e,l}$	$C_{Y\delta_a}$	$C_{Y\delta_r}$
升力	C_{L0}	C_{Lq1}	$C_{L\delta_e,r}$	$C_{L\delta_e,l}$			
滚转力矩	$C_{l\beta}$	C_{lp2}	C_{lr1}	$C_{l\delta_e,r}$	$C_{l\delta_e,l}$	$C_{l\delta_a}$	$C_{l\delta_r}$
俯仰力矩	C_{m0}	C_{mq1}	$C_{m\delta_e,r}$	$C_{m\delta_e,l}$			
偏航力矩	$C_{n\beta}$	C_{np2}	C_{nr1}	$C_{n\delta_e,r}$	$C_{n\delta_e,l}$	$C_{n\delta_a}$	$C_{n\delta_r}$

F-18/HARV 的质量特性，几何特性及其他数据：

$m = 15118.35\text{kg}$, $\qquad b = 11.405\text{m}$,
$c = 3.511\text{m}$, $\qquad S = 37.16\text{m}^2$,
$I_x = 31181.88\text{kg}\cdot\text{m}^2$, $\qquad I_y = 205113.07\text{kg}\cdot\text{m}^2$,
$I_z = 230400.22\text{kg}\cdot\text{m}^2$, $\qquad T_m = 49817.6\text{N}$,
$\rho_{\text{air}}(@海平面) = 1.2256\text{kg/m}^3$, $\qquad g = 9.81\text{m/s}^2$,
$a(声速) = 340.0\text{m/s}$

附录 8.3 滚转机动中使用的方程和飞行器数据

$$\dot{\alpha} = q - p\beta - \frac{\rho VS}{2m}C_{L\alpha}\alpha$$

$$\dot{\beta} = p\alpha - r + \frac{\rho VS}{2m}C_{l\beta}\beta$$

$$\dot{p} = \left(\frac{I_{yy}-I_{zz}}{I_{xx}}\right)qr + \left(\frac{\bar{q}Sb}{I_{xx}}\right)C_{l\beta}\beta + \left(\frac{\bar{q}Sb}{I_{xx}}\right)C_{lp}2p\left(\frac{b}{2V}\right) + \left(\frac{\bar{q}Sb}{I_{xx}}\right)C_{lr},(r-r_w)\left(\frac{b}{2V}\right) +$$

$$\left(\frac{\bar{q}Sb}{I_{xx}}\right)C_{l\delta_a}\delta_a + \left(\frac{\bar{q}Sb}{I_{xx}}\right)C_{l\delta_r}\delta_r$$

$$\dot{q} = \left(\frac{I_{zz}-I_{xx}}{I_{yy}}\right)pr + \left(\frac{\bar{q}Sc}{I_{yy}}\right)C_{m\alpha}\alpha + \left(\frac{\bar{q}Sc}{I_{yy}}\right)C_{mq},(q-q_w)\left(\frac{c}{2V}\right) + \left(\frac{\bar{q}Sc}{I_{yy}}\right)C_{m\delta_e}\delta_e$$

$$\dot{r} = \left(\frac{I_{xx}-I_{yy}}{I_{zz}}\right)pq + \left(\frac{\bar{q}Sb}{I_{zz}}\right)C_{n\beta}\beta + \left(\frac{\bar{q}Sb}{I_{zz}}\right)C_{np}2p\left(\frac{b}{2V}\right) + \left(\frac{\bar{q}Sb}{I_{zz}}\right)C_{nr_1}(r-r_w)\left(\frac{b}{2V}\right) +$$
$$\left(\frac{\bar{q}Sb}{I_{zz}}\right)C_{n\delta_a}\delta_a + \left(\frac{\bar{q}Sb}{I_{zz}}\right)C_{n\delta_r}\delta_r$$

$m = 2718\text{kg}$, $\qquad b = 11.0\text{m}$, $\qquad c = 1.829\text{m}$,
$S = 20.07\text{m}^2$, $\qquad \rho = 1.2256\text{kg/m}^3$, $\qquad I_{xx} = 2304.9\text{kg}\cdot\text{m}^2$,
$I_{yy} = 16809\text{kg}\cdot\text{m}^2$, $\qquad I_{zz} = 18436\text{kg}\cdot\text{m}^2$,
$C_{L\alpha} = 4.35/\text{rad}$, $\qquad C_{y\beta} = -0.081/\text{rad}$, $\qquad C_{l\beta} = -0.081/\text{rad}$,
$C_{lp2} = -0.442/\text{rad}$, $\qquad C_{lr1} = 0.0309/\text{rad}$, $\qquad C_{l\delta_a} = -0.24/\text{rad}$,
$C_{l\delta_r} = 0.0$, $\qquad C_{m\alpha} = -0.435/\text{rad}$, $\qquad C_{mq1} = -9.73/\text{rad}$,
$C_{m\delta_e} = -1.07/\text{rad}$, $\qquad C_{n\beta} = 0.0218/\text{rad}$, $\qquad C_{np2} = 0.0$,
$C_{n\delta_a} = 0.0$, $\qquad C_{nr1} = -0.0424/\text{rad}$, $\qquad C_{n\delta_r} = -0.01/\text{rad}$

参考文献

1. Cummings, P. A., Continuation methods for qualitative analysis of aircraft dynamics, NASA/CR-2004-213035, NIA Report No. 2004-06, 2004.

2. Strogatz, S. H., Nonlinear Dynamics and Chaos, Westview Press, Cambridge, MA, 1994.

3. Ananthkrishnan, N. and Sinha, N. K., Level flight trim and stability analysis using extended bifurcation and continuation procedure, Journal of Guidance, Control, and Dynamics, 24(6), 2001, 1225-1228.

4. Paranjape, A. and Ananthkrishnan, N., Airplane level turn performance, including stability constraints, using extended bifurcation and continuation method, AIAA Atmospheric Flight Mechanics Conference, San Francisco, CA, August 2005, AIAA 2005-5898.

5. Goman, M. G., Zagaynov, G. I. and Khramtsovsky, A. V., Application of bifurcation methods to nonlinear flight dynamics problems, Progress in Aerospace Science, 1997, 33: 539-586.

内容简介

本书从物理机理与数学表述相结合的角度，系统介绍了飞行器飞行动力学的基本概念、理论和方法，主要包括稳定性概念、纵向配平、稳定性和操纵性、长周期模态动力学、横航向运动及模态特性、计算飞行动力学及分岔分析等。其间穿插了大量真实飞机实例和采用真实飞机数据的算例，以帮助读者更好地理解相关概念，掌握相关理论和方法。

本书主要作为高等院校飞行器设计和相关专业的本科生、研究生教材，也可供从事飞行器设计、操稳分析、飞行控制系统开发以及相关领域的科技人员参考。